To all my dear readers in Korea,
My deepest thanks for reading my book.
I hope you enjoy my words about the deep ocean and they inspire to care for this amazing place and join the fight to protect it.

Save the Deep!
With my very best wishes,

Helen

October 2023, Cambridge UK

눈부신 심연

THE BRILLIANT ABYSS

눈부신 심연

깊은 바다에 숨겨진
생물들, 지구, 인간에 관하여

헬렌 스케일스 지음
조은영 옮김

시공사

가켈
해령
로키의
열수구
알류샨
해구
엔데버
열수구
후안데푸카
해령
몬터레이
협곡
루비
고래
데이비드슨
해산
페스카데로
해저 협곡
클라리온
클리퍼톤
해역
심연의 악어
타이타닉호
난파선
잃어버린 도시
열수구
그레이트 바하마
해저 협곡
푸에르토리코
해구
나자레
협곡
포큐파인
심해 평원
조세핀
해산
갈라파고스
열곡
동태평양
해팽
페루-칠레
해구
대서양 중앙
해령
춤추는
예티크랩
칠레
해팽
예티크랩
호프게
사우스샌드위치
해구
동스코시아
해령
태평양-남극
해령
AARON JOHN GREGORY

젬처그
협곡
쿠릴-캄차카
해구
일본
해구
필리핀
해구
이즈-오가사와라
해구
인도양 중앙
해령
하와이-엠퍼러
해저 산열
마리아나
해구
자바
해구
솔리테어
열수구 지대
카이레이
열수구 지대
통가
해구
케르메덱
해구
롱카이
열수구
남동 인도양
해령
그레이브야드
해산
서 인도양
해령
태평양-남극
해령
비늘발고둥
예티크랩
예티크랩

추천의 말

우리 경이로운 푸른 행성의 정수를 담은 책.
잊지 못할 독서가 될 것이다.

—에이미 네주쿠마타틸(《나는 아직 여기 있어》 저자)

매 페이지가 경이로움 그 자체다.
헬렌 스케일스는 우리가 심해를 구하고자 한다면
지금 당장 나서야 한다고 목소리를 높인다.

—사이 몽고메리(《아마존 분홍돌고래를 만나다》《문어의 영혼》 저자)

헬렌 스케일스는 과학의 즐거움을 포착할 수 있는 보기 드문 과학자 중 한 명이다. 《눈부신 심연》은 깊고 잘 알려지지 않은 바다를 탐험하면서 페이지마다 스릴을 선사한다. 하지만 동시에 경고의 메시지도 함께 보낸다. 인간의 파괴는 이제 지구의 가장 먼 곳까지 도달하고 있으며 우리의 생존은 그 파괴를 막는 것에 달려 있다.

—마크 쿨란스키(《연어의 시간》《대구 이야기》 저자)

어둠 속에서 빛나는 글.
이보다 시의적절하고 긴요한 책이 또 있을까.

—〈뉴 스테이츠먼〉

매혹 그 자체다.

꼭 알아야 하지만 알려지지 않은 해저 과학을 조명한다.

—〈뉴 리퍼블릭〉

심해를 즐기면서 배우는 입문서.

전염될 수밖에 없는 열정으로 심해를 이야기한다.

—〈뉴 사이언티스트〉

깊은 바다의 신비에 대해 경외심 가득한 찬사로 새겨진 책. 빛이 없는 심해를 여행하며 헬렌 스케일스는 경이로운 바다 생물의 모습을 생생하게 보여준다.

—〈퍼블리셔스 위클리〉

현대 기술, 특히 무인 잠수정 덕분에 심해 연구는 황금기를 누리고 있다. 재능 있는 이야기꾼인 헬렌 스케일스는 여러 탐험을 통해 독자를 눈부신 심연으로 안내하며, 최근에 밝혀진 놀라운 생명체에 관해 상세히 소개한다.

—〈네추럴 히스토리 매거진〉

조쉬, 샘, 데이비드에게

이 책을 바칩니다

이제 우리는 살아 있는 지구와
새로운 관계를 맺을
기회와 가능성을 마주한다.
필요하지 않다면 굳이,
또 너무 특별하고 소중해서
함부로 손대지 말아야 하는
장소가 있음을 확인하게 되었다.
그곳은 바로 심해다

들어가는 말

더없이 깊은 바다를 향하여

연구선 펠리컨호. 나는 방해가 되지 않게 2층 갑판에 서서 진행 상황을 내려다보았다. 이 35미터짜리 선박은 하루하고도 반나절 전에 항구를 떠나 어둠을 뚫고 루이지애나주 남부 염습지를 통과했다. 거대한 멕시코만의 따뜻하고 출렁이는 물결과 부딪히자 나의 세계는 움츠러들었다. 나는 심해 연구를 위해 탑승한 열 명의 해양과학자 중 하나였다. 우리 말고도 운항을 책임지는 11명의 승무원이 더 있었다. 우리는 식사 시간이면 다 같이 식당에 모여 밥을 먹었고 가끔 함께 텔레비전을 보기도 했다. 배 안에는 작은 연구실과 개인 전용실이 있었는데 말이 전용이지 네 명이 함께 쓰는 비좁은 객실이라 밤이면 무덤 속 관에 들어갔다 나오듯 침상을 드나들어야 했다. 공용 욕실에는 거친 파도에 배가 흔들릴 때 붙잡을 수 있도록 수평의 튼튼한 막대 손잡이가 달려 있었다. 이튿날 일어나자 눈에 보이는 것은 배를 에워싸고 수평선까지 뻗어 있는 만과 파도뿐이었다. 하지만 머지않아 시야는 더 먼 아래쪽에 닿을 것이다.

잠수정은 갑판 뒤쪽에 설치된 크레인에 매달려 서둘러 투입되기를 고대하고 있었다. 소형 승용차 크기의 이 심해 잠수정에는 둥근 파이프 형태의 금속 틀을 중심으로 샛노란 플로트가 달렸고 사방에 전자 장비와 탐지기가 부착되어 인상적이었다. 앞쪽에 몰린 유리 눈 때문에 잠수정의 앞면이 마치 조바심내는 로봇의 사랑스러운 얼굴처럼 보였다. 저 눈은 심해에서 우리의 눈을 대신할 입체 카메라 렌즈다. 잠수정에는 한 쌍의 팔도 달려 있었다. 관절로 연결된 한쪽 팔은 배에서 원격으로 조작하는 노련한 인간 조종사의 몸짓에 맞추어 일곱 가지 동작을 수행한다. 다른 팔은 누름 버튼으로 작동되는데 물체를 잡고 회전하고 놓아주는 따위의 간단한 지시를 따른다.

진공청소기의 주름 호스처럼 길게 늘어진 플라스틱 관은 흡입 총slurp gun이라고 부르며 해저에서 부드럽게 샘플을 빨아들여 수집한다. 곳곳에 달린 작은 프로펠러가 잠수정을 상하좌우로 움직인다. 손목 굵기의 케이블이 4분의 1톤짜리 전자 기기와 클럼프 추를 잠수정에 연결하고, 다시 아주 긴 케이블이 바다 위의 모선母船까지 이어져 전력을 공급하고 지시를 전달하며 잠수정이 보는 모든 것을 실시간 영상으로 중계한다. 잠수정 안에는 사람이 들어갈 공간이 없어서 모두 모선에서 대기한다.

노란 안전모를 쓴 기술자 넷이 잠수정 귀퉁이에 두른 밧줄을 붙잡더니 동물 조련사처럼 잠수정과 씨름했다. 잠수정은 공중에 매달린 채 기대에 부풀어 크게 흔들렸다. 살아 있는 동물처럼 얼른 물속에서 활개 치고 싶어 안달하는 꼴이었다. 크레인이 고개를 숙여 수면에 얌전히 내려놓자 그제야 만족스러운 듯 공기 방울을 토해내며 멀찍이서 출렁거렸다. 나는 거대한 윈치가 케이블을 풀어 수백만 달러짜리 정교한 하드웨어를 심해로 내려보내는 과정을 흥미진진하게 지켜보았다.

모선 주위에 자리 잡은 모니터 화면으로 잠수정에서 촬영 중인 영상과 진행 상황이 방송되었다. 처음에는 공기 방울이 올라오는 푸른 물속으로 모자반 엽상체가 지나갔다. 수심을 표시하는 숫자가 끝없는 하강을 알리는 가운데 물빛이 짙어지더니 마침내 잠수정의 헤드라이트가 영원한 어둠을 비추었다.

잠수정이 2000미터보다 조금 더 깊은 해저에 도달하는 데 꼬박 한 시간이 걸렸다. 가는 길에 해파리와 오징어로 보이는 심해 생물의 반가운 섬광이 스쳤지만 멈추어서 살피라는 지시를 받지 못한 잠수정 조종사는 꿋꿋이 잠수를 계속했다.

처음으로 제대로 포착된 동물은 바닥 가까이 헤엄치는 해삼이었다. 이 반투명한 진홍색 생물은 '머리 없는 괴물 닭'

이라고도 불리는데 마치 마트에 진열된 털 뽑힌 생닭이 생명을 되찾아 바닷속에 뛰어든 것처럼 보이기 때문이다.* 이 괴물 닭은 분류학적으로 에니프니아스테스속*Enypniastes*에 속하고, 해삼치고는 특이하게 시간제 수영 선수다. 바닥에 축 늘어져 다니는 제 굼뜬 친척과 달리 이 종은 불현듯 해저면 가까이 몸을 띄우고 파도처럼 굽실거리며 우아하게 바닷속을 활주한다. 그 모양새가 주름치마를 펄럭이는 플라멩코 댄서를 닮았다. 그러다가도 언제 그랬냐는 듯이 다시 바닥으로 내려와 느릿느릿 꿈틀대며 먹이를 찾는다. 이놈의 돌발적인 유영은 잠수정의 등장처럼 예상하지 못한 위기 상황에 겁을 먹고 도망치는 것이리라. 아니면 위에서 떨어지는 신선한 먹이 소나기를 찾아 길을 찾아 나선 것이던지. 심해에서는 좀처럼 음식물을 얻을 기회가 없으므로 모두 되도록 많은 먹이를 찾을 방법을 모색한다.

한편 심해의 다른 거주자처럼 에니프니아스테스도 어둠 속에서 빛을 내는 능력이 진화했다. 건드리면 아예 피부를 꺼풀째 벗어버리고 줄행랑치니 적은 유령을 만난 듯 어리둥절할 수밖에 없다. 하지만 잠수정 불빛이 너무 밝아 그 장면을 직접 확인하지는 못했다. 어차피 탐사 일정에 해삼을 관찰할 시간 같은 것은 없기도 했고.

그때부터 12시간 동안 펠리컨호에 승선한 과학자들은

---

* 닭 머리의 잘린 부분은 짧은 촉수가 둘러싼 해삼의 입에 해당한다.

한 번에 두세 명씩 번갈아가며 조종실(갑판 위의 커다란 금속 상자)에 들어가 잠수정 조종사를 지휘하며 과제를 수행했다. 모니터를 통해 저 2000미터 아래에서 쏘아 올리는 장면을 보며 각자 심해의 원격 탐험가가 되었다.

바다는 언제나 인간의 삶을 빚어왔지만, 그중에서도 사람들이 가장 중요하게 여긴 것은 바다의 수면과 가장자리였다. 인류는 해안을 훑으며 육지와 바다의 경계를 따라 정착했다. 식량을 구하고 먼 대륙을 탐험하고 군대를 보내고 식민지를 건설하고 타국의 부를 가져오기 위해 파도를 건너 멀리 항해했다. 지금도 많은 식량이 바다의 표층에서 오고 세계 경제를 책임지는 수많은 상품이 해상 고속도로를 타고 운송된다. 그리고 여전히 사람들은 바쁜 일상에서 벗어나 해변의 파도 앞에서 평온을 찾는다. 수면에서 멀고 먼 저 밑바닥에 있는 것은 지금껏 우리의 눈에 보이지 않았고 대개는 마음에서도 멀어져 있었다. 하지만 이제 인류와 바다의 긴밀한 유대는 더없이 깊은 아래를 향한다.

지금은 명실상부한 심해 탐사의 황금기다. 심해 잠수정 같은 새로운 기술과 도구의 힘을 빌려 과거 그 어느 때보다 심해를 향해 크고 복잡한 창을 열고 있다. 얼마 전까지만 해도 모두 그곳에 생명체가 없다고 믿었지만, 알고 보니 심해는 상상할 수도 없이 많은 생명체의 보금자리였다. 손으로 잡으면 이내 뭉그러질 정도로 연약하지만 생물의 세포와 분자를 뭉개고 으스러뜨리는 치명적인 압력에도 끄떡없는 강인한 젤리 동물의 영역이다. 또한 이곳에는 무수히 많은 작고 빛나는 물고기들이 매일 밤하늘을 향해 떼를 지어 돌진했다가 다시 바닥으로 내려오는 생활을 반복하며 살아간다. 어둠 속에 고립되었을 뿐 미생물의 화학적 역량을 바탕으로 길이 2.7미터짜리 벌레가 자라고 게가 춤을 추고 고둥이 철갑을 두른 온전한 생태계가 발달한 땅이 이곳 심해다.

심해 연구는 지구상에서 생명에 대한 개념 자체를 바꾸고 가능한 것의 법칙을 다시 쓰고 있다. 이곳은 생명이 처음 시작되고 생명체가 지구의 얕고 마른 구역으로 이주하기 전까지 최대한 정교하고 복잡하게 발달한 곳일지도 모른다. 한편 심해를 오래 열심히 들여다본 과학자들은 누구보다 심해의 중요성을 절실히 깨닫는다. 멀고 드넓은 심해는 물밖의 세상과 보이지 않게 연결되어 대기와 기후의 균형을 유지하고 중요한 물질을 저장하거나 방출한다. 이 모든 과정이 없다면 지구의 생명은 견디기 힘들거나 존재 자체가 불가능해진다. 살아 있는 모든 생물에 심해가 필요하다는 뜻이다.

심해 과학자들이 놀라운 발견에 분주한 가운데 심해를 제대로 알고 이해해야 한다는 긴급함이 절실해진다. 인류가 지구를 장악하면서 한때 인간의 손을 타지 않은 이 야생의 원형조차 우리 삶에 직접 개입하기 시작했다.

동시에 사람들은 심해에 관해 묻고 있다. 어떤 이는 오늘날 인류가 당면한 문제를 심해가 해결해줄지 묻는다. 심해가 우리를 먹여 살릴 수 있을까? 우리의 병을 고쳐줄 수 있을까? 기후 위기에서 구해줄 수 있을까?

또 어떤 이는 심해가 부를 가져다줄 것인지 묻는다. 저 밑에 지금까지 너무 멀고 비용이 많이 들어 군침만 흘리던 노다지가 있다. 하지만 세상은 빠르게 변한다. 얕은 바다가 남획되어 소진되자 어선단은 매해 더 깊이 그물을 내려 수명이 길고 생장이 느린 어종까지 고갈시켰다. 본격적인 해저 채굴 계획도 진행 중이다. 이 새로운 산업은 망가지기 쉬운 심해 생태계를 쓸어버리고 언젠가는 지구에 가장 큰 생태 발자국을 보란 듯이 남길 것이다. 모두 심연의 금속 광물을 추출해 현대 시대가 목매는 전자 기기를 만들어야 하기에 일어날 일이다.

어떤 식으로든 미래의 바다는 심해에 있다. 지금 우리가 내리는 결정과 선택이 미래의 모습을 좌우한다. 심해가 제멋대로 힘을 휘두르는 기업가와 강대국에 개방된다면, 결국 과거에 모두 그리 믿었듯 심해는 정말로 생명이 없는 텅 빈 곳이 될 것이다. 참으로 아이러니하고 음울한 전망이 아닌가.

지금껏 인류 역사에서는 결과에 개의하지 않는 자원 탐사와 착취가 언제나 짝을 지어 일어났다. 새로 탐사된 미개척지가 개방되면 그곳의 새로운 자원이 남김없이 추출된다.

원유와 광물, 숲과 물고기, 고래와 해달, 코끼리 상아와 호랑이 뼈가 모두 그 대상이었다.

하지만 우리는 다른 선택을 할 수도 있다.

이제 우리는 살아 있는 지구와 새로운 관계를 맺을 기회와 가능성을 마주한다. 필요하지 않다면 굳이, 또 너무 특별하고 소중해서 함부로 손대지 말아야 하는 장소가 있음을 확인하게 되었다. 그곳은 바로 심해다.

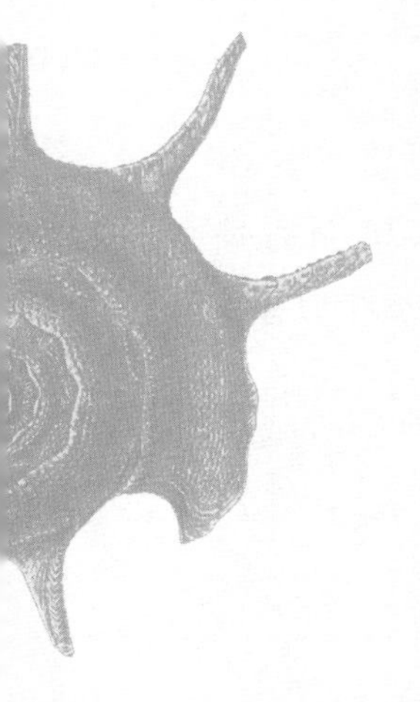

차례

1부 탐험

2부 의존

3부 착취

4부 보존

일러두기

- 이 책은 Helen Scales의 *The Brilliant Abyss*(Grove Atlantic, 2021)를 우리말로 옮긴 것입니다.
- 책에 나오는 인명과 지명, 기관명, 생물명 등 주요 용어의 영문명은 찾아보기에 병기했습니다.
- 지은이 주는 각주와 미주로, 옮긴이 주는 '—옮긴이' 표시와 함께 괄호 병기로 본문에 처리했습니다.
- 표지에 사용한 그림은 에른스트 헤켈의 《자연의 예술적 형상》 그림 53과 《방산충》 그림 33에서 따온 것입니다.

심해에서 우리가 꿈꿀 수 있는 것들은
절대 바닥나지 않을 것이다.
언제까지나 보이지 않고 발 들이지 못할 장소,
끝내 놓쳐버릴 찰나의 순간,
누구도 짐작할 수 없고
인간의 시야에서 한사코 벗어난
민첩한 생물까지.
정녕 저것들을 지키고 싶다면
온 힘을 기울여
지금 할 수 있는 것들을 해야만 한다

1부

탐험

1장

심해에 오신 것을 환영합니다

멀리 우주에서 지구를 보면 70퍼센트가 푸른 바다로 덮여 있는 물로 된 행성임을 금방 알 수 있다. 태양이 보낸 광선 중 푸른빛은 바다 깊이 물들고 나머지는 모두 얕은 물에 남아 H_2O 분자에 흡수된다. 450나노미터 이하의 저 고집스러운 짧은 파장이 지구만의 특별한 푸른 색조를 준다. 하지만 가장 깊이 잠수하는 광자에도 한계는 있어 수면에서 200미터 아래로 내려가면 푸른 햇빛의 희미한 기운만 남는다. 저기서부터 그 아래의 물리적 환경은 온전히 낯설고 해양 생물도 얕은 표층에서와는 확연히 구별된다. 공식적으로 심해가 시작된다.

바다의 평균 수심은 4000미터 남짓으로 뉴욕 엠파이어스테이트빌딩 높이의 열 배에 해당한다. 수심 1000미터 아래에서는 아예 빛이 들지 않는다. 지구의 상당 영역이 햇빛을 받지 못한다는 뜻이다. 낮보다 많은 영원한 밤이 세상을 채우지만 저 어두운 곳과 그 안에 있는 것들을 본 사람은 별로 없다.

흔히 바다 밑바닥보다 달의 표면이 더 잘 알려졌다고 하는데 틀린 말은 아니다. 달의 지도는 이미 7미터 해상도로 완성된 지 오래다. 반면 지구의 심해저는 가장 정밀한 지도에서조차 500미터 이상의 큰 지형적 특징만 겨우 표시되었다. 하지만 이런 식의 비교가 놓치는 부분이 있다. 기본적으로 달과 심연의 지도는 규모부터 다르다. 달의 표면을 과일 껍질 깎듯 벗겨 심해 바닥에 깐다면 열 번을 들어가고도 남는다.[1] 또한 아무리 멀리 있어도 지도를 그리기에는 달이 훨씬 수월하다. 달은 바싹 말라 있어서 지구에서처럼 바다나 호수의 물이 시야를 방해하지 않기 때문이다. 맑은 밤, 망원경만 있으면 누구라도 달의 앞면이 어떻게 생겼는지 대강이나마 알 수 있다(달의 뒷면을 보기는 어렵지만). 심해의 바다도 그렇게 볼 수는 없을까.

위쪽은 파랗고 아래쪽은 까만 물의 망토를 벗겨낸다면 심해 밑바닥에 펼쳐진 복잡한 지형이 아름답게 드러난 지구는 아주 생소하게 느껴질 것이다.

바닷물을 모두 빼낸 지구는 터지고 찢어진 조각을 얼기설기 꿰매 놓은 것처럼 보이리라. 심해저를 들쭉날쭉 가르는 커다란 흉터가 세계에서 가장 길고 인상적인 산맥을 표시한다. 중앙 해령 또는 대양저 산맥이라고 알려진 이 지질학적 지형은 바닷속에서 무려 5만 5000킬로미터나 이어지고 수중 봉우리는 높이가 최대 3000미터가 넘게 솟아오르며 장소에 따라서는 폭이 1600킬로미터에 이른다. 이 해저 산맥은 구역별로 지리적 위치에 따라 이름이 붙여졌다. 대서양 중앙 해령은 북쪽의 그린란드에서부터 남쪽으로 남극까지 대서양을 크게 이분하는 산맥이다. 인도양을 가르는 것은 남서 인도양 해령, 인도양 중앙 해령, 남동 인도양 해령이다. 남동 인도양 해령이 호주 남쪽과 뉴질랜드를 에두르며 태평양 남극 해령으로 이어지다가 북쪽으로 방향을 틀면 그때부터 동태평양 해팽(해령보다 폭이 좁고 경사가 완만한 지형—옮긴이)이 캘리포니아주를 향한다.

이 거대한 산맥에서 분지된 다른 줄기도 있다. 아덴 해령은 소말리아와 아라비아반도 사이에 위치한다. 칠레 해팽은 동태평양 해팽에서 시작해 태평양을 가로질러 남아메리카 대륙의 남쪽 끝을 향해 뻗는다. 480킬로미터 길이의 후안데푸카 해령은 미국 오리건주와 캐나다 밴쿠버섬 사이의 북아메리카 태평양 연안을 지난다. 이 능선은 모두 일곱 개 주요 판을 비롯한 수많은 지질 구조판 가장자리에서 형성된다. 판은 지구의 가장 바깥쪽 단단한 지각층이 이루는 거대한 직소 퍼즐 조각을 말하는데, 그 아래에 있는 점성의 맨틀 위를 미끄러지듯 이동한다. 맞물린 구조판이 서로 멀어지는 지역에서는 깊숙한 맨틀로부터 용암이 분출해서 해령의 봉우리를 위로 밀어 올리고 새로 태어난 해저가 퍼져 흘러 현무암으로 된 5~10킬로미터 두께의 해양 지각이 형성된다.

해저 산맥은 부드럽게 이어지는 대신 끊어져서 물결 모양으로 크게 주름지며 분지하는 경우가 많다. 갈라진 구조판이 서로 미끄러져 지나갈 때 균열대가 형성되며 지진을 일으키고 바다를 거침없이 질주하는 쓰나미를 보낸다.

심해 평원은 대서양 중앙 해령의 동쪽과 서쪽, 태평양 남극 해령의 북쪽과 남쪽으로 산맥의 솟구친 봉우리 양쪽에서 시작해 사방으로 뻗어나간다. 해수면에서 3000~5000미터 아래에 누워 있는 이 바다 밑 대평원은 그저 끝없이 계속된다는 표현이 가장 잘 어울린다. 수평으로 한없이 펼쳐진 심해 평원은 해저의 가장 큰 특징을 이루며 지구 표면의 절반 이상을 차지한다. 헝가리와 중국을 잇는 광활한 유라시아 스텝도 이 심해 평원에 비하면 왜소하기 짝이 없다. 심연의 이 구역을 맨발로 걷는다면 발밑이 무척 부드럽게 느껴질 것이다. 많은 지역이 1500미터는 뚫고 내려가야 암석에 부딪힌다. 10킬로미터 이상 파야 하는 곳도 있다. 2019년에 업데이트된 해저 지질도를 보면 과거에 추정한 것보다 30퍼센트나 많은 진흙이 깔려 있다.[2] 이 퇴적물은 육지에서 강물에 씻기고 빙하에 뜯기고 바람에 쓸려 침식된 바위 부스러기, 그리고 해수면에서 쏟아져 내려 바다 밑바닥에 자리 잡은 미세한 플랑크톤의 사체가 뒤섞인 것이다.

그렇다고 심해 평원이 그저 무한히 평평하기만 한 진흙

땅은 아니다. 넘실대는 언덕과 굽이치는 계곡이 교차하고 진흙 화산이 트림하고 메탄 거품이 자쿠지(기포가 나오는 욕조—옮긴이)처럼 끓어오른다. 그리고 곳곳에 수천 개의 높은 화산이 자리 잡고 있다. 이 화산은 활화산일 수도 있고 사화산일 수도 있다. 산세는 원뿔형이거나 혹은 산이 해수면까지 솟아 있던 시절, 파도에 노출되어 닳고 닳았다면 정상 부위가 편평하다. 해저산 또는 해산이라고 알려진 이 외떨어진 봉우리들은 중앙 해령 가까이 형성되는 일도 있지만 해저 산맥과는 엄연히 구별된다. 규모가 큰 해산은 일반적으로 지질 구조판의 중심에 있는데, 여기에서 마그마굄(지하에 고여 있는 마그마 웅덩이—옮긴이)이 해양 지각을 뚫고 열점 위로 끓어오를 때가 있다. 지질 구조판이 이 열점 위를 미끄러져 갈 때면 마치 공장 컨베이어 벨트에서 찍어 나온 케이크처럼 해산이 연달아 차례로 형성된다.

해산을 굽이돌아 심해 평원을 가로질러 중앙 해령에서 멀어지다 보면 오래된 해저면을 지나쳐 마침내 바다에서 가장 깊은 곳의 가장자리에 도착한다. 섭입대는 지각판이 서로 충돌해 한 판이 다른 판 밑으로 밀려 들어가는 곳이다. 오래 묵은 해저면이 이곳에서 지구의 내부로 끌려 내려갈 때 수심 6000미터 이상의 해구가 형성된다. 세계적으로 27개의 해구가 형성된 이곳은 초심해대라고 부르는데 영어로는 고대 그리스 신화에 나오는 지하 세계의 신 하데스의 이름을 따서 '하데스의 구역hadal zone'이라고 한다.[3]

해구의 횡단면은 V자 모양이고 바닥을 따라 수천 킬로미터를 뻗어간다. 대서양에는 푸에르토리코와 버진아일랜드 북쪽의 푸에르토리코 해구,* 인도양에는 인도네시아 자바섬과 수마트라섬의 남쪽을 에워싸는 자바 해구, 이렇게 각각 해구가 하나씩 있다. 티에라델푸에고 제도 너머 남극해에는 사우스샌드위치 해구와 사우스오크니 해구가 있다. 나머지 해구는 모두 환태평양 조산대를 둘러싸고 있다. 불의 고리라고도 하는 이 조산대는 태평양 동쪽, 북쪽, 서쪽 가장자리를 말굽처럼 잇는 지역으로 다수의 지각판이 만나면서 강렬한 지진 활동이 일어나 세계 지진의 90퍼센트가 이곳에서 발생한다. 러시아에서 뉴질랜드까지 이어지는 해구는 모두 깊이가 10킬로미터 이상이다. 쿠릴-캄차카 해구, 필리핀 해구, 통가 해구, 케르메덱 해구, 그리고 세계에서 가장 깊은 해구인 수심 11킬로미터의 마리아나 해구가 모두 불의 고리에 속해 있다.

지진학자는 해구의 소리에 크게 귀를 기울인다. 지질구조판이 서로 밀고 밀치는 섭입대에 위치한 가파른 해구의 벽은 지구에서 발생하는 가장 강력한 지진에 의해 주기적으로 들썩이고 흔들린다. 파괴적인 쓰나미로 1만 8000명의 사망자를 내고 후쿠시마 제1원전을 침수시켜 체르노빌

---

* 카리브해에 있는 또 다른 해구인 케이맨 해구는 섭입대에서 형성된 것이 아니라 케이맨 중앙 해령의 균열 때문에 형성된 단층이다.

이후 최악의 원전 사고를 일으킨 2011년 동일본 대지진 같은 대형 지진을 예견하기 위해 일본 해구를 따라 감지기가 설치되었다. 2020년 4월, 특별 자문 위원회는 일본 정부에 대형 지진과 쓰나미가 홋카이도 주변으로 일본의 북부 지방을 언제든 강타할 수 있다고 경고했다.[4] 그 시기는 정확히 알 수 없지만, 고대 퇴적층을 연구한 결과 자문 위원회는 지금까지 300~400년마다 대형 지진이 발생했다는 사실을 밝혀냈다. 마지막으로 대규모 지진이 발생한 시기는 17세기였다.

섬뜩한 초심해대에서 물러나 고요하고 조용한 심해 평원을 다시 가로질러 육지로 향하다 보면 이윽고 대륙붕이 시작되는 곳에서 심해저가 끝난다. 해안에 이르는 바다의 저익숙한 얕은 고원에 오르려면 먼저 대륙대라고 불리는 거대한 퇴적물 더미를 기어올라야 한다. 그런 다음에는 커다란 절벽처럼 가파른 대륙 사면의 급경사를 만난다. 그곳은 깎아지른 듯한 협곡이 무수히 발달했다. 아마존강, 콩고강, 허드슨강, 갠지스강을 포함한 큰 강이 이 수중 협곡으로 이어지는데, 협곡은 하도河道처럼 지속적인 물의 흐름에 의해서 형성되는 것이 아니라 오랜 세월 켜켜이 쌓인 퇴적물이 대륙붕 가장자리에서 주저앉는 수중 산사태로 인해 형성된다.

평균적으로 해저 협곡은 길이 40킬로미터, 깊이 2.5킬로미터 정도이고 더 인상적인 형태를 취하는 곳도 많다. 유럽에서 가장 큰 해저 협곡인 나자레 협곡은 210킬로미터를 뻗어 포르투갈 해안에 도달하며, 그곳에서 대서양의 거친 너울을 움직여 기록적인 파도를 일으킨다. 2017년에는 브라질 파도타기 선수 로드리고 콕사가 이곳에서 24.38미터라는 초대형 파도를 타는 데 성공했고, 이어서 2020년에는 콕사의 동료인 마야 가베이라가 22.4미터로 여성 기록을 세웠다. 이 기록은 겨울철 파도로는 서핑에 성공한 가장 큰 파도였고, 프로 서핑 역사에서는 여성으로 최초였다. 나자레 협곡의 지구 반대편인 알래스카 베링해에 위치한 젬처그 해저 협곡은 너비가 96킬로미터나 되는데, 이는 그랜드 캐니언의 너비인 13킬로미터와는 비교도 안 될 만큼 넓다. 미국을 상징하는 육지 협곡도 심연으로부터 4300미터나 솟아오른 그레이트 바하마 해저 협곡의 인상적인 높이에 비하면 절반 높이밖에 되지 않는다.

하지만 대양저 산맥의 이런 웅장한 전경은 너무 많은 바닷물 아래 감추어져 있다. 수심 200미터 아래의 총 심해수는 대략의 부피가 10억 세제곱킬로미터다. 참고로 아마존강은 1.3시간마다 1세제곱킬로미터의 물을 쏟아낸다. 이 속도라면 심해를 모두 채우는 데 약 15만 년이 걸릴 것이다.[5]

하지만 처음부터 지구의 해저 분지에 이렇게 물이 많았던 것은 아니다. 어떻게 이렇게 많은 물이 채워졌는지는 우주론자들에게도 여전한 미스터리이지만, 지구에는 지구의 나이만큼이나 오랫동안 바다가 있었다는 사실이 단서가 될 수 있다. 얼음에 뒤덮인 혜성이 초기 지구를 폭격할 때 외태양계에서 물이 유입되었다고 주장하는 사람이 많다. 이토카와라는 땅콩 모양의 석질 소행성에서 채취한 암석에 물의 흔적이 남아 있었는데, 이는 지구에 공급된 물의 절반이 이 흔한 형태의 우주 암석에서 왔다고 제시한다.[6] 또한 45억 5000만 년 전, 한데 뭉쳐 지구를 형성한 암석 깊숙이 태초의 물이 실려 있었는지도 모른다.[7] 당시는 주변 환경이 훨씬 뜨거워서 수소와 산소가 풍부한 광물이 녹으며 반응했고, 그 결과 만들어진 물을 지각에서 뿜어냈을 것이다. 그 물은 증발해 새로 형성된 대기로 올라갔다가 아마도 44억 년 전쯤 지구가 점차 식으면서 수증기가 응결해 구름이 생기고 비가 내리자 바다가 채워지기 시작했다고 보인다.[8]

고대 대양의 역사는 지질학적 기록이 수시로 말끔히 지워지는 바람에 알기가 어렵다.* 두께가 두껍고 역사가 오래된 대륙 지각에 비하면 해양 지각은 얇고 젊으며 수명이 짧다. 해저면은 고작 1000만 년 또는 수억 년 동안 지속하다가 (지질학적 관점으로는 길지 않은 시간이다) 섭입대에서 지구 내부로 끌려들어 가 완전히 녹은 다음 재활용되어 새로운 해양 지각으로 비집고 나온다. 하지만 어쩌다 한 번씩 고대 해저면의 일부가 대륙까지 밀려 올라왔다가 용케 남아 있는

---

* 이 책에서 나는 '바다' '대양'을 크게 가리지 않고 뒤섞어 사용했다. 태평양, 대서양처럼 구체적인 명칭으로 언급하지 않는 한 짠물, 엄밀히 말하면 지구 바다 전체를 가리킨다고 보면 된다.

경우가 있는데, 덕분에 지질학자들이 먼 과거에 일어난 일을 조사하고 재구성할 수 있다. 호주 서부 아웃백에서 발견된 그런 원시 해저 덩어리가 과거를 엿볼 기회를 제공했고 30억 년 전 지구가 대부분 물로 덮여 있었음을 확인했다. 이 암석에 남아 있는 화학적 흔적은 과거 토양이 풍부한 큰 대륙은 보이지 않고 바위섬 수준을 넘지 않는 미소 대륙만 여기저기 파도 위로 고개를 내민 워터 월드를 가리킨다.[9] 시간이 지나면서 마침내 완전한 크기의 대륙이 나타났고 억겁의 세월 동안 천천히 느린 춤을 추며 움직였다. 그 주위로 대양의 형태도 끊임없이 변화해왔다.

부분적으로 폐쇄된 분지가 형성되면서 고대 바다는 생성과 소멸을 거듭했다. 모든 대륙이 하나로 뭉쳐 있던 시기에 그 주위를 물로 에워싸며 초대양超大洋이 형성되었다. 10억 년 전, 미로비아라는 거대한 바다가 초대륙 로디니아를 둘러싸고 있었다고 추정된다. 대륙은 쪼개졌다가 다시 합쳐져 가장 최근인 3억 5500만 년 전, 초대양 판탈라사가 감싸는 초대륙 판게아를 형성했고, 이어서 마침내 우리가 아는 대양으로 나뉘었다. 가장 역사가 길고 크고 깊은 바다는 태평양으로 적어도 2억 5000만 년 전에 생성되었다. 다음으로 대서양, 인도양, 북극해가 형성되었고, 마지막으로 3000만 년 전 남극 대륙과 남아메리카 대륙이 분리되면서 남극해는 지구의 맨 아래에서 시계 방향으로 회전하기 시작했다.

심해의 해저면, 심해 평원, 해산, 해저 협곡과 해구, 그리고 그 위의 물로 이루어진 방대한 지역이 지구에서 가장 큰 단일 생활권을 구성한다. 지구 생물권(살아 있는 유기체가 사용할 수 있는 거주지)의 95퍼센트 이상이 심해로 이루어졌다.[10] 숲, 초원, 강, 호수, 산, 사막, 얕은 해안까지 나머지를 모두 합쳐도 푸른 수면 아래에 있는 저 광대한 바다의 순수한 부피를 넘지 못한다.

배를 타고 바다 한복판으로 나가 유리구슬 하나를 떨어뜨리면 첫 6~7분 동안 바다의 최상층을 통과한다.[11] 아직 햇빛이 남아 있는 그곳을 유광층, 진광층 또는 표해수대라고 부른다. 바다에서 우리에게 가장 익숙한 구역이며 지금까지 알려진 종 대부분이 서식하고 바다에서 일어나는 광합성 전체가 진행되는 장소다. 햇빛을 붙잡아 사용하는 생명체는 커다란 해초뿐만 아니라 통틀어 식물성 플랑크톤이라고 부르는 미세한 단세포 생물의 형태로 존재한다.* 모두 이산화탄소를 빨아들여 나머지 해양 생물 거의 전부를 먹일 양식으로 바꾼다.

---

* 한때는 식물로 취급되었고 지금도 해조류 등으로 불리지만 사실 식물성 플랑크톤은 규조류, 석회비늘편모류, 와편모충류, 남세균 같은 생물을 포함해 생명 계통수 전체를 아우르는 다양한 상계super kingdom와 문phyla에서 온 유기체가 혼합된 집단이다.

떨어지는 구슬을 따라 햇빛이 점점 바래지다가 수심 약 200미터에 이르면 앞이 흐릿하게 보일 뿐 광합성을 추진할 힘은 남지 않은 희미한 푸른빛만 남는다. 식물성 플랑크톤은 적어도 살아 있는 동안에는 이 지점에서 더 깊이 들어가는 모험을 시도하지 않는다. 여기에서부터 구슬은 심해로 들어간다. 수평의 수층水層이 마치 높고 길쭉한 아이스크림 컵 위에 부어 올린 색색의 젤리층처럼 한 층 위에 다른 층이 겹겹이 쌓인다. 수심 200미터에서 아래로 시작되는 구역을 박광층, 약광층 또는 중층원양대라고 부른다. 떨어지는 구슬이 이 쪽빛 황혼 지대를 통과하는 데 30분쯤 걸리며, 수심 1000미터에 도달하면 무광층(또는 점심해수대)의 영원한 어둠에 자리를 내어준다.

이 정도 깊이에서는 계속 떨어지기만 하던 수온이 안정을 이룬다. 지금까지 구슬은 태양이 따뜻하게 데운 수면에서 바다의 어두운 내부로 하강하며 물이 빠르게 차가워지는 변온층을 통과했다. 지구 대부분의 지역에서 무광층의 수온은 섭씨 3.9도 정도로 일정하게 유지된다.* 구슬이 한 시간 30분을 더 하강해 이 지대를 완전히 통과하면 수심 4000~6000미터 사이의 넓은 지대에 도달하는데 이곳이 공

* 바다의 가장 깊은 곳에서 수온은 섭씨 2도로 떨어지고, 극지방에서는 그보다 더 낮다.

식적으로 심연이라 불리는 구역이다.*

바다 밑바닥까지 내려오는 여정 내내 구슬은 생명체를 지나친다. 유리 구체에 반사되는 불빛은 햇빛이 아니라 빛을 내는 글로웜이나 샛비늘치류처럼 빛을 내는 여러 동물에서 온 것이다. 아마 이 동물들도 누가 자기에게 불빛을 되비쳤는지 궁금할 것이다. 내려오는 동안 작은 새우가 구슬 위에 올라타 겉에 묻은 유기 물질을 긁어먹을지도 모른다. 무광층의 광활한 물속에서 거칠게 오징어를 뒤쫓는 향유고래(향고래) 꼬리에 맞아 옆으로 내쳐질 가능성도 있다. 어쩌면 협곡의 가파른 바위벽에 부딪혀 튕겨 나가거나 부드러운 심해 평원에서 해삼 무리 옆에 내려앉을지도 모른다. 이 해삼은 다리가 수없이 달린 창백한 새끼 돼지처럼 보인다. 달리 숨을 곳이 없어 해삼의 등에 타고 있는 홍게가 보일 수도 있다. 구슬은 해산의 중턱에 착륙해 그곳에서 움직이지 않고 수 세기를 살아온 동물의 숲에서 길을 잃거나, 해령의 갈라진 틈에서 뿜어나오는 뜨거운 온천 옆에 떨어질 수도 있고, 대형 조개나 진홍색 깃털을 가진 대형 환형동물 무리 한가운데 안착할 수도 있다.

구슬을 떨어뜨린 자의 조준 실력이 뛰어났다면 구슬은

* 심해 과학자들은 보통 수심 4000미터 아래를 심연으로 분류한다. 하지만 심연이라는 용어는 심해 전반을 나타낼 때 쓰이기도 한다. 수심 4000~6000미터 사이의 심해를 심해저대라고 한다.

곧장 해구로 들어가 바다의 가장 깊은 층인 초심해대에 도착할 것이다. 그곳에서도 이 유리 구체는 유령처럼 창백한 물고기의 흐릿한 형체를 포함해 수많은 생명체와 마주친다. 그런 다음 마침내 수면에서 떨어뜨린 지 여섯 시간 후에 구슬은 수심 11킬로미터가 조금 못 되는 지점에서 정말로 바다 밑바닥에 닿을 것이다. 그리고 언제든 쫓아가 집어삼킬 준비가 된 굶주린 갑각류 떼를 유혹할 것이다.

심해의 방대한 크기를 생각하면 그곳에 사는 전체 생물의 종 수를 파악하기란 전혀 만만하지 않지만, 체계적인 조사를 통해 미발견 종을 포함한 대략의 종 수를 가늠한 사람이 있다. 1984년, 미국 과학자 프레더릭 그라슬과 낸시 매치올렉은 대형 쿠키 커터처럼 생긴 상자형 채니기(물밑의 모래나 진흙 등 침전물을 채집하는 도구—옮긴이)를 동원해 뉴저지주와 델라웨어주 연안의 수심 1500~2500미터 심해저에서 진흙 시료를 추출했다. 이 진흙을 조심스럽게 체로 걸러 그 안에 있는 모든 생물을 수집한 결과, 환형동물, 갑각류, 불가사리, 해삼, 조개, 달팽이 등 총 798종을 식별했다. 그중 절반이 학계에 알려지지 않은 신종이었다.[12] 해저면 1제곱킬로미터당 1.2종의 신종이라는 평균치를 바탕으로 그라슬과 매치올렉은 지구의 심해 평원이 3000만 종의 서식지라고 추정했다. 단, 심해 일부는 부양할 수 있는 종의 밀도가 더 낮다는 점을 받아들여 이후 추정치를 1000만 종으로 낮추었다.

그라슬과 매치올렉의 획기적인 연구 이후 심해에 사

는 모든 것을 파악하려는 작업이 35년 이상 계속되고 있다. 2019년, 저명한 과학자 17명으로 구성된 연구팀이 캘리포니아주 면적보다 넓은 태평양 심해 지역에서 3년간 진행한 조사 결과를 발표했다.[13] 연구팀은 무인 원격 조종 잠수정을 이용해 심해를 수백 시간 잠수했다. 총 34만 7000마리의 동물이 사진에 찍혔는데, 기존에 알려진 종은 고작 다섯 중 하나꼴이었다. 너무 작거나 사진이 흐려서 식별할 수 없는 경우도 있었지만 대부분 누구도 전에 본 적 없는 동물이었다. 심해의 생물 다양성은 우리에게 익숙한 얕은 바다는 물론이고 육상 생물과 견줄 정도로 풍부했다.

심해 생물 종 목록인 세계 심해 종 등록소The World Register of Deep-Sea Species, WoRDSS는 2012년에 시작된 이후로 꾸준히 늘어나고 있으며 지금도 계속해서 종이 추가되고 있어 목록화 작업의 완성은 요원해 보인다.[14] 2020년까지 총 2만 6363종이 등록되었다. 이 종과 그의 몇 배나 되는 많은 생물이 심해의 극한 환경에서 살아남고 번성하는 방법을 진화시켜왔다. 비교적 최근까지도 불가능하다고 여겨졌던 것이다.

아주 오랫동안 사람들은 깊은 바닷속에 사는 존재는 괴물과 악마 그리고 신밖에 없다고 생각했다. 신화의 창조자들은 호기심 어린 눈을 피해 이런 강력한 존재를 물속의 고립된 장소에 숨겼다. 향수병에 걸려 헛것을 보는 선원들이 수면 위에서 정체를 알 수 없는 형상을 보았다고 주장하며 신빙성을 더했다.

크라켄, 레비아탄, 트리톤, 포세이돈 같은 유명한 괴수와 신, 전 세계 다양한 문화권에서 창조된 존재가 이 물의 영역을 누비며 지배한다. 우미보우즈는 사람의 형태를 한 일본 바다 승려로 새까만 피부에 촉수가 달렸으며 바다에서 거대한 폭풍을 일으킨다. 스코틀랜드 게일 신화에서 물속을 헤엄쳐 다니는 짐승은 바다뱀 시리언이고, 아이슬란드 영웅 전설에 나오는 거대한 바다 괴물 하프구파는 스스로 섬으로 변장하고 지낸다. 탕가로아는 마오리족 바다의 신으로 많은 바다 생물의 아버지다. 고대 핀란드 바다의 여신 벨라모에게는 파도 속에서 사람으로 탄생한 딸이 여럿 있는데 이들은 바닷속에서 소와 작물을 길렀다. 티아마트는 고대 바빌로니아 신화에 나오는 바다의 여신으로 종종 바다뱀으로 묘사된다. 북유럽 신화에서 미드가르드뱀이라고도 하는 요르문간드는 신 오딘에 의해 바다에 버려졌지만 계속해서 몸이 자라 지구를 감싸고 제 꼬리를 물었다. 요르문간드가 입에서 꼬리를 놓는 순간 '라그나로크'라는 대전투가 시작될 것이다.

이 모든 상상의 존재가 바다와 깊은 연관이 있지만, 심연을 다루는 글과 이야기가 전부 심해로 이어지는 것은 아니다. 심연abyss이라는 말은 다른 많은 것을 의미해왔다. 심연은 라틴어로 '바닥이 없는 구덩이'라는 뜻의 라틴어 'abyssus'

또는 '아주 깊은 곳'이라는 뜻의 고대 그리스어 'ἄβυσσος'에서 유래했다. 심연은 지구와 천계가 창조된 태초의 혼돈을 가리킨다. 혹은 《성경》에서 "무저갱의 천사"로 표현된 것처럼 끝없는 수렁이나 지옥의 구덩이를 뜻하기도 한다. 존 밀턴의 1667년 작 《실낙원》에서 심연은 다음과 같이 표현된다.

조심성 많은 마왕은 지옥의 가장자리에 서서
그 황막한 심연 속을 잠시 들여다보며
제 갈 길을 곰곰이 생각한다.
그가 건너야 하는 것은 좁은 강어귀가 아니기 때문이다.

심연은 경계가 없고 이해할 수도 없고 헤아릴 수도 없는 것이면 무엇이든 될 수 있다. 17세기 독일 철학자 야코프 뵈메가 저서 《만물의 기호The Signature of All Things》에서 썼듯 "무無에 서 있거나 무를 보는 영원의 눈, 심연의 눈"이 있다. 수많은 작가가 자신의 주인공을 심연의 가장자리로 보내서 진짜든 비유든 다시는 빠져나오지 못할 그곳을 바라보거나 뛰어들게 했다. 1723년에 출간된 소설 《여성을 위한 패치워크 스크린A Patchwork Screen for the Ladies》에서 제인 바커는 이런 구절의 시를 넣었다.

인류의 어리석은 행동을 더듬는 것은
그것이 공동의 것이든 개별적인 것이든

정신을 익사시키는 심연이다.

은유로서의 심연은 확실히 실제 심해와 잘 들어맞는다. 바닥이 보이지 않는 바다는 머릿속에 쉽게 연상된다. 많은 이에게 심해는 불가해한 장소이고 그곳에 던져진 것은 다시 돌아 나올 가능성이 없다. 하지만 바다의 가장 깊은 곳을 구체적으로 '심연'이라고 부르기 시작한 것은 19세기 중반, 뱃사람과 과학자 들이 바다의 깊이를 측정하면서부터였다. 이들은 심해 탐험의 1세대 주자로서 납으로 만든 추가 달린 줄을 바다 밑바닥에 닿을 때까지 내리는 고된 일을 수행했다.

바다의 심연을 대중에게 널리 알린 사람은 사실상 심해에서 괴물과 더불어 다른 생물까지 쫓아낸 장본인이다. 영국의 젊은 박물학자 에드워드 포브스는 바다에 살아 있는 지하 세계를 이해하고자 1841년에 그리스와 튀르키예 사이의 지중해만에 자리 잡은 에게해의 깊은 물을 조사했다. 비컨호를 타고 1년 반 동안 항해하며 포브스는 230패덤, 즉 수심 420미터*에 있는 동물을 건져 올렸다.

바람과 인력만으로 해저에서 그물을 끌고 또 끌어올려야 하는 고되고 어려운 일이었다. 포브스는 엄청난 양의 동물을 수집했고 선장실을 박물관이자 실험실로 삼아 표본을

* 패덤fathom은 깊이의 단위로 약 1.8미터이며 원래는 어른이 양쪽으로 뻗은 팔 사이의 거리로 측정되었다.

해부하고 표본 병에 넣고 그림으로 그렸다. 포브스는 단순히 다양한 동물 종을 식별하는 것만이 아니라 그것들이 발견된 장소까지 상세히 조사하는 데 관심이 있었다. 40년 전, 독일 박물학자 알렉산더 폰 훔볼트는 육지에서 생물이 서식하는 구역에 관해 연구한 끝에 해수면 높이의 숲과 높은 산 중턱에서 자라는 식물은 서로 종류가 다르고, 적도에서 극지방으로 갈수록 식물의 수가 줄어든다는 이론을 제시했다. 포브스는 바다 깊이 내려가면서 이와 비슷한 수직 패턴을 찾고 있었다.

포브스의 연구는 해양 생물에 관한 중요한 생태학적 개념을 드러냈다. 포브스는 해저면의 점도, 즉 모래냐, 바위냐, 진흙이냐에 따라 각각 다른 종류의 동물이 산다는 것을 보였고, 일부는 특정한 장소에서만 서식한다고 밝혔다. 결정적으로 그는 깊은 바다에서 생명체가 사라지는 지점에 주목했다. 아래로 내려갈수록 생물이 눈에 덜 띄었다.

포브스는 에게해에서의 발견으로 논리적인 결론을 도출했고, 그것을 바탕으로 바다에서 생명체가 존재하는 한계선을 설정했다. 1843년에 그는 300패덤, 즉 수심 550미터 이하의 바다에는 생물이 살지 않는다는 일반적인 법칙을 유도했다. 그렇게 그는 박광층 상층부에 진한 경계선을 그었고 그것이 지구에 존재하는 생명의 한계라고 선언했다.

당시 포브스가 영향력이 큰 인물이었던 탓에 그의 이론은 유행했다. 그가 조금 더 오래 살았다면 계속해서 심해에 관한 더 많은 과학적 발견을 이루어냈을 것이다. 1852년 포브스는 최초로 심해를 심연이라고 부르며 100패덤, 즉 수심 180미터 이하의 지역으로 설정했다. 하지만 2년 뒤인 39세의 나이에 《유럽 바다 자연사The Natural History of European Seas》를 한창 집필하던 중 세상을 떠났다. 친구인 로버트 고드윈 오스틴이 책을 완성하면서 '생명이 없는 심해'라는 포브스의 생각을 반영했다.

> 이 지역에서 점점 더 깊이 내려갈수록 그곳에 거주하는 생물은 더욱 변형되고 수가 줄었다. 그것을 보고 우리가 심연으로 접근하고 있음을 알았다. 그곳은 생명이 절멸했거나 겨우 명맥을 유지하고 있음을 알리는 희미한 불꽃이 드물게 보일 뿐이다.

심해 무생물설로 알려진 이 가설은 널리 호응을 얻었다. 포브스에게 어둡고 차갑고 압력이 한없이 몸을 짓누르는 심해가 생명체에 호의적인 장소가 아님을 뒷받침할 자료가 있었기 때문이다. 하지만 저 데이터에는 세 가지 오류가 있었다. 첫째, 그가 사용한 장비는 작은 구멍이 뚫린 캔버스 주머니에 불과해 전혀 적절한 도구가 아니었다. 포브스와 비컨호 선원이 바다 밑바닥을 훑을 때 그 주머니는 이내 진흙으로 채워져 금세 구멍이 막혀버렸다. 그들이 어떤 동물을 잡았든 그것은 바닥을 긁기 시작할 즈음에 우연히 들어간 것이다.

둘째, 에게해는 바다에 관한 일반화된 주장을 펼치기에 좋은 연구 장소가 아니다. 지중해의 이 구역은 얕든 깊든 원래 비정상적으로 비어 있는 곳이다. 수면에 가까운 물조차 영양소가 부족해 생태계 전체가 기본적으로 굶주린 상태이기 때문이다. 만약 포브스가 지중해의 다른 지역을 골라 진흙이 틀어막지 않는 적절한 장비로 조사했다면 550미터 아래에서도 훌륭하게 살아남은 생물들을 보았을 것이다.

셋째, 포브스는 다른 이들이 찾아낸 결과를 참고하지 않았다. 이는 당시 학계의 관행이기도 했다. 포브스가 발견하기 30여 년 전인 1818년, 존 로스 선장은 대서양과 태평양 사이에서 북서항로를 찾아 이사벨라호를 지휘했다. 마침 캐나다 연안의 배핀만에서 그의 부하들이 수심을 재기 위해 장비를 내렸는데, 이 기구는 바닥에 닿으면 턱이 닫히며 진흙 샘플을 채취했다. 샘플 안에는 진흙은 물론이고 살아 있는 환형동물과 커다란 삼천발이가 들어 있었다.[15] 삼천발이는 불가사리의 친척인 극피동물로 가지가 수없이 갈라져 레이스처럼 생긴 다섯 개의 팔이 있고, 모자로 쓸 수 있을 정도로 크기가 크다. 로스와 선원들은 600패덤(수심 약 1100미터) 지역에서 이 신종을 낚았다. 이 발견은 심해 무생물설을 종식하고도 남았을 테지만 영국으로 귀환한 후 불거진 논란과 논쟁 때문에 그 사실이 널리 알려지지 않았다. 선원 여럿이 원정 보고서에 자신의 공이 제대로 인정되지 않았다고 불만을 표시했고, 로스 역시 배핀만 근방 랭커스터 해협의 해저 산맥에 대해 거짓 주장을 한 이후 신뢰를 잃은 터였다.

한편 덜 깊은 물 속에 살고 있는 생명체에 대한 보고도 쌓여갔다. 포브스가 에게해 바닥을 뒤지는 동안 존 로스의 사촌인 제임스 클라크 로스는 남극 과학 원정대를 이끌었다. 그곳에서 400패덤(수심 약 730미터)에 사는 산호를 건져 올렸다. 1850년대에는 동물학 교수인 마이클 사스가 노르웨이 바다에서 더 많은 심해 산호를 잡아 올리며 이 동물이 열대의 얕은 물에서 산호초를 형성하는 것은 물론이고 적어도 200~300패덤의 어두운 심해에서도 번성함을 보였다. 그런데도 대다수 박물학자는 그보다 깊은 곳에서 생명체가 흔하다는 더 확실한 증거를 요구했다.

1860년, 과학계는 영국의 외과의이자 박물학자인 조지 찰스 월리치가 불독호를 타고 아이슬란드와 그린란드를 탐사한 원정 보고서에 실은 심해 생명체 관련 추가 증거를 묵살했다. 월리치는 측연선(수심을 잴 때 쓰는 줄—옮긴이) 끝에 불가사리 13마리가 매달려 올라온 것을 보았다. 이 불가사리는 해저에 사는 종으로 바다 한복판에서는 잡힐 수 없었다. 측연선은 바다 밑바닥까지 내려가 1260패덤(수심 약 2300미터)에서 저 불가사리들을 잡아 올린 것이다. 하지만 여전히 이 발견은 무시되었고 포브스의 심해 무생물설은 건재했다. 박물학자 대부분이 저 깊은 바닷속에서 생물이 살 수 없다는 믿음을 고수했고 그와 모순된 증거는 받아들이지 않았다. 월리치의 발견은 그가 사용한 장비가 연구용으로 제작

된 것이 아니라는 이유로 간과되었다.[16]

그뿐만 아니라 월리치가 성질이 고약한 과대망상증 환자라는 평판과 함께 학계의 기피 대상이었다는 사실도 한몫했다. 특히 그는 런던 왕립 학회의 영향력 있는 인사인 찰스 위빌 톰슨과 윌리엄 카펜터를 큰 적으로 두었다. 하지만 마침내 톰슨과 카펜터는 심해를 직접 수색하기로 하고 1868년에서 1870년까지 해군 함선 라이트닝호와 포큐파인호를 몰아 왕립 학회 원정을 이끌었다. 이들은 형망(자루그물 입구에 틀을 달아 해저면을 긁어서 조개류를 잡는 어구—옮긴이)을 개조해 삼베로 만든 밧줄 타래를 묶었는데, 이 방법으로 불가사리와 삼천발이, 그 밖에도 해저면에 사는 수백 종의 생물을 낚아 올렸다. 19세기를 마무리지으며 마침내 포브스의 심해 무생물설은 완전히 틀렸음이 입증되었다.

헤아릴 수 없는 크기, 그로 말미암은 극한의 생존 조건이 에드워드 포브스 같은 이들로 하여금 과연 저렇게 깊은 바닷속에 무엇이 살겠는가 하는 의심을 불어넣었다. 무엇보다 심해에는 누구나 감당해야 할 엄청난 압력이 있다. 육상 생물은 평소 땅 위를 걸어 다닐 때 위에서 내리누르는 공기의 무게를 의식하지 못한다. 하지만 숨을 참고 바다에 뛰어들면 아마 금세 사방에서 짓누르는 압력을 느낄 것이다. 프리 다이빙을 하는 사람의 폐는 고작 9미터 아래에서 정상 크기의 절반으로, 30미터 아래에서는 4분의 3으로 줄어든다. 박광층 아래에서 인간은 맨몸으로는 살아남지 못한다. 심연에서 물의 압력은 수면의 400배, 자동차 타이어 안의 공기압보다 150배 이상 크다.

두 가지 다른 어려움이 심해에서 기다린다. 심연은 아주 크고 어둡기 때문에 늘 외롭고 배고픈 곳이다. 넓은 바다 밑바닥, 특히 경계가 없는 물속에서는 짝을 찾기가 쉽지 않다. 또한 이곳에서는 광합성이 일어나지 않으므로 일부 주목할 만한 예외가 아니면 새로운 식량이 만들어지지 못한다. 대신 심해 동물 대부분은 표층에서 드문드문 떨어지는 유기물질로 연명한다.

1950년대에 일본 과학자들이 구로시오라는 수중 관찰실, 즉 비좁은 금속 구체의 창을 통해 바다에서 떨어지는 입자를 맨 처음 관찰했다. 노보루 스즈키와 켄지 카토는 이 입자를 '바다 눈marine snow'이라고 불렀고, "물에서 생물로, 그리고 다시 흙으로 변환되는" 해양 순환의 일부라고 제안했다.[17] 다시 말해 대양의 동물이 바다 눈을 먹고 살 수 있다는 뜻이며, 또 실제로 그렇게 한다. 물론 이 솜털 같은 입자의 정체가 이름만큼 근사한 것은 아니다. 결국 바다 눈은 죽은 식물성 플랑크톤, 동물성 플랑크톤,* 그리고 그 배설물이 플랑크

---

* 동물성 플랑크톤은 물고기와 갑각류의 작은 유생 단계를 포함한다.

톤과 세균이 분비한 끈적거리는 물질에 엉겨 붙은 것에 불과하다. 그래도 음식은 음식이다.

대부분의 심해에서 바다 눈은 먹이 그물 바닥에 있는 동물이 먹을 수 있는 유일한 먹이원이다. 해삼 떼가 신선한 눈보라를 찾아 심해 평원을 행진한다. 불가사리와 거미불가사리도 심연의 눈을 먹고 사는 극피동물이다.

한편 해저 바닥이 아니라 물속에 떠다니며 생활하는 동물은 떨어지는 바다 눈을 직접 받아먹는다. 갑각류의 일종으로 등각목에 속하는 문놉시드과Munnopsidae 생물은 자기 몸길이의 몇 배가 되는 길고 털이 많은 팔로 물을 빗질하며 눈을 찾는다. 바다나비라고도 부르는 유각익족류는 물속을 유영하는 작은 달팽이로 넓고 끈적거리는 그물을 던져 떨어지는 눈송이를 받는다.

눈을 받아먹고 사는 길드에 등록된 의외의 구성원은 이름만 들어도 섬뜩한 흡혈오징어다.[18] 밤피로테우티스 인페르날리스*Vampyroteuthis infernalis**라는 학명의 이 생물은 피처럼 새빨간 피부에, 반구형의 붉은 눈, 새하얀 부리가 있다. 위협을 느끼면 여덟 개의 다리로 자기 몸체를 감싸 마치 돌풍에 뒤집힌 우산 모양을 하고는 안쪽에 열을 지어 돋아 있는 무시무시한 갈고리를 내보인다.

이 뱀파이어는 길이가 30센티미터를 넘지 않으며 두족

* 엄밀히 말해 오징어는 아니고 흡혈오징어목Vampyromorpha의 유일한 종이다.

류 중에서도 식단이 남다르다. 평소 몸길이의 여덟 배나 되는 코일형 필라멘트를 몸 밖으로 길게 뻗은 채 깊은 물 한복판에서 꼼짝하지 않고 자리를 지킨다. 이 가느다란 부속지는 미끼나 끈끈이 함정, 먹잇감이 지나가는지 확인하는 인계 철선 같은 예민한 촉수로 착각하기 쉽지만 사실은 위에서 내리는 눈송이를 잡는 역할을 한다. 천천히 필라멘트를 감아들여 팔 위로 조심스럽게 쓸어낸 다음 들러붙어 있던 입자를 한데 뭉쳐 눈덩이를 만들고 다리에 달린 갈고리를 사용해 솜씨 좋게 입에 넣고 삼킨다. 그리고 다시 필라멘트를 펼치고 눈을 모으는 평화로운 작업을 반복한다.

문제는 심해에서는 아주 가벼운 눈발만 날린다는 사실이다. 기껏해야 표층에서 생산되는 음식의 2퍼센트만 심해저까지 내려온다. 육지에 비유하자면 풀도 나무도 꽃도 씨앗도 열매도 없이 하늘에서 찌꺼기만 내려와 흩어져 있는 황무지 같다. 가끔 죽은 고래 정도?

심해의 크기가 거대하다는 것은 심해 생물학자가 아직 상대적으로 소규모의 신생 분야에서 고군분투하고 있다는 뜻이기도 하다. 현재 전업 심해 생물학자로 활동하는 약 500명이 상상 이상으로 크고 알려진 것 없는 공간을 연구하는 어려운 과제를 공유한다. 심해 전체를 이들에게 똑같이 분배한다면 1인당 대략 200만 세제곱킬로미터씩 맡아야 한다.

심해로의 접근은 에드워드 포브스나 다른 빅토리아 시대 생물학자는 꿈도 꾸지 못했던 기술 덕분에 가능해졌다. 소형 자동 장비가 어둠 속에서 마치 기계식 고래처럼 소리 신호를 발산해 인간이 쉽게 닿을 수 없는 깊은 곳을 날아다닌다. 이것들이 아직 그곳에서 악마나 신과 마주친 적은 없고 오직 살아 있는 경이를 발견했을 뿐이다. 자율 수중 로봇AUV이라고 알려진 이 무선 잠수정은 보통 길이 3~4.5미터의 어뢰처럼 보이며, 측정 장비, 음파 탐지기, 카메라, 그리고 미사일에 사용되는 유도 시스템을 장착했다. 이 잠수 로봇이 길을 잃을 만일의 상황을 대비해 몸체에 크게 '무해한 과학 장비'라고 쓰여 있다. 임무가 설정된 자율 수중 로봇을 바다에 풀어놓으면 다시 돌아올 때까지 위에서 직접 소통할 방법은 없다.

또 한 종류의 심해 잠수정은 긴 케이블을 통해 원격으로 조종되어 바닷속을 실시간으로 볼 수 있으며, 물, 동물, 해저 암석과 퇴적물 샘플을 모아서 가져오는 기능도 있다. 원격 조종 수중 로봇ROV*이라고 부르는 이 기계는 원래 석유·가스 업계에서 연안의 시추 플랫폼과 파이프라인 건설·유지를 위해 개발된 것으로 수심 6000미터까지 내려가도록 설계되었다. 무인 잠수정을 이용하는 대신 몸소 심해로 내려가는

---

* 이 책에서 내가 언급한 잠수정은 모두 원격 조종 수중 로봇이다.

소수의 용감하고 운이 좋은 사람도 있다. 이런 유인 잠수정은 보통 박광층 상층부에서 머물며 과학자들은 더 깊이 내려가기도 한다(해군 잠수함이 몇 미터까지 내려가는지는 기밀이다).

세상에는 우주 비행사보다 천문학자가 훨씬 더 많다. 심해 생물학자와 심해 탐사가의 관계에서도 마찬가지다. 운행 중인 잠수정 중에서 인간을 수심 300미터 아래로 데려갈 수 있는 것은 소수에 불과하다.* 가장 유명한 심해 유인 잠수정은 매사추세츠주 우즈홀 해양 연구소가 운영하는 앨빈호로 1960년대부터 다양한 형태로 한 번에 과학자 두 명과 조종사 한 명을 심연으로 데려갔다. 일본 해양 연구 개발 기구JAMSTEC의 심해 잠수정 신카이 6500은 연구자들을 수심 6500미터 아래로 데려간다. 중국의 유인 잠수정은 바다에 살며 홍수를 일으킨다는 용의 이름을 따서 자우룽호라고 부른다. 열악한 심해 환경에서 인간의 생명을 유지하는 일은 자동화된 원격 조종 기계를 개발하는 것보다 훨씬 비용이 많이 들기 때문에, 상대적으로 예산이 적은 심해 연구에서는 인간 대신 로봇을 내려보낸다.** 이런 상황에서도 심해 탐험가는 우주 탐험가보다 대개 몇 발 앞서 있었다.

---

* 돈만 있다면 이제 민간 잠수정을 타고 수십 미터 아래로 내려갈 수 있다. 이 잠수정은 1960년대에 상상했듯 우주선처럼 생겼고 대형 요트의 갑판에 실릴 정도로 작다.

** 지구의 모든 바다, 수계, 대기에 관한 과학 연구를 감독하는 미국 해양 대기청NOAA의 2019년 총예산은 54억 달러였다(전년도 대비 8퍼센트 감소). 반면 미국 항공 우주국NASA의 예산은 3.5퍼센트 증가한 215억 달러였다.

우선 인간은 지구를 떠나기 전에 심해에 먼저 들어갔다. 1930년대에 미국 박물학자 윌리엄 비브와 미국 발명가 오티스 바턴은 소련 우주 비행사 유리 가가린이 지구 대기권을 벗어나 저궤도에 돌입하기 20년 전, 비좁은 금속 잠수구 안에 들어가 버뮤다섬의 박광층으로 800미터를 내려갔다. 1960년, 인간은 스위스 해양학자 자크 피카르와 미 해군 중위 돈 월시가 심해 잠수정 트리에스테호를 타고 마리아나 해구로 하강하면서 처음으로 바다의 가장 깊은 지점에 도달했다.

오늘날 억만장자들은 여전히 우주여행을 꿈만 꾸는 형편이지만 그중 일부는 이미 돈을 들여 심해에 다녀왔다. 2012년, 캐나다 영화감독 제임스 캐머런은 1인용 심해 잠수정 딥씨 챌린저호를 타고 마리아나 해구로 모험을 떠났고, 이어서 7년 뒤에 미국 투자가 빅터 베스코보는 다섯 개 주요 해양 분지의 가장 깊은 지점에 도달하는 개인적인 숙원을 완수했다.[19]

하지만 우주 비행사가 우주에서 보통 수개월씩 머무는 반면에 심해 탐사자는 한 번에 24시간을 넘기지 못하는 짧은 방문만 가능하다. 아직 심해 연구 기지가 건설되지 못해 현재로서는 심해를 연구하려면 대형 선박을 타고 가는 방법이 유일하다. 이 선박은 이동식 연구 기지로 기능해 심해 위에 떠 있으면서 생물학, 지질학, 화학, 물리학, 공학 연구팀을 지원한다. 연구 항해는 과학자들이 야생의 외딴 바다를 연구하는 동안 몇 주에서 몇 달간 지속된다. 그동안 심해 생물학자는 자신이 찾으려 하지 않았던 것을 보고 누구도 기대하지 않은 것을 발견하며 자신이 세운 가정을 애써 버리게 된다.

2장

고래와 뼈벌레

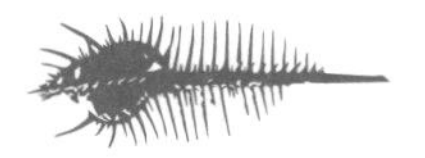

"갈 때마다 그대로 남아 있어 놀랍니다." 루이지애나대학교 해양 컨소시엄LUMCON 본부장이자 펠리컨호 멕시코만 원정 공동 책임 과학자인 크레이그 매클레인의 말이다. 우리는 2000미터 아래에서 실시간으로 송신하는 영상을 보고 있다. 화면은 심해저에서 나무토막을 집어 올리는 잠수정의 모습을 보여주었다. 산호초나 해초밭이라면 이렇게 두고 간 물건을 나중에 돌아와 같은 자리에서 발견하리라 기대할 수 없다. 강한 해류와 폭풍이 휘젓는 파도가 진작에 쓸어갈 테니까. 하지만 18개월 전, 매클레인이 놓고 간 수십 개의 통나무는 조용하고 바람 한 점 없는 심해에서 원래 놓고 간 자리에 그대로 남아 있었다.

바다 밑바닥에 나무토막을 두고 오는 것은 매클레인이 전부터 해왔던 일이고 이유 있는 작업이다. 과거 캘리포니아 연안에서 그는 수심 3000미터 아래의 심해에 통나무 36개를 던졌고 5년 후에 돌아와 건져냈다.[1] 매클레인은 회수한 통나무에서 심해 조개의 일종인 크실로파가속*Xylophaga** 생물이 사방에 뚫어놓은 구멍을 발견했다. 크실로파가는 학명이 제시하듯 오로지 목질로 구성된 특수한 식단이 진화했다. 이 조개는 껍데기의 날카로운 가장자리를 이용해 단단한 나무를 파서 길을 내고 나무 부스러기를 먹는다. 그리고 몸속에 공생하는 세균의 도움을 받아 소화한다. 이 이매패 생물이 뚫어놓은 통로로 달팽이나 벌레, 불가사리, 해삼, 갑각류 등이 기어들어 와서는 조개의 배설물을 먹거나 조개를 잡아먹고 산다. 시간이 지나면 이 통나무를 기반으로 하나의 생태계가 형성된다. 크실로파가 조개를 포함한 종 대다수가 다른 곳에서는 살 수 없고 오로지 썩은 나무에 의존해서 살게끔 진화했다고 추정된다.

늘 허기진 심해에는 버려지는 것이 없다. 전 세계에서 큰 강이 온갖 잔해와 쓰레기를 바다로 보낸다. 죽고 부러진 나무와 가지는 해안으로 떠밀려 가서 마침내 물을 머금고 가라앉는다. 산발적으로 유입되는 이 탄소 꾸러미가 육지와 심해 사이의 연결 고리를 형성한다. 나무만 먹고 사는 종에게 먹이를 주어 생물 다양성을 늘리고 심해의 생물이 딛고 다닐 징검다리를 놓는 것이다.

---

* 'Xylo'는 '나무'라는 뜻이다. 'phaga'는 '대식가'라는 뜻의 'phagus'에서 유래했다.

멕시코만 심해 생태계 전문가인 클리프턴 너날리와 일하면서 매클레인은 죽은 나무에 형성된 이 생태계의 운영 방식을 파악하기 위한 실험을 계획했다. 큰 나무토막일수록 더 많은 식량을 제공하는 것은 당연하다. 그런데 그것이 어떤 식으로 사용될까? 여러 종이 유입되면서 먹이 그물이 더 복잡해질까? 아니면 몇몇 종이 소 떼처럼 밀고 들어와 크게 번식할까? 나무토막 사이의 거리가 그곳에 사는 동물에 어떤 영향을 줄까? 심해에서 이 나무토막의 운명을 잘 이해하게 된다면 산림 벌채로 바다에 가라앉는 나무의 양이 줄거나, 기후 위기로 빈번해진 허리케인과 홍수가 나무줄기와 가지를 심해로 더 많이 쓸어 보내는 등 지상에서 일어난 사건으로 인한 심해 생물 다양성의 변화를 예견하는 데 도움이 될 것이다.

육지에서라면 이런 실험은 서로 크기가 다른 통나무를 원하는 곳에 늘어놓기만 하면 되는 꽤 간단한 과제다. 하지만 매클레인과 너날리는 수심 1500미터가 넘는 물속의 칠흑 같은 어둠 속에서 잠수정을 사용해 통나무를 배치하고 수거해야 했다. 시간이 많이 드는 힘든 과제였다.

식당 모니터에서 보는 잠수정의 로봇 팔은 가히 초현대적이다. 금속으로 된 손이 실수로 통나무를 놓치자 마치 지구의 중력이 약해진 듯 서서히 해저로 가라앉았다.* 잠수정은 무임 승차한 동물을 잡기 위해 통나무를 하나하나 조심스럽게 집어 들어 고운 그물로 된 주머니에 넣었다. 그런 다음 주머니의 단추를 채우고 커다란 금속 철장으로 옮겼다.

이 해저 엘리베이터는 12시간마다 위로 끌어올려져 펠리컨 호에 나무토막을 전달했다.

그사이에 나는 나무토막에서 수집한 동물의 표본을 만들기 위해 표본 병의 플라스틱 뚜껑에 라벨을 적었다. 최대한 작고 또박또박 글씨를 적으며 몰두하고 있는데 승무원 한 사람이 문으로 머리를 들이밀더니 오른쪽 뱃머리에 고래가 나타났다고 전했다. 나는 다리로 올라가 1등 항해사 브레논 카니 옆에 섰다. 그가 쌍안경을 건네며 방향을 알려주었다. 눈부신 햇살에 적응한 눈이 파도를 훑었지만 보이는 것은 아무것도 없었다. 이미 가버렸나 싶어 포기하려는 찰나, 하늘로 거대한 수증기가 솟구쳤다. 고래의 숨결이었다.

물줄기 여럿이 점점 배에 가까워졌고 파도 위로 고개를 내민 회색 몸뚱이가 뒤를 따랐다. 꼬리 근처에 짧은 혹처럼 생긴 등지느러미가 볼록 솟아 있었다. 더 가까이 다가오자 몸의 한쪽으로 뿜어나오는 증기가 보였다. 이렇게 한쪽으로 치우친 분수공은 향유고래(향고래)의 특징이다. 향유고래는 주둥이 왼쪽에 있는 한쪽 콧구멍으로 숨을 쉰다.

그때 무리 중 하나가 크게 뛰어올랐다. 머리는 뭉툭하게 네모졌고, 작은 가슴지느러미는 마치 주머니에 손을 쑤셔

---

* 지구의 중력장은 장소마다 크기가 다르다(지구가 완전한 구체가 아니라는 사실을 포함해 여러 이유로). 하지만 심해에서 중력은 획일적으로 약해지지 않는다. 저중력과 유사한 이런 효과는 소금물의 부력에서 온다.

넣은 것처럼 옆구리에 바짝 붙이고 있었다. 고래가 머리로 하늘을 들이받았다. 몸길이가 대략 6미터로 향유고래치고는 앙증맞은 크기인데 아마 암컷일 것이다. 고래는 첨벙 소리와 함께 물에 떨어진 다음 잠시 후 다시 점프해 올랐다. 그러기를 세 번, 마지막으로 모습을 드러낸 다음 꼬리를 위로 기울이더니 물속으로 들어가서는 다시 보이지 않았다.

나는 서둘러 실험실로 돌아갔다. 화면 속 영상에는 잠수정이 또 다른 나무토막을 줍고 있었는데, 어쩌면 저 수심 2000미터 아래에 향유고래가 나타나 카메라를 쳐다볼지도 모른다는 생각이 들었다. 향유고래에게는 불가능한 깊이가 아니었다. 향유고래는 고래 중에서도 가장 깊이 잠수하는 종의 하나로,* 성체는 정기적으로 한 시간 이상 잠수하며, 삶의 4분의 3 이상을 박광층과 무광층에서 사냥하며 지낸다.[2] 이 고래는 우리와 멀리 떨어진 세계의 생물이지만 수 세기 동안 인간의 삶과 심해 사이를 가깝게 연결해왔다.

고래 사냥꾼은 고래가 얼마나 깊이 잠수할 수 있는지 제일

* 해양 포유류 몇 종이 어마어마한 수심에서 향유고래와 합류한다. 1823년 지중해에서 프랑스 해부학자 조르주 퀴비에가 최초로 화석화된 두개골을 발견해 퀴비에부리고래라고도 부르는 민부리고래가 기록을 보유한다. 민부리고래는 2014년에 캘리포니아 남부 해안에서 수심 2992미터를 잠수했다고 보고되었다.

먼저 알았던 자들이다. 저들은 작살을 맞은 고래가 밧줄을 끌고 물속으로 돌진하는 모습을 지켜보았다. 19세기에 미국 포경선은 보통 225패덤(411미터)짜리 밧줄을 사용했는데, 종종 이런 밧줄 서너 개를 묶어야 고래가 항복할 때까지 버틸 수 있었다.[3] 도망가는 향유고래가 곧장 아래로 잠수하지 않더라도 여전히 1600미터 이상의 밧줄이 필요했다. 영국 박물학자 조지 윌리치는 1862년에 선장 윌리엄 스코어스비가 겪은 실화를 전했는데, 작살에 맞은 고래가 포경선을 물속으로 끌고 들어가면서 배의 목재에 들어 있던 공기가 모조리 빠져나가는 바람에 선체가 수면으로 올라온 다음에도 뜨지 못하고 바위처럼 다시 가라앉았다고 했다.[4]

허먼 멜빌의 소설 《모비 딕》에서 에이해브 선장은 포경선 피쿼드 옆에 매달아놓은 향유고래의 잘린 머리와 대화를 나눈다.

> 말하라, 거대하고 연약한 머리… 그 안에 있는 비밀을 말해다오. 모든 잠수부 중에서 그대만큼 깊이 잠수하는 이는 없으리. 지금은 저 머리 위로 햇빛이 비치지만, 그대는 세계의 바닥을 돌아왔지.

고래를 잡아 도살하는 과정에서 고래 사냥꾼은 신비로운 흰고래의 친척이 왜 그렇게 깊은 물 속을 헤엄치는지 알게 되었다. 향유고래의 배를 열어보았더니 상어를 포함해 다양한 종류의 물고기가 발견되었다. 하지만 이 고래가 제일 좋아하는 음식은 단연 오징어였다. 최대 1.5미터의 중간 크기가 가장 흔했지만 오징어 중에서도 몸집이 제일 큰 대왕오징어와 남극하트지느러미오징어를 포함해 각종 오징어의 소화되지 않고 남은 단단한 입이 고래 몸속에 엄청나게 쌓여 있었다. 향유고래가 먹은 모든 오징어는 크기와 상관없이 대부분 심해에서 생활한다.

박광층과 무광층으로 오징어를 사냥하러 내려가는 향유고래는 자기가 사용할 산소를 따로 준비하는데, 허파가 아니라(이 고래의 허파는 접을 수 있는 흉곽 덕분에 수심 300미터 물속에서는 강한 수압에 쭈그러들다가 수면으로 올라오면 다시 펴진다) 근육과 피에 산소를 채우고 길을 나선다. 향유고래 몸속에서 혈액이 차지하는 부피는 몸무게의 5분의 1이나 된다. 당밀 정도의 점도를 가진 피가 동맥과 정맥을 타고 흐르는데, 혈관이 워낙 굵어서 사람이 팔을 쉽게 밀어 넣을 수 있다.[5] 피가 끈적거리는 것은 산소 결합 단백질인 헤모글로빈이 들어찬 적혈구가 많기 때문이다.

또 다른 단백질인 미오글로빈은 근육을 거의 검은색에 가깝게 만든다. 이 단백질도 산소와 결합했다가 필요한 장소와 시간에 방출한다. 고래뿐만 아니라 해달, 바다표범, 돌고래 등 다른 잠수하는 포유류도 인간의 열 배나 되는 미오글로빈이 근육에 들어 있다. 그래서 이론적으로는 근육이 한데 뭉쳐 몸이 딱딱해져야 하지만 이 수영의 달인들은 여전히 유연함을 유지한다. 약한 양의 전하를 띠는 특별한 미오글로빈이 진화해 분자가 서로 밀어내기 때문이다.[6] 따라서 해양 포유류의 미오글로빈은 고농도로 존재할 수 있다.

향유고래가 산소 공급을 늘리는 또 다른 전략이 있다. 잠수하는 동안 이 고래의 심장은 1분에 다섯 번으로 박동이 느려진다. 많은 해양 포유류에서 흔하게 나타나는 반사 작용이기는 해도 향유고래에서는 그 경지가 극한에 이른다(차가운 물을 채운 대야에 얼굴을 담그면 심장 박동이 조금 느려진다). 이렇게 낮아진 심박수는 산소 저장고가 고갈되는 속도를 늦추고 심장이 사용하는 산소량을 줄인다. 잠수하는 중에는 신장, 간, 대장, 위처럼 당장 필요하지 않은 기관으로 가는 혈관이 닫히면서 산소가 절약되고 뇌와 근육 중심으로 사용된다.

산소를 넉넉하게 들고 내려가는 것은 생존의 문제를 넘어선 이점이 있다. 수심 1000미터 아래의 사냥터에는 대개 산소가 부족하다. 해양의 이 지역은 용존 산소 최소층 또는 그림자 지대shadow zone로 알려졌다. 거기에서 살아남으려면 물고기나 오징어처럼 물로 숨을 쉬는 동물은 아가미를 통해 되도록 많은 산소를 확보해야 한다. 하지만 물속에 들어 있는 산소량이 워낙 적어서 대개 일시적으로 몸이 느려지고 마비되어 포식자로부터 도망치는 능력이 약해진다. 하지만 향유고래는 자체적으로 추가 산소를 공급하므로 질식할 만큼 깊은 물 속에서도 편안하게 숨을 쉬며 제 먹잇감보다 한 발 앞선다.

향유고래가 심해로 어떻게 잠수하는지도 밝히기 어려운 문제였지만, 정확히 어떻게 사냥하는가는 고래 생물학자들에게 오랜 난제였다. 고래는 거대한 머리를 물속에 밀어 넣으며 좁고 아래가 튀어나온 턱으로 먹이를 잡는데, 이는 이처럼 성공적인 사냥꾼이 사용할 법한 방식이 아니다. 향유고래는 하루에 100~500가지 먹이 동물을 포획하는데, 무게로 따지면 평균 1톤쯤 된다.[7]

심해에서 향유고래의 활동을 두고 오랫동안 다양한 이론이 제기되어왔다.[8] 그중에는 오징어가 지나가기를 기다리며 고개를 떨군 채 움직이지 않고 잠복한다는 주장도 있고, 연한 색 입으로 먹이를 유인하거나 먹잇감의 소리를 듣는다고도 했다. 마침내 21세기 초, 잠수하는 고래에 압력 감지기, 동작 감지기, 수중청음기 등을 달아 분석한 결과 향유고래는 먹잇감이 지나가기를 얌전히 기다리는 매복 포식자가 아니라 적극적으로 표적의 뒤를 쫓고 어둠을 울리는 특유의 소리로 사냥감을 추적한다는 사실이 확인되었다.

머릿속에 맴도는 서정적인 혹등고래의 노랫소리와 달리 향유고래의 소리는 접착테이프를 뜯을 때 나는 소리와 더 닮았고 인상적인 소음을 낸다. 이것은 블록 모양의 거대한 머리(사실은 지나치게 커진 코)에서 나오는 소리로 동물계에서 가장 강력한 음향이다. 이 소리의 원천은 바깥으로 연결되지 않는 오른쪽 콧구멍의 관을 따라 밀려 나온 콧방귀다. 공기는 원숭이 입술이라고 알려진 육질의 덮개 한 쌍을 지나가며 인간의 후두처럼 진동한다. 이어서 음파는 거대한 코안에서 튕겨 다니는데, 그 안에서 유체로 채워진 일련의 방이 진동을 형성하고 한데 모은 다음 물속으로 내보낸다. 1980년대의 이른바 생물학적 빅뱅 가설은 향유고래가 소리로 먹잇감의 진을 빠지게 해서 사냥한다고 주장했지만, 후속 연구 결과 울음소리가 그 정도로 크지는 않았다. 대신 향유고래는 바다 세계의 대형 박쥐로서 음파를 발사해 먹잇감을 찾고 뒤를 쫓는다.

사냥을 시작한 향유고래는 1초당 한두 번의 빈도로 딸깍거리는 소리를 집중적으로 투하한다. 이 장거리 음파는 어둠을 샅샅이 뒤져 수천 미터 안에 있는 그 어떤 오징어도 감히 숨을 곳을 찾지 못한다. 고래는 앵무새 부리처럼 생긴 입과 촉수 두 개를 포함한 열 개의 다리 빨판에 달린 고리 모양 이빨 등 오징어 몸의 단단한 부위에 부딪혀 나오는 메아리를 듣는다.* 목표물에 다가가면 사냥 중인 고래는 딸깍 소리가 한데 섞여 마치 녹슨 문의 경첩처럼 끼익 소리가 날 때까지 소리의 속도를 높인다.[9] 이는 박쥐가 곤충을 덮치기 전에 소리의 방향을 조정하고 먹잇감의 날갯짓을 파악하기 위해 더 많은 초음파를 발생시키는 것과 같다.

---

* 오징어 빨판의 이빨을 구성하는 단단한 단백질을 서커린suckerin이라고 부른다. 향유고래가 대왕오징어를 사냥한다는 또 다른 증거가 바로 고래 가죽에서 발견되는 지름 수 센티미터짜리 원형의 빨판 흉터다.

고래가 내는 딸깍 소리나 끼익 소리까지는 듣지 못해도 오징어 역시 최소한 물결의 움직임은 감지하므로 향유고래는 오징어가 가까이 오면 꼬리 짓을 멈추고 어둠 속에서 먹잇감의 뒤를 쫓아 은밀히 움직인다. 그러다가 공격의 순간이 오면 초당 7미터라는 폭발적인 속도로 이동한다. 사냥꾼은 몸을 움직이며 더 많은 소리를 발사해 오징어의 뒤를 쫓는다.[10] 그러다가 마침내 공격 반경에 들어오면 단번에 제동을 걸고 재빨리 몸을 돌려 오징어를 빨아들인 다음 통째로 삼킨다.

사냥은 산소가 다 빠져나갈 때까지 한 놈 한 놈 뒤쫓으며 한 시간 이상 계속된다. 저장고를 충전할 때가 되면 조용히 수면으로 올라와 코로 파도를 가르고, 숨을 내쉬고 들이마시며 이산화탄소를 털어내고 근육과 피를 산소로 충분히 적신다. 그렇게 8~9분이 지나면 향유고래는 다시 내려갈 준비 완료다.[11]

《모비 딕》의 배경인 19세기 중반, 석유 산업의 수요로 전 세계 바다에서 상업적인 고래 사냥이 가속화되었다. 큰고래, 혹등고래, 보리고래, 대왕고래 등 얕은 곳에서 수영하는 수염고랫과 동물의 사체에서 떼어낸 고래 지방을 끓이면 (태울 때 악취가 나는) 값싼 등유가 되었다. 향유고래는 지방질의 가

죽뿐만 아니라 코에 저장된 조금 더 수익성이 있는 내용물 때문에도 표적이 되었다. 코의 비강 중에서 반향정위에 사용하는 소리가 지나가는 곳의 하나가 경랍이다. 사람들은 향유고래의 머리에 구멍을 내고 수 갤런의 경랍을 퍼냈다.* 고래왁스라고도 하는 경랍은 값나가는 수금水金이었다. 경랍으로 만든 초는 밝기도 하거니와 깨끗했다. 경랍은 유럽과 북아메리카의 거리를 밝히고 등댓불의 연료가 되었다. 이 빛은 모두 심해에서 활용된 에너지의 정수였다. 주식인 오징어를 바탕으로 향유고래는 표층의 파도와 멜빌이 말한 저 어두운 아래, '세계의 바닥'을 비추는 등대를 연결했다.

어마어마한 양의 고래기름과 경랍이 인간 세계로 유입되었다. 1900년까지 죽임당한 향유고래 수가 전 세계적으로 30만 마리에 육박했고 개체마다 약 2300리터의 경랍을 제공했다. 그때부터 포경 산업은 범선과 수동 작살을 증기선과 폭발형 작살로 대체하고 본격적인 사냥에 나섰다. 21세기 내내 고래기름에 대한 수요는 가정용 조명의 원료로 등유가 자리를 넘겨받은 후에도 여전히 끊이지 않았다. 고래기름은

---

* 향유고래가 정자고래sperm whale라는 잘못된 이름으로 불리는 것도 경랍spermaceti 때문이다. 경랍은 수고래의 정자가 아니라 암수 모두의 코에 채워진 물질이며 소리 신호를 형성하는 역할을 한다. 또한 고래 사냥꾼은 향유고래의 위장에서 밀랍 같은 분비물에 질식되어 죽은 오징어가 입만 남아 엉긴 것을 확인했다. 때때로 이 분비물은 향유고래가 배출한 후 몇 년 동안 바다를 떠다니며 태양과 파도에 의해 화학적으로 숙성된 다음 해안까지 올라오는데, 그것이 용연향이라는 값비싼 향료 성분이 된다.

북아메리카에서 자동차 자동 변속기 오일, 립스틱, 풀, 크레파스 등에 산업용 윤활제로 사용되었다. 제1차 세계 대전 중에 병사들은 고통스러운 참호족(발이 장시간 축축하고 차가운 곳에 노출되어 생기는 병—옮긴이)을 예방하기 위해 발에 고래기름을 발랐다. 1930년대 유럽에서는 전체 생산량의 절반에 가까운 마가린이 수소화된 고래기름으로 제조되었다. 또한 경랍은 산패되거나 금속을 부식시키지 않고 높은 온도에서도 미끈대는 상태를 유지해 기계가 더 빠른 속도로 작동하게 하는 훌륭한 윤활제의 용도를 유지했다.

1970년대가 되어서야 사람들은 고래 자체에 신경 쓰기 시작했다. 고래 살리기 운동은 야생 고래에 대한 여론의 분위기를 전환한 역사적으로 가장 성공적인 운동의 하나다. 몇 년 사이에 고래는 산업 자원이 아니라 보호받는 소중한 야생 동물로 바뀌었다. 이 운동의 성공에는 고래의 복잡한 행동을 밝혀낸 연구와 혹등고래의 황홀한 노래가 큰 몫을 차지해 사람들로 하여금 고래를 아끼고 사랑하게 만들었다.

1986년, 상업 포경에 대한 세계적인 모라토리엄이 시행되었지만, 그때까지 20세기에만 이미 290만 마리의 고래가 인간의 손에 죽었다. 그중 76만 1523마리가 향유고래로 기록되었다.[12]

심해에서 장시간 머무는 동물의 머릿수를 세기는 쉽지 않다. 따라서 상업적 고래 사냥이 금지된 이후 지금까지 몇십 년간 향유고래 개체군이 얼마나 회복되었는지 정확히 말하기는 어렵다. 2002년 세계 최고의 향유고래 전문가 할 화이트헤드는 이 종이 분포하는 전체 범위의 4분의 1 영역에서 향유고래 개체 수를 측정한 다음, 전체 서식 면적, 바다에 가용한 고래 먹이(예를 들면, 오징어)의 양, 그리고 19세기에 사냥된 고래의 수를 바탕으로 각각 분석한 수치를 전체 범위로 확장했다.[13] 세 가지 방식이 모두 비슷한 추정치를 도출했고, 그 결과 현재 바닷속에 대략 36만 마리의 향유고래가 있다는 결론에 이르렀다. 20세기에 인간은 오늘날 살아 있는 향유고래의 두 배 이상을 죽였다.

더는 고래가 수십만 마리씩 도살당하는 일이 없지만 고래의 죽음은 심해의 베일을 벗기며 여전히 인간의 삶에 가깝게 다가온다. 고래가 얕은 물에 올라와 가도 오도 못하게 되거나 바닷가 조수에 의해 발이 묶이면 인간 구경꾼이 주위에 모여들어 자신의 존재를 지구 역사상 가장 크게 진화한 동물과 비교한다. 한편 고래의 몸체가 육지에 완전히 노출되면서 과거에 감추어져 있던 세부 사항이 드러났다.

해변에 좌초된 향유고래가 한쪽 눈은 모래에 짓눌리고 나머지 한쪽 눈은 하늘을 응시하면서 모로 누워 있다. 몸뚱이가 자기 무게에 눌려 납작해져 보인다. 이 고래를 굴려 본래의 엎드린 자세로 만들 수는 없다. 도로 반대쪽으로 기울

더는 고래가
수십만 마리씩 도살당하는 일이 없지만
고래의 죽음은
심해의 베일을 벗기며
여전히 인간의 삶에 가깝게 다가온다

어 쓰러질 테니까. 물론 물이 떠받쳐주는 자기의 활동 영역에서는 수월하게 자세를 바로잡았을 것이다. 고래의 몸은 코끼리와 같은 회색이며, 앞쪽은 매끄럽지만 뒤쪽으로 갈수록 마치 누군가 늘어진 피부를 움켜잡은 듯 주름이 진다. 고래가 수컷이면 바로 알아볼 수 있다. 내부가 부패해 가스가 차오르면서 모래 위로 거대한 음경이 밀려 나오기 때문이다.

고래의 분홍색, 하얀색 턱이 열려 있다. 그토록 많은 오징어를 집어삼킨 어두운 목구멍이 들여다보인다. 아래턱에는 양쪽에 애벌레 다리처럼 바깥쪽으로 펼쳐진 짤막한 이빨이 줄지어 늘어섰다. 위턱에는 구멍만 주르륵 나 있고 이빨은 없다. 이빨이 빠진 것이 아니라 원래부터 없었다. 향유고래가 아랫니만으로 무엇을 하는지는 정확히 밝혀진 바가 없다. 이가 없어도 잘 먹고 잘사는 것처럼 보이므로 아마 식사도구는 아닐 것이다. 수컷 향유고래는 흔히 몸에 긁힌 흉터가 있는데 그렇다면 이빨은 경쟁자와 대결하는 무기일 가능성이 크다.

좌초된 고래를 바다로 돌려보낼 방법이 없다면 과학자들은 죽은 고래로 배울 수 있는 것들을 찾는다. 제일 먼저 던지는 질문은, 왜 고래가 여기까지 올라왔느냐는 것이다.

사인死因이 확실한 죽음도 있다. 1997년, 죽은 향유고래 한 마리가 스코틀랜드 동쪽 해안의 포스만 어귀로 표류해 왔다. 부검해보니 음경의 요도가 파열되었는데 죽음에 이르게 할 정도로 심각한 상처였다.[14] 한편 많은 고래가 배 속에 플라스틱을 채운 채 죽어간다. 2018년, 타이의 한 운하에서 거두고래 수컷 한 마리가 곤경에 처했는데 구조대원 품에서 비닐봉지 다섯 개를 토하고 죽었다.[15] 배 속에서는 80개가 발견되었다. 하지만 대개는 왜 자맥질의 달인이자 바다의 항해사인 고래가 몸을 제대로 띄울 수도 없는 얕은 물까지 올라와 좌초되는지 정확한 이유를 알 수 없다.

고래가 길을 잃는 주요 원인으로는 시끄러운 바다가 손꼽힌다. 해군의 수중 음파 탐지기와 해저에서 석유와 천연가스를 찾는 지진파 탐사의 굉음에 혼비백산해 수면으로 황급히 달아나다가 방향 감각을 잃는 것이다. 이때 밑에서부터 급하게 상승하면 고래도 인간 스쿠버 다이버처럼 잠수병 또는 감압병에 걸릴 수 있다. 잠수병은 세포 조직에 질소 공기 방울이 생겨 혈관과 허파를 막고 질식시키는 병이다.

지구 밖에서 일어난 자연 현상 때문에 고래가 길을 잘못 드는 경우도 있다. 2015년 크리스마스 무렵, 북쪽 하늘에서 멋진 북극광이 하늘을 비추었다. 그리고 다음 달, 고래 29마리가 북해를 둘러싸는 해안에서 좌초되었다. 육지로 에워싸여 향유고래 함정으로 악명 높은 이 바다는 남쪽으로 갈수록 수심이 얕아져 고래를 혼란에 빠트린다. 그해의 크리스마스 좌초는 가장 규모가 큰 사건으로 기록되었다. 고래의 거대한 몸뚱이가 북해의 독일, 영국, 네덜란드, 프랑스 해변 등지에서 발견되었다. 독일 킬대학교에서 연구 중인 클라우스 판젤로브는 파도 안팎에서 일어나는 현상이 서로 연관되었다고 의심했다.[16] 그해 크리스마스의 경이로운 북극광은 마침 당시 격렬했던 태양 폭풍 중에 분출된 거대한 코로나가 일제히 하전입자를 쏟아붓는 바람에 형성된 것으로, 그 바람에 당시 지구 자기장은 비정상적인 상태였다.

벌이나 비둘기, 바다거북처럼 고래도 길 찾기에 자기장을 이용하는지는 아직 확실하지 않지만 가능성은 충분하다. 그런 능력이 있다는 가정하에 판젤로브와 연구팀은 2015년의 태양 폭풍이 지구 자기장을 심하게 교란해 고래가 자신이 실제보다 수백 킬로미터 떨어진 곳에 있다고 착각하게 되었다고 주장했다. 그렇다면 왜 그렇게 많은 젊고 건강한 향유고래 수컷이 평소 오징어 사냥을 즐기는 깊은 노르웨이 바다 대신 북해로 방향을 돌렸는지 설명이 된다. 자기장이 정상으로 돌아왔을 때 그 고래들은 이미 돌아갈 수 없는 선을 넘었을 것이다.

이는 완벽하게 검증하기 어려운 가설이지만 많은 전문가가 그 타당성에 동의한다.[17] 길을 찾는 다른 많은 동물도 태양 폭풍으로 혼돈을 겪기 때문이다. 이 시기에 비둘기 경주는 시간이 더 오래 걸리고 집을 찾아 돌아오는 꿀벌의 수가 줄어든다. 그리고 앞선 연구에서 판젤로브는 태양 활동과 태양 폭풍이 심한 해에는 유독 북해에서 발이 묶인 향유고래가 더 많다는 사실을 알아냈다.[18]

고래 대부분은 해안에서 멀리 떨어진 바다 한복판에서 죽기 때문에 부력의 세계를 떠나 해변에서 제 무게에 쓰러지는 것이 어떤 느낌인지 알지 못한다. 일반적으로 고래는 병에 걸리거나 굶주려 죽는다. 그리고 몸의 기름 저장고가 고갈되면 쉽게 가라앉는다. 하강하는 사체가 수심 100미터쯤 도달하면 그곳의 높은 수압으로 인해 세균이 고래 몸을 분해하며 생성한 기체가 남김없이 몸속에서 빠져나가므로 다시 떠오를 위험은 없다. 죽은 고래는 다른 운명이 기다리는 심해를 향해 마지막 잠수를 이어 간다.

캘리포니아주 몬터레이만 해양 연구소MBARI에서 은퇴한 진화 생물학자 로버트 브리엔훅은 "바다 밑바닥을 뒤져 죽은 고래를 찾아내라고 돈을 주는 사람은 없다"라고 말했다.[19] 하지만 브리엔훅이 경험했듯 죽은 고래가 우연히 발견될 때가 있다.

2002년에 브리엔훅이 이끄는 연구팀이 몬터레이만의 깊은 협곡에서 예상하지 못한 것을 발견했다. 팀은 원격 조종 잠수정에서 수중 음파 탐지기를 사용해 조개 밭을 찾고 있었다. 수심 약 3000미터에서 잠수정 카메라가 조개 대신 해저 바닥에 누워 있는 고래의 뼈를 보여주었다. 과학자들이 자세히 살펴보니 마치 털이 긴 붉은 카펫이 덮여 있는 것처럼 보였다. 잠수정 조종사가 로봇 팔을 뻗어 털이 부숭한 붉은 척추 조각 하나를 들고 배로 돌아왔다. 그때부터 연구팀은 그 고래를 '루비'라고 불렀다.

"우리가 해저를 관찰한 시간을 모두 합치면 100년이 넘습니다."[20] 당시 몬터레이만 해양 연구소 연구원이었던 섀나 고프레디가 말했다. 하지만 연구팀의 심해 전문가 중 누구도 루비의 뼈에서 발라낸 생명체를 알아보지 못했다. 점액으로 만들어진 각각의 둥근 원통형 관 안에 지렁이를 닮은 2.5센티미터짜리 분홍색 몸이 들어 있었다. 원통 한쪽 끝으로 빨간 깃털 같은 촉수가 수북하게 삐져나와 털이 보송한 카펫 같은 느낌을 주었다. 원통의 반대쪽 끝에서 고래 뼈 안으로 숨어 들어간 것은 더 괴이했다. 생생한 초록색 가지가 갈라진 뿌리 다발이었다. 자세히 조사해보니 이 동물은 입도 내장도 항문도 없었다. 이것이 벌레라면 지금까지 과학자들이 본 어떤 벌레와도 달랐다.

실험실로 돌아온 고프레디는 이 생물의 조직을 제거해 DNA를 분석했고, 그 결과 다모류로 분류했다. 다모류는 다모강의 생물로 갯지렁이처럼 해변과 해안에서 흔히 발견되는 종을 포함하는 커다란 해양 환형동물 분류군이다. 이어서 몬터레이만 해양 연구소 연구팀은 고래 루비에 보존된 벌레 일부를 당시 호주 애들레이드의 남호주 박물관에서 근무하던 유명한 다모류 전문가 그레그 라우스에게 보냈다. 처음에 라우스는 이 동물이 진짜 다모류라는 증거를 찾지 못했다. 샘플은 모두 암컷이었고 몸속에 알이 채워진 난낭이 있었다.

게다가 몸이 별개의 체절로 나누어진 것을 비롯한 전형적인 다모류의 특징이 부족했다.

마침내 라우스는 초록색 뿌리가 자라는 벌레의 이야기를 한층 신기하게 만드는 비밀이 이 암벌레에 있음을 알게 되었다. 암컷의 원통 안을 자세히 살펴보니 처음에 정자 꾸러미라고 생각했던 것이 사실은 다 자란 작은 수컷이었다. 이 수컷은 몸에 강모라는 작은 갈고리를 장착했는데, 그것은 정자의 특징이 아니라 다모류의 특징이었다. 암컷은 원통 안에 난쟁이 수컷 수십 내지는 수백 마리가 상주하는 하렘을 거느렸다. 이들 수컷은 강모로 연결된 채 알을 수정할 날을 기다리고 있었다.

이 생물을 발견하고 2년 뒤, 라우스와 고프레디, 브리엔훅은 《사이언스》에 난쟁이 수컷, 붉은 깃털, 초록색 뿌리가 특징인 심해 다모류의 새로운 속을 발표했다.[21] 그리고 그 속의 이름을 오세닥스*Osedax*라고 지었는데, 라틴어로 'os'는 '뼈'라는 뜻이고 'edax'는 '식탐이 많은 자'라는 뜻이다. 이 벌레가 루비의 뼈 위에 하릴없이 앉아 있는 것이 아니라 그 녹색 뿌리로 어떻게든 루비의 뼈를 섭취한다고 확신했기에 지어진 이름이다.

이 새로운 생물은 초기에 좀비벌레라는 별명을 얻었는데 사실 라우스는 이 꼬리표가 탐탁지 않다. "기억하기 쉽기는 하지만 사실 좀비는 뇌를 먹지 뼈에는 관심이 없잖아요." 라우스의 말이다.[22] 하지만 어찌 되었거나 좀비벌레라는 이름은 유행을 탔고 곧바로 언론에서 오세닥스를 크게 다루면서 뼈를 먹는 좀비벌레로 유명해졌다.

온 세계가 오세닥스에 관해 알게 되었을 무렵, 이미 생물학자들은 죽은 고래가 해저에 잠시 형성된 섬처럼 나름의 고유한 생태계를 생성한다는 것을 알게 되었다. 1990년대에 이것은 '고래 낙하whale fall'라고 알려졌다.[23] 하지만 낙하는 사건의 시작에 불과하다.

죽은 고래가 가라앉을 때마다 엄청난 양의 음식이 심해로 배송된다.[24] 고래 사냥꾼이 수 세기에 걸쳐 인지한 것처럼 대체로 고래 사체는 지방층과 뼛속에 저장된 열량 가득한 기름으로 이루어졌다. 심해에 사는 청소동물이 40톤짜리 고래 사체(실제로는 이보다 훨씬 더 클 수 있다)에 실려 온 만큼의 식량을 직접 구하려면 심해저 수 에이커를 100~200년 동안 뒤지고 다녀야 한다. 이렇게 풍성한 잔칫상 앞에서도 모두 한꺼번에 달려들어 난장판이 벌어지는 대신 질서 정연하게 식사가 이루어진다. 수백 종의 생물이 각자 차례를 기다리며 여러 단계로 분리된 코스에 따라 식사한다.

제일 먼저 청소동물이 당도한다. 먼 거리에 있는 음식의 냄새도 기가 막히게 맡고 찾아오는 예민한 어류와 갑각류다. 90센티미터짜리 먹장어도 거대한 고래 앞에서는 거머리처럼 꿈틀댄다. 잠꾸러기상어는 지방을 덩어리째 찢어발긴다. 게는 맨 처음 도착하는 고래 청소 업체에 속하는데 하루에 45킬로그램의 지방과 근육을 벗겨내는 놀라운 실력을 소유했다.

살점을 잘 발라내고 뼈대만 깨끗하게 남으면 두 번째 청소 업체가 도착한다. 첫 번째 청소동물이 지저분하게 먹고 사방에 흘린 찌꺼기를 고둥, 게, 환형동물이 와서 먹어 치운다. 그다음 뼈벌레 오세닥스가 뼈에 뿌리를 내린다. 몇 년 뒤 고래 사체는 수만 마리 동물의 보금자리인 바쁘고 부산한 생태계가 된다.

고래 생태계와 만찬을 즐기러 오는 손님의 물결은 과학자들이 실험 삼아 떨어뜨린 고래 사체를 통해 밝혀졌다. 넓디넓은 심해에서 우연히 고래 사체와 마주치기를 바라는 대신 해변에 좌초되어 죽은 고래를 가져다 물에 띄운 후 의도적으로 가라앉혀 해저에 '심는' 편이 훨씬 손이 덜 간다.*[25] 가라앉은 고래의 위치를 찾기 위해 몸에 음파 송신기를 부착한다. 이 장비는 배에서 보내는 음파에 반응해 신호를 보낸다. "핫 앤드 콜드 게임Hot and Cold Game(정답에 가까울수록 핫, 멀어질수록 콜드라는 신호를 주어서 정답이나 위치를 찾는 게임—옮긴이) 원리로 사체의 위치를 좁혀나갑니다"라고 브리엔훅

* 죽은 고래를 가라앉히는 방법에는 철도 차륜을 쌓아놓은 대형 금속 티 바T-bar에 사체를 고정하는 과정이 수반된다.

이 설명했다. 위치가 확인되면 심해 잠수정이 내려가 성대한 잔치를 구경한다.

해저에 심은 고래 사체를 연구해서 과학자들은 오세닥스 수십 종을 포함해 과거에 알려지지 않은 동물 120종 이상을 발견했다.[26] 뼈벌레를 발견한 과정은 일반적인 심해 과학의 진행을 보여주는 고전적인 사례다. 보통 과학자들은 이미 존재가 밝혀진 것을 더 이해하고 싶을 때 어느 정도의 확증 편향에 따라 움직인다. 때마침 고래 루비의 뼈대에 길이 2.5센티미터가량의, 오세닥스 중에서도 가장 큰 종이 터를 잡는 바람에 쉽게 눈에 띄었다. 그 우연한 만남 이후 과학자들은 자신들이 무엇을 찾아야 하는지 알게 되었다. 사실 바다에는 뼈를 먹는 벌레가 수없이 많지만, 대체로 훨씬 작고 발견하기 어려웠다. 스웨덴 앞바다에서 발견된 뼈벌레 중에 직역하면 '뼈를 먹는 콧물 꽃'이라는 뜻의 오세닥스 무코플로리스 *Osedax mucofloris*라는 종이 있다. 이 종은 고래 루비 주변에 흩어진 뼛조각에서 처음 발견되었는데 영화 〈스타워즈〉에 나오는 자바 더 헛의 꼬리를 닮아 줄기가 통통하고 끝이 뒤틀렸다. 이후 뉴질랜드, 호주, 코스타리카, 남극, 일본, 브라질 연안에서 새로운 종이 더 발견되었다.

오세닥스의 발견은 심해 종 목록에 하나를 추가하는 것

이상의 의의가 있다. 처음부터 다모류 연구자들은 이 생물의 삶을 설명해줄 세부 사항을 추적해왔다. 이 특이한 벌레는 다른 모든 심해 동물과 똑같은 도전에 직면한다. 배고프고 외로운 심해에서 먹이와 짝을 찾는 일이 그것이다. 이들은 위에서 예고 없이 산발적으로 떨어지는 사체에 의존해 살아가기 때문에 힘겨운 처지다. 하지만 심해의 다른 많은 종이 그러했듯 뼈벌레 오세닥스도 살아남기 위해 예사롭지 않은 방법을 진화시켜왔다.

뼈벌레가 어떻게 심해에서 이동하고 해골의 위치를 찾는지 제대로 아는 사람은 없다. 다만 뼈벌레 유생이 뼈를 찾을 때 가장 중요한 요인이 타이밍인 것만큼은 확실하다.

아무것도 없는 뼛조각에 맨 처음 도착하는 유생은 암놈이 된다. 몸집을 키우고 뿌리를 내린 다음 뼈를 먹고 알을 낳은 후 수놈이 자신을 찾을 때까지 기다린다. 반면 남들이 이미 다 자리를 차지해 발 디딜 틈 없는 뼈에 도착한 유생은 그곳에 먼저 도착한 암놈의 몸에 착륙한다. 이 후발 주자는 수컷이 된다. 성장을 멈추고 암컷의 원통에 들어가 강모로 자신을 고정하고 먼저 도착한 다른 수컷과 함께 정착한다. 이 수컷들은 평생 다시는 바깥으로 나가는 모험을 하지 않는다. 짧은 생을 살면서 따로 먹이를 먹지 않고 어미가 제공한 난황을 소모하며 에너지를 정자로 바꾼다. 난황이 바닥나면 수컷 뼈벌레는 죽는다.

암컷에 비해 유난히 크기가 작은 수컷은 다른 동물에서도 나타나는데 대개는 먹이가 귀하고 짝을 찾기가 어려운 여건에서 진화했다. 일례로 심해 아귀의 경우 새끼손가락 크기의 수놈이 축구공 크기만 한 암놈의 몸 위에 단단히 고정되어 있다. 물론 이렇게 하면 여러 암컷의 난자를 수정할 기회가 사라지기 때문에 수컷이 낳을 수 있는 새끼의 수가 한정된다. 하지만 더 많은 짝을 만나겠다는 막연한 욕심으로 무작정 심해를 헤매는 무모한 선택보다는 하나의 짝과 붙어 지내면서 수는 얼마 되지 않지만 자손을 얻을 확실한 가능성을 확보하는 편이 낫다.

오로지 뼈만 먹으며 살아가는 삶이 수월할 리 없다. 먼저 뼈벌레는 초록색 뿌리에서 산을 내뿜어 뼈를 녹인다.[27] 그런 다음 뿌리는 콜라겐 단백질 망을 분해하는 소화 효소를 분비해 영양분을 대량으로 흡수한다.

현재 로스앤젤레스 옥시덴털대학교에서 교수로 있는 섀나 고프레디는 고래 루비에 서식하는 오세닥스를 맨 처음 조사하면서 이내 초록색 뿌리 안에서 무언가 다른 일이 진행되고 있다고 의심했다.[28] 고프레디는 공생체 전문가다. 공생체는 서로 밀접한 관계를 맺고 살아가는 유기체를 말하는데 다세포 동물 안에 단세포 미생물이 함께 사는 관계가 많다. 고프레디가 알고 있는 공생의 단서는 어떤 동물이 도무지 혼자서는 음식을 먹을 방법이 없는데도 멀쩡히 살아 있는 경우다. 입도 없고 내장도 없는 뼈벌레가 분명 그 부류에 속한다.

공생동물의 또 다른 특징은 미생물이 사는 특별한 세포 조직이다. 아니나 다를까, 기묘한 초록색 뿌리를 들여다본 고프레디는 그 안을 채운 세균을 보았다. 하지만 15년이 지난 지금도 저 세균이 뼈벌레의 삶에 어떤 영향을 주는지는 완전히 밝혀지지 않았다.

한 가지 유력한 가설은 뼈에 결핍된 중요 영양소를 세균이 제공한다는 것이다. 많은 동물이 공생성 미생물을 몸에 내장된 비타민 공급원으로 활용한다. 예를 들어 진딧물은 식물에서 빨아들이는 수액으로부터 충분한 탄수화물을 얻지만 단백질은 부족하다. 그래서 몸속의 특별한 주머니에 사는 세균으로부터 두 가지 주요 아미노산을 얻는다. 고프레디는 뼈벌레 안에 있는 세균이 뼈에서는 구할 수 없는 아미노산 트립토판을 제공한 덕분에 뼈벌레가 완전하고 균형 잡힌 식사를 할 수 있다고 본다.

뼈를 뜯어먹는 오세닥스의 습성은 뼈벌레와 고래 중 누가 먼저냐는 질문에 단서를 주었다.

척추가 있는 최초의 동물(일반적으로 어류라고 하는)은 물에서 진화해 물속에서 숨 쉬고 헤엄치고 새끼를 길렀다.[29] 마침내 일부는 물을 떠나 오늘날 뭍에서 날고 뛰고 종종대고 기어가는 모든 척추동물, 즉 양서류와 파충류, 조류와 포유류가 되었다. 시간이 흘러 약 5000만 년 전, 원래는 발굽이 있고 커다란 늑대를 닮은 한 포유류 집단이 그들의 조상이 있던 곳으로 되돌아가는 진화 경로에 승선했다.

이어지는 1000만 년 동안 이 포유류 계통은 놀라울 정도로 수생 생활에 잘 적응했다.[30] 일부는 수달처럼 발에 물갈퀴를 장착하고 연안의 얕은 바다에서 유영했고, 후발 주자는 뒷발을 잃는 대신 지느러미와 꼬리가 발달해 넓은 바다로 갔다. 이들의 귀는 물속에서 들을 수 있게 변형되었고 콧구멍은 두개골의 위쪽으로 올라가 분수공이 되었다. 진화의 가장 위대한 유턴의 하나로서, 이 척추동물이 물로 귀환하면서 위대한 고래의 시대가 시작되었다.

뼈벌레는 비슷한 시기에 거대한 뼈가 속속 해저에 도착하는 것과 발맞추어 진화했을 것이다.[31] 이는 로버트 브리엔훅과 동료들이 수행한 또 다른 유전 연구로 뒷받침되는 이론이다. 연구팀은 뼈벌레와 다른 환형동물의 DNA를 비교해 분자시계를 작성했다. 이 가상의 크로노미터는 시간을 되감아 언제 종이 갈라졌는지 알려준다. "분자시계를 조율하는 것은 극도로 까다로운 일입니다."[32] 브리엔훅의 설명이다. 진화의 가지에 날짜를 못 박을 화석이 없이는 분자시계가 얼마나 빨리 움직이는지 알기 어렵기 때문이다.

뼈벌레 시계의 한 버전은 이 속의 기원을 최초의 고래가 등장한 지 얼마 되지 않는 4500만 년 전으로 설정한다. 고래가 뼈벌레보다 먼저 나타났다는 가설에 솔깃하기는 쉽다. 하지만 뼈벌레 이야기는 훨씬 복잡하다. 현존하는 다른 종들을 분석해서 조율한 두 번째 뼈벌레 시계는 훨씬 느리게 움직였다.* 그 시계는 8000만 년 더 먼저 작동하기 시작해 뼈벌레 기원을 백악기로 돌려놓았다. 이는 고래와 고래 뼈가 해저에 처음 등장했을 때 이미 뼈벌레가 그곳에 있었다는 거부하기 힘든 가능성을 제기한다. 이 가설이 맞다면 뼈벌레는 고래가 도착하기 훨씬 전부터 바다를 떠돌던 다른 거대 척추동물의 뼈를 먹어 치우며 살았어야 한다.

부드러운 뼈벌레의 화석이 남아 있을 것이라고 기대한 고생물학자는 없었지만, 다행히 박물관 수집품 속 오래된 뼈에서 이 벌레가 남긴 것이 분명한 구멍이 발견되었다. 플레시오사우루스(수장룡)는 마치 네스호의 괴물처럼 머리가 작고 목이 길며 지느러미를 대신해 네 개의 노를 닮은 사지가 있는 멸종한 해양 파충류로 뼈벌레의 식단이 되기에 적합한 후보였다. 2015년, 1억 년 된 플레시오사우루스의 위팔뼈가

---

* 첫 번째 분자시계를 조율하는 데 쓰인 종은 얕은 바다에 사는 무척추동물이었고, 두 번째는 심해 열수구의 환형동물이었다.

CT 스캐너(병원에서 사람의 몸을 3차원 스캔하는 데 흔히 쓰이는 기계)로 촬영되었다.[33] 아니나 다를까, 정밀 촬영 결과 이 태곳적 뼈에 생긴 뼈벌레 특유의 구멍은 물론이고 이 생물의 산성 분비물에 의해 만들어진 것과 일치하는 내부 공동空洞이 세세하게 드러났다. 뼈가 화석화된 이후에 뼈벌레가 뼈에 접근했을 가능성은 제외할 수 있었다. 이 화석에는 돌이 된 뼈만 있을 뿐 뼈벌레가 먹을 콜라겐은 남아 있지 않았기 때문이다. 저 구멍들은 필시 플레시오사우루스가 죽어서 해저에 수장된 직후 만들어진 것이 틀림없다.

뼈벌레 기원에 관한 진실은 줄곧 그 자리에 있었다. 최신 스캐닝 기술을 결합한 최첨단 유전 도구가 뼈에 갇혀 있던 고대의 비밀을 해독하는 데 일조했다. 느리게 움직인 두 번째 시계가 더 정확하게 진화의 시간을 알려준 것 같다. 고래가 진화했을 때 뼈벌레는 이미 바다 밑바닥에 터를 잡은 채 한참을 기다리고 있었다는 말이다.

이 이야기의 마지막 반전은 오세닥스 효과라고 알려진 것이다. 뼈벌레 개체 하나하나는 작다. 하지만 아주 오랜 시간 엄청난 수가 모여 살았기 때문에 보이지는 않아도 지워지지 않는 흔적을 화석 기록에 남겼다. 뼈벌레는 고대의 뼈에 구멍만 뚫은 것이 아니라 뼈대 전체를 파괴해 화석화의 가능성이 없는 뼈의 부피를 줄이고 재빨리 매장했다. 만약 이 풍성한 뼈벌레가 아니었다면 오늘날 자연사 박물관의 현관에는 더 많은 수중 해골이 전시되었을 것이다.

멕시코만에 떠 있는 펠리컨호의 모니터 화면에 범상치 않은 심해 방문객이 나타났다. 나는 뒷갑판을 지나 잠수정의 통제실로 들어갔다. 그곳은 해저 활동의 신경 중추였다. 통제실 안은 시원하고 어둡고 긴 하루의 작업 끝에 조금 습했다. 록 밴드 보스턴의 〈모어 댄 어 필링More than a feeling〉이 스테레오로 울려 퍼졌다. 잠수정 조종사 트래비스 콜베와 제이슨 트립이 인체 공학적으로 설계된 사무용 의자에 앉아 책상에 죽 늘어선 모니터 여섯 대를 보고 있었다. 두 사람 뒤에서 크레이그 매클레인과 클리프턴 너날리가 지시를 내렸다. 콜베가 조종석에서 팔을 비틀자 관절로 연결된 회전 로봇 팔이 2000미터 아래에서 그의 동작에 맞추어 움직였다.

로프 장비에 묶여 매달린 갑옷 입은 몸뚱이가 화면의 시야에 잡혔다. "악어와 산책 중입니다." 두 번째 조종 장비로 잠수정 위치를 통제하던 트립이 말했다. 2미터짜리 죽은 악어가 18킬로그램짜리 금속 무게추에 고정된 밧줄에 묶인 채 바닥에 엎드려 영원한 휴식을 취했다.

며칠 전 이 배의 요리사가 펠리컨호 냉장실 안에서 2주치 식량 옆에 보관된 죽은 악어 세 마리를 보더니 한숨을 크게 쉬며 "저는 진심으로 과학이 좋아요"라고 내뱉었다. 우리가 이 악어를 데리고 온 이유는 사체를 심해에 던졌을 때 어떤 일이 일어나는지 보기 위해서였다. 미시시피 삼각주에서 발생한 허리케인이나 홍수에 익사한 악어가 나뭇가지처럼 물살에 쓸려간 다음 해안에서 몇 킬로미터 떨어진 곳에서 발견되는 일이 종종 있다. 매클레인과 너날리는 죽은 악어의 운명을 추적해 청소동물과 뼈벌레가 과연 죽은 대형 파충류의 몸에도 모여드는지 알고 싶었다. 미국악어는 카이만악어, 바다악어를 비롯해 해안에 사는 다른 파충류와 마찬가지로 죽을 때 상당한 탄소 꾸러미를 심해에 전달한다.* 한편 악어는 한때 바다를 군림했던 거대 해양 파충류 이크티오사우루스, 플레시오사우루스, 모사사우루스와 가장 가까운 현생 생물이기 때문에 과학자들이 고대 심연의 생태계를 엿보기에 적합했다.

첫 번째 악어를 가져다 놓고 하루가 채 지나기 전에 잠수정을 내려보냈는데 이미 드라마틱한 장면이 연출되기 시작했다. 최소 열 마리는 됨직한 거대 등각류가 분주하게 돌아다니며 악어를 먹고 있었다. 바위나 정원의 화분 밑에 숨어 있는 공벌레가 축구공만큼 커진 연한 분홍색 친척을 상상하면 된다. 거대 등각류는 악어가 제공한 뜻밖의 거창한 끼니를 이용할 최적의 크기로 진화했다. 등각류는 마치 낙타의 혹처럼 몸에 많은 지방을 저장해 기근에도 버틸 수 있다. 일본 수족관에 보관된 한 개체는 먹이를 주었는데도 4년 동

* 이 미국악어*Alligator mississippiensis*의 표본은 루이지애나주의 인도적 도살 프로그램에서 특별 허가를 받은 것이다.

안 먹지 않고 지냈다.

이 거대 등각류는 우리가 심해에 악어 사체를 두고 오자마자 냄새를 맡고 헤엄쳐와서는 겨드랑이와 배 쪽의 부드러운 부분부터 씹어 먹기 시작했다. 먹을 것은 충분했다. 우리는 그중 한 마리가 미련하리만치 실컷 배를 채우더니 머리부터 돌진해 떠나는 것을 보았다.

한 달 뒤, 팀은 다시 돌아가 두 번째 악어를 확인했다.[34] 그 무렵 청소동물의 작업은 일차로 마무리되어 깨끗한 뼈만 남았고 어느 틈에 뼈벌레가 몰려들어 붉은 솜털이 뒤덮였다. 그 뼈를 일부 채취해 분석했더니 저 뼈벌레는 멕시코만에서 처음 발견된 것과 다른 새로운 오세닥스 종이었다. 이놈들은 고대 해양 파충류 괴물의 뼈를 뜯어먹도록 특화된 뼈벌레의 후손일지도 모른다.

매클레인과 너날리가 세 번째 악어를 확인하러 갔을 때 그것은 어디에도 보이지 않았다. 바다 밑에 놓고 간 지 8일 만에 감쪽같이 사라진 것이다. 바닥의 퇴적물에 움푹 팬 자국과 심연을 가로질러 질질 끌려간 흔적만 남아 있었다. 악어를 묶었던 두꺼운 밧줄은 깨끗이 절단된 채 9미터 떨어진 곳에 금속 추와 함께 놓여 있었다.

악어를 데려간 청소동물은 멕시코만에 출몰한다고 알려진 대형 심해 상어 뭉툭코여섯줄아가미상어나 그린란드 상어 둘 중 하나였을 것이다.[35] 최소 몸길이가 4미터나 되는 성체는 악어를 통째로 끌고 갈 만큼 몸집이 크고 밧줄을 끊

을 정도로 턱이 튼튼하다.[36]

한 가지 가능성이 더 있다. 악어가 실종된 지 얼마 되지 않아 근방에서 작업 중이던 다른 연구팀이 수중 드롭다운 카메라를 사용해 심해에서 활동하는 또 다른 포식자를 포착했다. 저장된 영상을 몇 시간씩 들여다본 끝에 플로리다 해양 연구 및 보존 협회ROCA의 대표 에디스 위더는 길고 창백한 생명체가 화면에 등장한 순간, 자신이 원하던 놈임을 알았다. 이 생명체는 몸을 펼치면서 길이가 적어도 3미터는 됨직한 동물의 초대형 촉수와 빨판을 드러냈다. 확실히 알 길은 없지만 어쩌면 세 번째 악어는 저 강한 팔에 붙잡힌 채 날카로운 부리에 밧줄이 두 동강 났는지도 모른다. 용의자는 바로 대왕오징어다.[37]

3장

젤리가 만든 먹이 그물

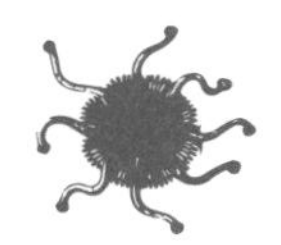

펠리컨호를 타고 멕시코만 연구 원정에 나선 지 며칠, 더는 똑바로 서 있으려고 애쓰지 않아도 되었다. 심지어 큰 파도를 탈 때마다 몸이 묵직해졌다가 다시 가벼워지는 감각을 즐기기까지 했다. 인간의 존재를 알리는 유일한 단서라고는 수평선 위에 거대한 금속 모기처럼 앉아 있는 석유 굴착기뿐이었다. 하지만 이 단순한 세상에는 평화로운 효율이 있었다. 나는 할 일이 없을 때면 뱃머리에 올라가 머리를 한쪽으로 기울이고 시시각각 변하는 바다의 질감과 색깔을 확인했다. 부드러운 측풍은 수면에 나무껍질 무늬를 새기거나 광이 날 만큼 매끄럽게 문질러댔다. 육지에서 멀리 떨어진 바다는 그저 아래로 검은 물만 있을 뿐 티끌 하나 없이 투명한 물속으로 아열대 태양이 900미터를 스며들어도 부딪혀 돌아 나올 바닥이 없기에 해안의 바다보다 항상 그 색이 더 강렬했다.

도르래에 걸쳐진 채 아래로 곤두박질치는 잠수정 케이블은 어획 과정을 보여주는 박물관 디오라마(특정 장면을 재현한 축소 모형—옮긴이)를 떠올린다. 복잡한 모형 배가 투명한 수지로 만든 바다 위에 떠 있고, 바다의 단면에는 배에서 늘어뜨린 미니어처 낚싯줄과 그물이 모형 물고기를 잡고 있다. 펠리컨호와 저 아래에서 헤매는 잠수정을 같은 비율로 표현하자면 전시장을 몇 층짜리 건물로 증축해야 할 판이다. 물속에는 모형 향유고래가 모형 오징어를 쫓고 있고 전시실의 불이 꺼지면 알아서 빛을 내는 해파리가 떠다닐 것이다. 그리고 갑판에 서 있는 미니어처 버전의 나와 나의 발아래 멀리 있는 해저 사이는 온통 물로 채워야 한다.

바닷속 한복판은 심해에서 가장 배고프고 외로운 장소임이 틀림없다. 수면과 심연 사이에 물로 채워진 방대한 3차원 공간에서 먹이와 짝을 찾는다는 것이 어디 엄두나 낼 수 있는 일인가. 해저 바닥에는 적어도 뒤져볼 표면이 있고 운 좋게 위에서 낙하한 음식 더미를 발견할 기대라도 걸어볼 수 있다. 하지만 사방이 뻥 뚫린 물에서는 죽어라고 돌아다니거나, 우연히 먹잇감이 지나치든 짝을 만나든 할 때까지 참을성 있게 기다리는 수밖에 없다.

이런 중층수에서 흔한 것은 몸이 젤리처럼 섬세한 동물

이다. 비행접시 형태부터 뒤엉킨 깃털 목도리, 막대 다리가 수없이 달린 둥근 거미까지 모양이 천차만별이고, 무지갯빛으로 반짝이며 번들거리는 구체와 영롱하게 빛나는 정교한 유리 샹들리에도 돌아다닌다.

정지 상태의 심해가 이 고운 몸의 진화를 부추긴다. 파도와 조수의 손길이 닿지 않는 잔잔한 물결 속에서 이것들이 번성한다. 몸을 젤리, 즉 젤라틴으로 만든 것은 플랑크톤 나름의 필승 전략이다. 이들은 딱딱한 표면에는 닿을 일 없이 평생 물속 세계의 부양을 받으며 떠다니는 유기체다.* 물과 콜라겐 단백질이 묽게 혼합된 이 세포 조직은 몸을 최대한 단순하게 구성한다. 젤리 동물은 물에 떠다니고 신진대사 비용이 낮은 만큼 에너지 효율이 높다. 젤라틴에 기반한 생물은 이렇게 에너지를 아끼는 접근법으로 먹을 필요를 줄이고 심해의 배고픈 광야에서 생존 확률을 키운다.

하지만 이 얇디얇은 생명체에는 치명적인 약점이 있다. 몸이 너무 가냘파 지나가던 물고기의 꼬리질 한 번에 나가떨어지기 십상이다. 또 까딱하면 죽어버리고 이내 뭉그러져서 연구하기도 쉽지 않다. 이 섬세한 동물을 발견해 붙잡는 것은 유령을 뒤쫓는 일이나 매한가지다. 그물에 걸리면 갈가

* 플랑크톤plankton이라는 단어는 고대 그리스어로 '헤매다'라는 뜻의 'planktos'에서 왔다. 대개 넓고 개방된 물에 살며 강한 조수와 해류를 거슬러 헤엄치지 못하는 종을 말한다.

리 찢어지고 만신창이가 된다. 게다가 세포가 심해의 고압에 적응되었으므로 수압이 갑자기 낮아진 수면 위에서는 몸이 성하지 못하고 그저 녹아버리고 만다.

온전한 형태로 수집하기 어려운 상황에서도 주요 분류군은 이미 100여 년 전에 심해 중층수에서 발견되어 기재되었다. 한 과학자의 이름이 그가 수없이 명명했던 가녀린 심해 동물의 학명 옆에 나란히 나타난다. 그는 과학에 혁혁한 공을 세웠지만 아마 이 천상의 생명체를 대중의 눈에 각인시킨 예술 작품으로 더 잘 기억될 것이다.

에른스트 헤켈은 1834년에 독일에서 태어났다. 베를린에서 의사 과정을 마쳤지만 자연 세계를 향한 탐험심과 예술에의 열정이 남달랐다. 의과 대학 시절 그는 독일 해안에서 떨어진 헬골란드라는 작은 섬에서 수업을 들은 적이 있었다. 몇 년 뒤 그 여행을 돌아보며 헤켈은 "평생 다양한 형태의 동물을 보았지만 이토록 강하게 끌리는 것은 없었다. 메두사의 살아 있는 표본을 본 것이 처음이었다"라고 썼다.[1] 메두사, 즉 해파리 성체는 과학과 예술 양쪽 모두에서 그를 꾸준히 사로잡았고 시간이 흐르면서 그의 관심을 심해로 끌어들이는 데 한몫했다.

헤켈은 베를린에서 잠시 의사로 일했지만 곧 동물학자

정지 상태의 심해가
이 고운 몸의 진화를 부추긴다.
파도와 조수의 손길이 닿지 않는
잔잔한 물결 속에서
이것들이 번성한다.
몸을 젤리,
즉 젤라틴으로 만든 것은
플랑크톤 나름의 필승 전략이다

로 진로를 바꾸었다. 처음에는 방산충이라는 미세 해양 동물을 전공했다. 방산충은 동물도 식물도 곰팡이도 아니며 실리카로 빚어진 유리 같은 뼈대 안에 사는 원생생물이다. 방산충은 과학과 예술을 향한 헤켈의 사랑을 하나로 묶은 최초의 바다 생물이었다. 1862년, 그는 방산충을 주제로 장문의 모노그래프(한 주제를 심도 있게 다룬 논문—옮긴이)를 출간했다. 살아 있는 눈송이를 닮은 이 생물을 정교하고 세밀하게 묘사한 삽화 수십 점도 논문에 포함되었다.

이어지는 10년간 얇은 젤라틴성 동물이 헤켈의 삶에서 표류했다. 1876년 해양학 항해를 떠났던 영국 선박 챌린저호가 2년간 전 세계를 누비고 돌아왔다. 런던 왕립 학회의 수석 과학자 찰스 위빌 톰슨이 이끈 연구팀은 에드워드 포브스의 심해 무생물설을 반박할 많은 증거를 들고 왔다. 헤켈은 챌린저호에 탑승하지 않았지만 연구팀이 물속에 던진 그물과 파도 밑으로 내려보낸 양동이로 조심스럽게 수집한 젤라틴성 동물을 맡아 연구하게 되었다.

세계 곳곳에서 수집된 수백 점의 액침 표본과 함께 헤켈은 바다를 향해 완전히 새로운 시야를 열었고 심해에 가득한 수많은 섬세한 생명체를 드러냈다. 그는 약 600종의 젤라틴성 플랑크톤에 이름을 붙였는데 일부는 생명의 계통수에서 새로운 가지를 할당해야 할 만큼 독특했다.* 헤켈은 얼핏 해파리처럼 보이는 많은 심해 거주자들이 사실 전혀 딴판인 동물임을 보였다. 그리고 전에는 볼 수도 없고 알지도 못했던 심해 동물로 대중의 관심을 끌어왔다.

1899년, 헤켈은 그의 가장 유명한 비과학 작품인 소책자를 발간하기 시작했다. 《자연의 예술적 형상Kunstformen der Natur》이라는 제목으로 출간된 책자에는 각각 동물, 식물, 곰팡이를 화려하게 그린 삽화 열 점이 실려 있었다. 그가 이 책을 발간한 의도에는 과학자나 박물학자가 야생에서 이 유기체들을 발견했을 때와 현미경 아래에서 보았을 때의 모습, 그리고 젤라틴성 생물의 경우는 심해에 떠 있을 때의 모습을 상상해 그림으로 표현함으로써 사람과 자연을 연결하려는 목적이 있었다. 여러 페이지에 걸쳐 헤켈은 챌린저호 수집품에서 발견한 동물이 그 섬세한 형태가 망가지고 방부액 안에서 색이 바래지기 전의 살아 있는 상태를 떠올리며 세밀화를 그렸다.

엄밀히 말하면 저 중에 일부만 진짜 해파리강의 해파리다. 해파리강은 육지 가까이 얕은 바다에 사는 우리에게 익숙한 종과 더 깊은 곳을 배회하는 녀석들을 모두 포함한다. 《자연의 예술적 형상》의 해파리강 페이지에서 헤켈은 데스모네마 안나세테*Desmonema annasethe*라는 종을 그렸는데, 헤켈 자신이 발견해 첫 번째 아내 아나 제테의 이름을 따서 명명한 생물이다. 파란색과 붉은색이 어우러진 커다란 몸에, 팔

---

* 헤켈은 수많은 젤라틴성 동물을 목, 강, 속으로 분류했고 그의 분류 체계는 지금까지 여전히 과학적으로 유효하게 취급된다.

의 가장자리는 레이스 달린 페티코트를 닮았으며 촉수가 그 뒤를 따른다. 그림 속에서는 멈추어 있지만 뱅그르르 돌면서 금방이라도 책장에서 튀어나와 무릎에 뛰어들 것처럼 생동감이 넘친다.

헤켈의 그림에서 보이지 않은 것은 해파리의 생활사에서 이 화려한 메두사 형태 말고 존재하는 다른 모습이었다. 해파리강 생물은 폴립이라는 단계를 거치며 바다 밑바닥에 고정된 채 완전히 다른 모습으로 한참을 지낸다. 작은 꽃을 닮은 폴립은 가까운 친척인 산호, 말미잘과의 연관성을 보여준다(모두 자포동물문이라는 같은 문에 속한다). 해저에서 수 년에서 수십 년까지 생활하는 동안 폴립은 주기적으로 수십 마리의 작고 헤엄치는 메두사를 떨어낸다. 메두사는 완전한 크기의 어른으로 빠르게 자라 사냥하고 먹이를 먹고 짝짓기 한다. 메두사 암컷과 수컷은 여러 달을 살면서 난자와 정자를 물속으로 방출하는데 먹이가 풍부한 시기에는 거의 매일 반복한다. 수정된 난자는 미세한 유생으로 발달해 해저에 정착하고 새로운 폴립이 된다. 그렇게 해파리강의 생활사는 메두사와 폴립의 단계가 돌고 돈다.

《자연의 예술적 형상》에는 헤켈이 발견해 이름을 붙인 잘 알려지지 않은 종들도 실렸다. 나르코해파리목과 경해파리목은 둘 다 헤켈이 새로 기술한 자포동물인데 돔 형태의 매끄러운 몸체와 구슬 가닥 같은 촉수, 아래로 매달린 채 입술로 꽃을 피운 관 모양 주둥이가 있다. 조금 더 분포 범위가 넓은 해파리강 동물과 달리 이것들은 히드라충강에 속하며 거의 전적으로 깊은 중층수에만 살면서 해저 바닥에 묶인 폴립 단계를 완전히 건너뛰고 수정란이 처음부터 바로 미니 메두사로 발달한다. 하지만 이 작은 젤리들이 모두 독립할 준비가 된 것은 아니다. 어떤 어린것들은 한동안 어른 메두사의 몸속에서 무전취식하며 스스로 바다로 헤엄쳐 나갈 힘이 생길 때까지 기다린다.

관해파리목은 헤켈이 연구해 책자에 실은 또 다른 자포동물 분류군이다. 한 그림에서는 빙글빙글 도는 꽃의 첨탑처럼 생긴 몸체에 우아한 촉수가 길게 소용돌이치는 관해파리를 보여준다. 다른 해파리는 잎과 꽃눈 다발이 매달린 파인애플처럼 보인다. 고깔해파리(작은부레관해파리) 같은 관해파리 종은 얕은 물에서 보라색 풍선을 수면에 띄우고 산다. 하지만 많은 종이 깊은 물 속에 살며 유난히 여리고 섬세해서 온전한 형태로 잡기가 어렵다. 관해파리의 가냘픈 몸은 다른 해파리와는 아주 다른 방식으로 구성되었다. 헤켈도 잘 알았을 테지만 관해파리류는 개체의 개념에 도전한다.

서로 분리된 폴립과 메두사 단계가 생활사 안에서 번갈아 나타나는 대신 관해파리류는 저 둘을 동시에 한 몸에 결합한다. 합쳐서 개충zooid이라고 부르는 폴립과 메두사는 수십 미터를 뻗는 긴 사슬로 연결된다. 2020년, 호주 서부 닝갈루 해안 앞바다 깊은 협곡에서 아폴레미아속*Apolemia* 관해파리가 영상에 담겼다. 전체 길이 120미터의 거대한 나선형을 이루며 세상에서 몸길이가 가장 긴 동물의 기록에 도전했다.

신기하게도 저 크고 긴 몸은 모두 모양이 제각각인 개충으로 구성되었다. 산호를 비롯한 다른 군체 동물은 동일한 폴립이 여러 개 모여 있으며 각각은 반半 자율성을 지니고 있어 스스로 먹고 번식할 수 있다. 하지만 관해파리류는 개충별로 먹는 일, 알과 정자를 만드는 일, 공기를 채워 군체가 물에 뜨게 하는 일을 따로 담당하고, 여러 개충이 열을 지어 메두사의 갓을 동시에 팔락거려 물속에서 군체를 앞으로 밀고 나가거나 방향을 조종한다. 관해파리는 개체와 다수의 경계가 모호한 하나의 팀으로 살아간다.

마지막으로 헤켈의 《자연의 예술적 형상》에는 심해에 흔하게 살지만 다른 것들과는 매우 다르고 또 근연 관계도 없이 이름만 해파리인 생물이 실려 있다. 유즐동물이라고도 하는 빗해파리는 몸에 작은 속눈썹 같은 미세한 여덟 가닥의 섬모가 나 있는데 빛을 받으면 무지갯빛으로 빛난다.* 이 털은 조직적으로 파동을 일으키며, 느릿느릿 움직이는 투명한 구스베리(까치밥나무속 관목의 열매—옮긴이) 또는 물 위를 미끄러져 다니는 외계 우주선처럼 몸체를 부드럽고 매끄럽게 앞으로 밀어낸다.

---

* 유즐동물은 유즐동물문이라는 독립된 분류군으로 존재하며 동물의 계통수에서 가장 오래된 가지를 두고 해면과 경쟁한다. 그리스어로 '빗을 가진 자'라는 뜻이고 흔히 빗해파리로 불린다.

에른스트 헤켈은 《자연의 예술적 형상》의 페이지마다 심해에 사는 섬세한 젤리들의 몸을 다양하게 보여주었지만 그 자신도 살아 있는 채로는 한 번도 보지 못했다. 헤켈의 연구 이후에도 수십 년간 이 동물들은 외해에서 생명체를 연구한 사람들의 눈에 보이지 않았다. 선박이 더 빨라지고 해양과학자들이 더 크고 기계화된 장비를 동원하면서 이 여린 동물을 온전한 상태로 수집해오는 일은 더 어려워졌다.[2]

20세기 후반부에 연구자들이 직접 물속으로 들어가 수면 아래 생명체를 관찰하기 시작하면서 비로소 살아 있는 개체가 인간의 눈에 들어왔다. 1970년대 초, UC 데이비스의 윌리엄 햄너는 당시 비교적 최신 발명품이었던 스쿠버 다이빙이 중층수 동물 연구에 지닌 잠재력을 깨달았다. 그는 대형 선박에 의존하는 값비싼 항해 연구와 이미 수년 전에 예약이 차버린 일정표를 보고 크게 한탄했다. 1975년에 햄너는 "연구 선박이 수시로 항해를 멈추어 연구자가 배 주위에서 해파리를 찾아 수영하는 동안 기다려줄 리는 없다"라고 썼다.[3]

햄너와 동료 연구자는 바다의 바닥이 보이지 않아도 안전하게 잠수하는 방법을 연구해 블루워터 다이빙blue-water diving 기술을 개척했다. "넓은 바다 한복판에서 물속에 들어가면 방향 감각을 잃어 자신의 위치를 알 수 없게 됩니다."[4]

앨리스 올드리지가 햄너 실험실에서 박사 과정을 밟던 시절을 떠올렸다. “빛이 확산하기 때문에 수면이 어느 쪽인지 확신할 수 없어요.” 거미줄 같은 밧줄이 수면에서 내린 하강 줄에 잠수부를 연결해 이들이 길을 잃고 헤매지 않게 돕는다. “어디를 둘러보아도 맑고 푸르러요.” 올드리지가 말한다. “저 세계의 일부가 되는 것만으로도 감사한 경험이지요.”

블루워터 잠수부들은 해파리, 관해파리, 유즐동물에 둘러싸인 자신을 발견했다. 이들은 목에 건 방수 녹화 장치와 마이크로 발견을 기록하고, 양손을 자유롭게 사용하며 유리병과 비닐봉지에 직접 하나씩 잡아넣었다. “스쿠버를 매고 아래로 내려가 제 눈으로 확인하기 전까지는 바다에 젤라틴성 플랑크톤이 얼마나 풍부한지 몰랐습니다.” 올드리지의 말이다.

제한된 산소 공급과 30미터 깊이에서 물이 누르는 압력의 제약을 딛고 블루워터 잠수부들은 심해 연구에 중요한 초석을 닦았다. 올드리지는 유형류에 집중했다.* 유형류는 피낭동물의 일종으로 올챙이처럼 생겼고 점액질의 거대한 풍선 안에 산다. ‘집’이라고 부르는 이 복잡한 점액 구조물은 종마다 모양이 달라서 바토코르다이우스 므크누티*Bathochordaeus mcnutti*라는 종의 경우 부챗살처럼 주름진 채 잔뜩 부풀

---

* 유형류는 피낭동물아문(멍게 등의 해초강이 속한 분류군), 더 크게는 파충류, 조류, 어류, 양서류가 포함된 척삭동물문에 속한다.

어 오른 천사의 날개처럼 생겼다. 이 구조물은 먹이 필터의 기능을 맡아 물에 떠다니는 작은 입자를 가둔다. 집의 필터가 막히면 바로 버리고 새로 만드는데 하루에 대여섯 개까지도 갈아치운다. 올드리지는 바하마 앞바다에 잠수하면서 유형류가 버린 집들이 빠르게 가라앉아 바다 눈의 눈보라를 만들고 탄소가 풍부한 영양식을 심해로 내려보낸다고 추론했다.[5]

블루워터 잠수부는 바다의 상층부뿐만 아니라 중층수의 훨씬 깊은 곳에서도 젤리 동물을 직접 관찰할 가치가 있음을 보여주었다. 이후 관찰과 수집이라는 기본 기술이 잠수정을 통해 심해에서 구현되면서 심해 전체에 젤리 동물이 얼마나 풍부하며 또 중요한지 새롭게 인식하는 계기가 되었다.

얼마 전까지만 해도 깊은 중층수 동물은 한 가지 경로로만 음식과 에너지를 얻는다는 것이 일반적인 견해였다. 위에서 내리는 바다 눈을 동물성 플랑크톤(대부분 크릴이나 요각류 같은 작은 갑각류이고 추가로 다양한 동물의 유생들)이 잡아먹고, 이들은 다시 수조 마리의 샛비늘치에게 먹힌다. 샛비늘치는 박광층과 무광층에서 무리를 지어 다니는 은색의 작은 물고기다. 섬세한 젤리 동물은 먹이 그물에서 별다른 역할을 하지 않는 부수적 요소로만 취급되었다. 이 동물도 바다 눈의 한몫을 챙겨가지만 이런 물주머니 젤리를 먹는 동물은 없을 것이라고 보아 영양 사슬의 막다른 길로 여겨졌다. 다시 말해 젤리 동물의 에너지가 (포식자에게 잡아먹힘으로써) 영양 단계의 상위 동물에게 전해지는 대신 홀로 죽은 뒤 분해되어 먹이 그물의 바닥으로 직행한다는 뜻이다. 하지만 사실 심해는 온통 젤리로 뒤엉킨 그물망이다.

구체적인 먹이 그물을 밝히기 위해(누가 누구를 먹는지 알아내고 생태계 안에서 관계도를 그리는 일) 전통적으로 과학자들은 동물의 배를 열어 마지막 끼니를 조사한다. 문제는 장 속의 젤라틴성 플랑크톤은 금세 곤죽으로 변해 식별할 수 없다는 사실이다. 다른 방법은 실시간으로 포식 행위를 관찰하는 것이다. 그런 광경을 포착하기는 쉽지 않지만 물속에서 오래 지켜보면 아예 불가능한 것은 아니다.

1980년대 캘리포니아 해안에 설립된 이후 몬터레이만 해양 연구소 연구팀은 주기적으로 몬터레이만의 깊은 물을 탐사해왔고 원격 조종 잠수정으로부터 상당량의 비디오 자료를 수집했다. 2017년, 연구소 소속 박사 후 연구원 아넬라 초이는 이 방대한 자료를 뒤져 동물이 카메라 바로 앞에서 먹거나 먹히는 운 좋은 장면들을 선별했다.[6] 사냥 중에 촬영된 포식자로는 다리를 휘둘러 물고기를 잡아먹는 오징어와, 마비된 관해파리를 촉수로 낚아채는 나르코해파리 등이 있다. 사냥하는 순간을 놓쳤더라도 젤리 동물이 최근에 무엇을 먹었는지는 쉽게 알 수 있다. 몸이 투명해서 속이 다 보이기 때문이다. 유리로 만든 러시아 인형처럼 유즐동물 몸속의 크릴이나 해파리 안에 든 물고기가 보인다. 자료 중 한 장면에는 다리가 일곱 개 달린 문어가 반쯤 먹다 만 큰 노란 해파리를 안고 있었다.* 문어는 해파리의 위나 생식샘처럼 영양이 풍부한 부위는 먹어 치우고, 쏘는 촉수는 남겨서 들고 있었는데 아마 먹이를 더 많이 잡기 위한 무기나 도구로 사용하려고 한 것 같다. 전에는 관찰된 적 없는 행동이다.

초이와 공동 연구팀은 영상 자료를 자세히 살펴 수백 건의 포식 장면을 찾아냈다. 꼬리에 꼬리를 물고 사슬이 이어지며 복잡한 연회의 그물망이 서서히 파악되었다. 결과를 실은 논문은 이 관계를 도표로 그리고 '생일 파티' 장면이라고 불렀다. 심해의 온갖 동물 집단이 생일 파티에 쓰이는 밝은 장식용 색 테이프로 아주 다채롭게 연결되었기 때문이다. 하지만 정상적인 생일 파티에서는 보기 힘든 광경이 목격된다. 파티에 참석한 손님이 모두 서로 먹고 먹히는 관계이기 때문이다. "각각의 연결선이 복잡하고 밀접한 포식 관계를 이야기합니다"라고 초이가 설명했다.[7] 수십 년에 걸친 수중 촬영물을 통해 초이는 심해를 들여다보았고 동물들이 어떻게 생계를 꾸려나가는지 확인했다.

---

* 다리 일곱 개 달린 문어는 수컷을 부르는 말인데, 소중한 정자가 들어 있는 다리를 오른쪽 눈 밑 주머니 안에 감아넣고 지키느라 다리가 일곱 개밖에 남지 않았기 때문이다(싸움 중에 문어는 상대의 가장 중요한 다리를 주로 공격한다).

초이와 동료 연구자들이 이 먹고 먹히는 광란의 관계에서 발견한 가장 놀라운 사실은 기존의 포식자 모델과 맞지 않는 연약한 젤라틴성 동물에 있었다. 젤리 동물은 커다란 이빨도, 예리한 눈도 없지만 어찌 된 일인지 심해 먹이 그물의 심장부에 뒤엉켜 있었다. 영상 자료에서 솔미수스속*Solmissus* 해파리(나르코해파리의 일종으로 디너접시해파리라고도 부르며 큰 접시 크기로 자란다)는 다른 해파리, 환형동물, 관해파리, 크릴을 비롯해 수십 가지 먹잇감을 사냥했고 먹이 그물 전체를 연결하는 고리를 형성했다. 하지만 수면으로 데려온 솔미수스의 행색은 탐욕스러운 포식자와는 거리가 멀다. "물 밖에서는 흐물거리며 손가락 사이로 빠져나가는 투명한 젤라틴에 불과해요."

중층수 먹이 관계의 이 새로운 장면은 이 동물의 몸만큼이나 복잡한 젤리 그물을 드러냈다. 젤리피시jellyfish(해파리의 영어 일반명—옮긴이)라고 불리는 많은 종이 더는 따로 열외되거나 먹이 그물 한구석에 싸잡아 넣고 곁다리로 분류되지 않는다. 이 동물들은 먹잇감으로나 포식자로나 상상 이상으로 중요하며 위에서 내린 바다 눈의 에너지를 생태계로 전달하는 막중한 임무를 수행한다.

이 동물의 영향력은 심해에 한정되지 않는다. 인간과 직접 연관이 있는 중요한 동물을 포함해 얕은 바다에 서식하는 많은 생물이 이 젤리 그물망에 소속된다. 가치가 수십억 달러에 달하는 주요 상업용 어장이 심해의 젤라틴 에너지를 끌어다 쓴다. 황다랑어, 참다랑어, 날개다랑어 따위가 박광층에 잠수해 오징어를 사냥한다. 그 오징어는 해파리와 경해파리를 먹는다. 란도어와 빨간개복치 같은 중층수 물고기는 젤라틴성 플랑크톤을 먹는데, 이 물고기들은 일차적인 어업 대상은 아니지만 참치나 상어 같은 동물의 중요한 먹잇감이 된다. 젤리 그물망의 촉수는 모든 해양 동물의 삶에 닿는다. 남극의 펭귄과 이주 중인 장수거북은 젤리 동물을 일상적으로 먹는다. 백상아리, 물개, 바다사자, 향유고래 등 여러 해양 종이 어떤 식으로든 심해의 풍부한 젤리 동물과 연관된 먹이에 의존해 살아간다.

잠수정 탐사를 통해 심해 과학자는 중층수에 사는 젤리 동물의 목록에 새롭고 중요한 구성원을 추가하고 있다. 토몹테리스속*Tomopteris*의 거미줄벌레gossamer worm는 중국 춘절에 용춤을 추는 지네처럼 보인다. 헤엄칠 때면 측족이라고 하는 수십 개의 다리를 따라 물결이 파도치듯 지나가고 머리에서 몸쪽으로 한 쌍의 촉수를 길게 내뻗는다. "혀를 내두를 정도로 빠르고 황홀하기 그지없는 동물이지요"라고 워싱턴 DC 스미스소니언 자연사 박물관의 해양 무척추동물 큐레이터인 캐런 오즈번이 감탄하며 말했다.[8] 이 동물이 이토록 오래 알려지지 않은 것은 워낙 신출귀몰한 탓에 잡기가 어려웠기 때문이다. 원체 그물에서 쉽게 빠져나가기도 하거니와 어쩌다 그물에 잡혔다 하더라도 멀쩡히 남아 있지 못한다. 거미줄벌레의 몸은 근본적으로 물풍선과 다름없어 쉽게 터진다. 심하지 않은 상처라면 바깥 근육이 물을 짜내고 수축해 상처 부위를 밀봉한 다음 몸의 나머지가 다시 부풀어 올라 스스로 치유한다. 그런 자가 치료도 저인망에 걸려 만신창이가 되었을 때는 소용없다. 자생하는 지역에서 살아 있는 모습이 직접 관찰되기 전에는 손가락 길이 정도로 묘사되었으나 실제로는 수십 센티미터까지 자랄 수 있다.

거미줄벌레를 잡는 가장 좋은 방법은 심해 잠수정으로 벌레의 뒤를 쫓아 지치게 만드는 것이다. "물주머니에 불과한 동물이라 에너지 비축량이 그리 많지 않거든요." 오즈번이 말했다. 멈추어서 쉬는 벌레를 잠수정에 부착된 흡입 장비로 부드럽게 빨아들인 다음 투명 아크릴 통에 조심스럽게 담는다. "자연의 원초적인 아름다움이지요." 오즈번이 덧붙였다.

오즈번은 심해에서 10여 종 이상의 거미줄벌레를 발견했고 그 밖에도 헤엄쳐 다니는 다른 많은 환형동물과 처음으로 마주쳤다. "잠수정을 타고 물속에 들어갈 때마다 전에 보지 못한 것을 발견합니다." 그런 발견이 유레카의 순간인 적은 드물다는 것이 오즈번의 말이다. 심해에서 무언가 새롭고 이상한 것이 시야에 들어오면 과학자들의 전형적인 반응은 "도대체 저게 뭐지? 말이 안 되잖아!"에 가깝다.

과학자들은 그 새로운 생물을 한참 동안 관찰하고 촬영한 다음 신종으로 기재하기 위해 표본을 채취하고 배로 가지고 올라온다. 하지만 병 속에 보존된 생물이 실험실 선반에 자리 잡고 나면 몇 년 동안 아무도 건드리지 않는 일이 허다하다. 표본을 들여다볼 심해 과학자와 연구비가 부족해서다. 연구 대상을 선정하는 것은 까다로운 문제다. 오즈번은 생태계에 중요한 역할을 하거나 풍부하고 다양한 분류군에 속한 동물, 또는 바다의 작용을 이해하는 데 도움을 줄 것으로 보이는 동물을 먼저 선택하는 편이다. 오즈번은 어떻게 그렇게 많은 바닷속 벌레가 원래는 바닥을 기어다니던 자신의 조상을 뒤로한 채 해저에서 헤엄쳐 올라와 다시는 딱딱한 표면에 몸을 닿지 않고 살게 되었는지 궁금하다.

이 극적인 탈출은 새로운 환경에서 잘 살아가도록 몸에서 일어난 또 한 번의 드라마틱한 진화적 변화와도 일치한다. 2007년, 인도네시아와 필리핀 사이의 술라웨시해를 탐사한 오즈번과 동료들은 거의 3000미터 아래에서 오징어처럼 생긴 환형동물을 발견했다.[9] 오즈번은 이 종을 오징어벌레속*Teuthidodrilus*으로 따로 떼어내 분류했다. 오징어벌레는 몸보다 길고 민감한 덩굴손이 달린 촉수가 있다. 중층수에 사는 동물은 감각의 영역을 확장해 주변에서 무슨 일이 일어나는지 파악해야 하는데 그것이 바로 오징어벌레의 촉수가 하는 일이다. 오징어벌레는 머리 전체에 긴 수염이 난 고양이처럼 생겼다.

물속에서 유영하며 살아가는 환형동물도 젤라틴성 몸체가 진화한 심해 중층수 동물의 대열에 합류한다. 오즈번은 돼지엉덩이벌레라고 알려진 카이톱테루스 푸가포르키누스 *Chaetopterus pugaporcinus*라는 종을 발견했다. 새날개갯지렁이속의 이 다모류는 몸의 체절 중 하나가 액체로 가득 찬 물풍선처럼 부풀어 올라 꼭 한 쌍의 궁둥이처럼 생겼다. 이 풍선 덕분에 물속에서 떠다닐 수 있다.

오즈번이 심해에서 발견한 또 다른 바다 벌레인 스비마 봄비비리디스*Swima bombiviridis* 또한 이름에 어울리게 살아간다.[10] 스비마라는 속명은 이 환형동물이 헤엄을 잘 친다는 뜻으로, 몸 전체에 난 강모가 물속에서 노를 젓고 앞으로든 뒤로든 똑같이 쉽게 움직인다. 종소명인 봄비비리디스는 건드리면 빛나는 초록색 폭탄을 던진다는 뜻이다.* 그 조명탄은 액체가 들어 있는 구체인데 몸에 부착되어 있다가 투척되면 몇 초 동안 빛을 방출한다.

이 녹색의 폭탄투척벌레는 심해에서 빛을 내는 여러 바다 벌레 중 하나다. 돼지엉덩이벌레는 슬쩍 건드리면 몇 초 동안 푸르게 빛나면서 초록색 물줄기를 쏜다.**[11] 거미줄벌레 역시 귀찮게 하면 물속에서 노란빛의 연기를 흩뿌린다.

---

* 'Bombi'는 라틴어로 '웅웅거리다' 또는 '윙윙거리다'라는 뜻의 'bombus'에서 왔다. 이 어원에서 폭탄bomb이 유래했다. 'Viridis'는 라틴어로 초록색이라는 뜻이다.

** 입자는 엉덩이 한가운데, 정확히 말하면 등 중앙의 섬모가 난 홈에서 방출된다.

이런 눈부신 장면들이 심해에서는 무척이나 평범하다.

오징어와 문어는 빛을 낼 수 있고, 상어와 경골어류, 새우, 크릴새우도 마찬가지다. 발광성 점액이나 입자를 물속으로 쥐어짜거나 아예 몸 일부가 빛을 밝힌다. 에른스트 헤켈이 그린 섬세한 젤리 동물 대부분도 스스로 빛을 낸다. 해파리강 동물의 일부, 그리고 거의 모든 유즐동물, 관해파리, 나르코해파리, 경해파리가 빛을 발산하며, 유형류 또한 마찬가지다. 유형류의 집은 발광성 바다 눈 입자로 가득 차 있다.

심해에 발광 동물이 많을 것이라는 오래된 예감은 몬터레이만 해양 연구소의 영상 자료에서 추출된 데이터로 증명되었다. 넓은 바다에서 찍은 영상에 식별할 수 있는 동물만 35만 마리 이상이 나오는데 빛을 만드는 것과 만들지 않는 것의 두 집단으로 나뉜다. 중층수에서 몬터레이만 해양 연구소 카메라에 포착된 동물 중 76퍼센트가 발광 동물이었다.[12]

수심에 따라 지배하는 발광 동물이 다르다. 관해파리는 상층 500미터에서 흔하고, 나르코해파리와 경해파리가 다음 1000미터를 이어받으며 2250미터 아래의 무광층은 다모류, 녹색의 폭탄투척벌레, 돼지엉덩이벌레, 거미줄벌레 등의 영역이다. 가장 깊은 물은 유형류가 우세하다. 생물 발광이 수면에서 심연까지 바다 전역에서 흔한 것은 사실이지만 아직 완전하고 만족스러운 답을 내지 못한 질문이 있다. 왜 빛을 밝히는 것일까?

몸속에서 발광성 화학 물질을 혼합하거나 아예 몸 안에 발광 세균이 살게 해서 빛을 내는 것은 광활하고 굶주린 심해의 중층수에서 살아남기 위해 진화한 중요한 기술이다. 그 빛의 사용처에 대한 몇 가지 가설이 있다. 심해 아귀는 머리에 매달린 빛나는 미끼로 먹잇감을 입까지 꾀어낸다. 관해파리류인 에레나속*Erenna* 종들은 물고기를 끌어들이기 위해 씰룩거리는 촉수의 옆 가지에 붉은 조명을 달고 있다. 새우는 포식자 앞에서 진득한 발광 구름을 뿜어 혼란을 준다. 하지만 이런 행동이 실제 바다에서 기록된 적은 거의 없다.

"저는 그것들을 '그냥 그렇게 된 이야기Just so stories'라고 불러요."[13] 몬터레이만 해양 연구소 스티븐 해덕이 말했다. "'어떻게 호랑이가 줄무늬를 가지게 되었는가'처럼요. 더 깊이 파헤치기 어려운 사실이라는 뜻이에요."

심해에서 생물 발광이 작동하는 순간의 이미지를 포착하기란 극도로 어렵다. 잠수정의 밝은 조명은 자연의 불빛을 삼킨다. 그렇다고 잠수정 조명을 끄면 동물이 내는 빛만으로 촬영하기는 역부족이다.

바다 생물이 조명을 켠 순간의 장면은 대부분 실험실에

서 찍은 것이다. 생물이 빛을 내도록 자극하거나 화학 물질에 노출해 발광을 유도한다. 빛을 낸 종에게 다시 빛을 비추면 어떤 종은 윙크로 화답한다. 하지만 이는 단지 개별 동물에 빛을 내는 능력이 있다는 사실만 증명할 뿐이다. 실험실에서는 자신의 의지로 빛을 내거나 서로 조명을 주고받거나 짝, 포식자, 먹잇감을 향해 어둠 속에서 깜빡이는 메시지를 보내지 않는다. 생물이 생물 발광을 어떻게 활용하는지 확인하려면 야생에서 평범하게 행동하도록 두어야 한다.

유인 잠수정에 탑승한 사람들이 둥근 창을 통해 생물 발광을 목격했다. 운 좋게 그들의 눈은 희미한 섬광을 감지했지만, 그렇게 지각한 내용을 기록하고 재생하고 분석할 방법이 없다. 1994년에 해덕은 바하마에서 잠수정을 타고 수심 약 760미터 아래로 내려갔는데, 그곳에서 모악동물의 일종인 화살벌레arrow worm가 푸른빛의 연기만 남기고 빠른 속도로 멀리 날아가는 것을 보았다.[14] 날씬하고 투명한 이 동물은 그때까지 빛을 내지 않는다고 알려졌었고, 찰나의 번쩍임에 대한 해덕의 기억만 유일하게 그 반대의 증거를 제공했다. 최근에 해덕은 동물을 놀라게 하지 않기 위해 잠수정에 붉은 조명을 사용하고, 초고감도 카메라를 동원해 마침내 화살벌레가 물속에서 빛나는 회전 도넛 고리를 방출하는 장면을 영상에 담았다. 이 시스템으로 성공을 맛본 해덕은 투명상어가 박광층에서 배에 푸른빛 망토를 두르고 숨어 있는 모습부터 유혹적으로 깜빡대는 촉수 두 개를 낚싯줄처럼 내던지는 오징어까지 언젠가 꼭 기록으로 남기고 싶은 장면의 목록을 작성했다.

생물 발광은 심해 생물 안에서 놀라운 적응으로 이어졌다. 육지의 깊은 동굴 속 웅덩이나 개울에 사는 물고기는 대개 시력과 심지어 눈을 잃는다. 영원한 어둠 속에서는 이 복잡한 기관도 쓸모가 없기 때문이다. 하지만 심해의 어둠에 사는 물고기는 반대로 시력이 극도로 진화해 생물 발광을 감지할 수 있다. 다양한 빛의 파장에 적응된 수십 개의 광색소가 망막을 채운 덕분에 민감해진 눈으로 다른 동물의 희미한 섬광을 보는 것은 물론이고 색깔까지 구분할 수 있다. 인간을 포함한 대부분의 척추동물은 어두운 곳에서 색맹이 된다. 망막에서 저조도의 시력을 담당하는 간상세포에 한 종류의 색소밖에 없기 때문이다.

이와 대조적으로 최근 은빛가시지느러미silver spinyfin라는 물고기의 간상세포에서는 38종류의 색소가 발견되었다.[15] 과학자들이 해당 유전자의 염기 서열을 밝히고 실험실에서 색소를 복제한 다음 거기에 빛을 비추어 어떤 파장에 가장 민감한지 알아냈다. 이 작은 물고기는 박광층에서 인간보다 파란색과 초록색 색조를 조금 더 미묘하게 구분할 수 있었다. 두 색 모두 생물 발광에서 가장 흔한 색깔이다.

심해의 불꽃놀이는 중층수 동물이 눈에 띄지 않게 하는 방식도 진화시켰다. 심해에서는 많은 포식자가 서치라이트로 사냥하며, 움직이기만 해도 빛이 발생하고 접촉하면 저절로 번쩍대는 플랑크톤과 바다 눈에 의해 교란된다. 그렇다면 다른 동물의 눈에 덜 띄도록 몸의 표면이 주위 불빛을 적게 반사할수록 경쟁적 이점이 있을 것이다. 그 결과물은 바닷속을 보이지 않게 유영하는 극강의 검은색 물고기들이다.

캐런 오즈번이 공동 연구팀과 검은 물고기의 피부를 수집해 각각의 빛반사율을 측정해보니 여러 심해 어종이 지구상에서 가장 검은 동물에 속했다.[16] 이는 생동감 있는 구애 장면을 연출하기 위해 화려한 색깔 대신 울트라 블랙 깃털을 사용하는 극락조와 맞먹는 수준이었다. 현미경 아래에서 들여다본 피부에는 멜라닌(인간과 다른 많은 동물의 피부에서 발견되는 색소)이 꽉 채워져 있었는데, 물고기 피부의 이런 완벽에 가까운 까만색은 멜라닌 입자의 크기와 배열이 핵심이다. 빛의 광자가 피부에 부딪혀도 입자 사이에서 이리저리 튕겨 다니다가(핀볼 머신 안에서 구슬이 여러 방해물에 부딪혀 돌아다니는 것처럼) 끝내 그 안에 갇혀 도망치지 못한다.*

---

* 검은색 도화지의 경우 빛의 약 10퍼센트를 반사한다. 자동차 새 타이어는 주변 빛의 고작 1퍼센트를 반사한다. 오즈번과 동료들이 측정한 모든 물고기의 반사율이 1퍼센트 미만이었다. 이들이 조사한 물고기 중 가장 검은 물고기는 탄소나노 튜브로 제작된 밴타 블랙(인간의 손으로 만든 가장 검은 물질)과 거의 비슷한 반사율을 보였다.

2020년에 발표된 연구에서는 이처럼 멜라닌이 채워진 피부가 심해어에서 빈번하게 발견된다고 보고했다. 오즈번과 동료 연구자들은 서로 근연 관계가 아닌 16개 종에서 독립적으로 진화한 울트라 블랙 물고기 일곱 종의 사례를 식별했다. 어떤 종은 빛을 내는 다른 동물의 먹잇감이 되지 않기 위해 흑색을 이용했고, 또 다른 종은 생물 발광을 하는 미끼의 빛에 자신의 몸이 비쳐 먹잇감이 도망치는 것을 막는 데 사용했다. 이렇듯 심해의 동물은 태양이 없는 암흑의 영역에 살면서 빛을 만드는 방법이 진화했을 뿐만 아니라 심해보다 더 어두운 그림자로 숨는 법까지 마련한 것이다.

4장

화학이 지배하는 세계에서

설인게가 발견되었을 때 이 짐승이 바다 눈을 먹고 산다고까지 했으면 그만큼 시적인 우연도 없었을 테지만 사실 설인게는 더 기이한 동물이다. 예티크랩Yeti crab이라고도 하는 이 추악한 설인(영어로 설인을 '추악한 눈사람'이라는 뜻의 'abominable snowman'이라고도 한다—옮긴이)은 2005년, 동태평양 이스터섬 남쪽에서 심해를 연구하던 과학자들이 처음 발견했다. 창백한 색깔에 몸은 엄지손가락 크기만 하고, 긴 앞발은 껍데기에서 연장된 풍성하고 꺼칠꺼칠한 강모seta로 덮여 있다. 둥근 집게발을 어색하게 감싸는 이 황금 털가죽은 〈머펫쇼Muppet Show〉에나 나올 법한 심해 게의 외모를 선사했다.

새로 발견된 이 게 중 하나에 키바 히르수타*Kiwa hirsuta*라는 공식 명칭이 붙었다.[1] 폴리네시아 바다의 신 키와Kiwa를 딴 이름이다. 종소명인 '*hirsuta*'는 라틴어로 '털이 있는' 또는

'덥수룩하다'라는 뜻이다. 하지만 이 게는 설인게라는 이름으로 더 유명하다.*

저 첫 설인게 표본의 몸에서 실처럼 자란 것은 세균이었다. 그래서 학자들은 설인게가 털 달린 소매에서 직접 미생물을 키워 먹는 다소 이례적인 섭식 방식을 가졌다고 생각하게 되었다. 저 세균은 여느 평범한 세균이 아니라 불과 수십 년 전까지 누구도 차마 가능하리라 생각하지 못한 일을 하는 신통한 생물이었다. 그런 파격적인 능력 덕분에 설인게와 그 밖의 동물이 열수구에서 번성했다. 심해에서 가장 인상적이고 금지된 장소에서 말이다.

1977년, 동태평양의 또 다른 지역인 갈라파고스 제도 북쪽에서 잠수정 앨빈호를 타고 심해로 내려간 과학자들이 처음으로 열수구를 보았다.

"심해는 사막처럼 생겨야 하는 것 아닌가요?"[2] 앨빈호에 탑승한 지질학자 잭 콜리스가 2.4킬로미터 위에 떠 있는 모선에 전화로 물었다. "그런데 여기에 왜 이렇게 동물이 많은

* 유난히 까다로운 분류학계의 갑각류 전문가들은 설인게를 진짜 게가 속한 단미하목Brachyura으로 분류하지 않는다. 엄밀히 말해 설인게는 소라게, 왕게, 야자집게와 함께 집게하목Anomura에 속한다. 세상에는 편의상 '게'라고 불리는 동물이 많다.

겁니까?"

앨빈호의 창문을 통해 콜리스는 일렁이는 액체가 쏟아져나오고 주위에 동물 수천 마리가 모여 있는 높은 굴뚝을 보았다. 진홍색 깃털을 나부끼는 길이 2.7미터짜리 환형동물과 디저트 접시 크기의 조개도 보았다. 하지만 당시 콜리스는 자신이 태양과 완전히 차단된 생태계를 보고 있는 줄은 몰랐다. 저 생태계는 지구의 생명을 보는 관점에 혁명을 일으킬 터였다.

그때 이후 심해 전역에서 열수구 지대 650개가 파악되었다.[3] 각각 수십, 많게는 수백 개나 되는 개별 분출공이 다발로 모여 있었다. 전체 650개 중 300개 정도는 직접 눈으로 확인되었고 나머지는 화학 및 지질학 실험으로 추정된 상태다. 열수구는 지구 전역에서 지각판 가장자리를 따라 연속해서 이어진 중앙 해령에서 형성된다. 또한 해저 화산이 해구를 따라 호를 그리며 배열된 섭입대는 물론이고 지각판 한복판에 자리 잡은 해산의 사면과 정상부에서도 형성된다. 이 화산 지대의 마그마굄이 맨틀에서 해양 지각으로 밀어 올려지면 바닷물이 해저면의 균열을 통해 마그마굄의 깊이에 따라 최대 4800미터 아래까지 스며든다. 그 물이 엄청나게 뜨거운 용융 암석에 도달하면 물은 과가열 된 후 떠올라 지각 깊숙이 생긴 균열을 통해 위쪽으로 흐른다. 위로 올라오는 도중에 물은 주위 암석과 반응해 용해된 광물과 금속을 끌고 간다. 그 바람에 화학 조성이 크게 달라지면서, 이 순환하는 바닷물은 열수 유체가 되고 위로 솟구쳐 올라 마침내 해저면에서 폭발적으로 분출한다. 훨씬 뜨겁고 유독하다는 차이만 있을 뿐 육지의 온천이나 간헐천과 비슷하다. 일반적으로 열수구에서는 수백 도에 이르는 액체를 방출한다. 다만 심해의 엄청난 압력 때문에 물이 끓어올라 기체가 되지는 못한다.

바닷물 전체가 1000만 년에서 2000만 년마다 한 번씩 열수구를 통해 순환한다는 계산이 있다.[4] 이 열수 순환은 거대한 반응로가 되어 해양의 화학 균형을 맞추고 지구 내부로부터 열기를 끌어온다.

열수구에서 배출된 물이 차가운 바닷물과 충돌하면 녹아 있던 광물과 금속 일부가 석출되어 고체화되고 시간이 지나면서 첨탑과 굴뚝을 생성하는데 빠르게는 하루에 30센티미터씩 쌓인다. 굴뚝은 다양한 광석으로 만들어지며 보통 황화철로 구성되고 높게는 30미터까지 올라간다. 가장 높은 굴뚝 중에 과학자들이 고질라라고 부르던 것이 있었다. 밴쿠버섬 서쪽 해안의 후안데푸카 해령에 있는 엔데버 열수구 지역에 위치한 이 괴물 같은 열수구 굴뚝은 높이가 15층 건물과 맞먹는 46미터, 폭이 10미터나 되었지만, 1990년대에 들어서 불안정해지더니 결국 무너지고 말았다. 열수구 굴뚝은 보통 가운데에 연관煙管이 있고, 매우 뜨겁고 금속이 풍부한 탁한 유체가 꼭대기에서 쏟아져나오면서 옆쪽의 배수로로 분출된다. 실제로 연기가 나거나 불꽃이 타오르는 것은 아니지만 이 열수구를 블랙 스모커black smoker라고 부른다.

모든 바다에 열수구가 있다. 대서양을 동서로 이분하는 대서양 중앙 해령과, 캘리포니아만과 남극 사이를 흐르는 동태평양 해팽에 특히 많이 분포한다고 알려졌다. 지중해에는 아프리카판이 에게해판 밑으로 들어가는 헬레닉 아크 지역에 열수구가 있다. 인도양 해령과 남아메리카 대륙 남쪽 끝으로 작은 스코샤판 가장자리에서는 비교적 최근에 열수구가 발견되었다. 북극해에서는 지구 꼭대기를 횡단하는 가켈 해령에서 처음으로 열수구가 보고되었다.

그중 하나인 '로키의 성Loki's Castle'은 북유럽 신화에 등장하는 사기꾼 신의 이름을 따온 것이다. 왜냐하면 다섯 개의 열수구 굴뚝이 마치 로키가 사는 환상적인 시타델처럼 생겼기 때문이다. 가장 북쪽에 있다고 알려진 이 열수구는 노르웨이와 그린란드 사이의 접근이 불가능한 거친 바다에 있어 특별히 찾기가 어려웠다. 앞으로 더 많은 열수구가, 특히 남동 인도양 해령과 태평양-남극 해령을 따라 먼 남쪽으로 아직 누구도 확인한 적 없는 외딴 바다에서 발견될 것은 분명하다.

지구 곳곳에 있다고 하지만 열수구를 찾기는 절대 쉽지 않다. 바다 아래로 수심 1500~5000미터 지역에 있고 선박에 설치된 음파 탐지기 등의 원격 지도 장비를 방해하는 입자가 안개처럼 둘러싸고 있기 때문이다. 또한 이곳은 희귀하고 규모가 작은 서식지다. 대부분의 열수구 지역은 강당 안에 들어가는 크기이고 전 세계를 통틀어 열수구의 총면적이 뉴욕 맨해튼보다도 작은 52제곱킬로미터에도 미치지 못한다고 추정된다.

가장 접근이 쉽고 이미 연구가 많이 된 열수구 지역에서도 놀랄 거리는 계속 나타난다. 1980년대 이후로 과학자들은 엔데버 열수구 지대를 연구하고 있다. 한때 고질라가 높이 솟아 있던 이곳에는 각각 이름이 붙여진 46개의 열수구가 다섯 개 구역에 나누어 퍼져 있다.

2020년, 음파 탐지기를 이용해 자율 수중 로봇(모선에 직접 연결되지 않고 자율적으로 조종하는 심해 잠수정)이 엔데버 해저에서 작성한 해상도 1.2미터의 지도를 포함하는 새로운 연구 결과가 발표되었다.[5] 이 지도에는 열수구 12개가 표시되었는데 총 13킬로미터의 좁은 계곡을 따라 작은 탑이 하늘을 찌르고 있다. 몬터레이만 해양 연구소 연구원들은 전체적으로 엔데버 지역에서 모두 572개의 열수구 굴뚝을 식별했는데, 높이가 3미터에서 27미터로 다양하고 그중 다수는 수십 년간 연구된 열수구 바로 옆에 있었는데도 이제껏 탐지되지 못했다.

굴뚝을 이루는 암석과 그것이 내뿜는 물은 열수공마다 조성이 다양하다. 가장 깊고 뜨거운 것은 케이맨제도 근처에 있는 비브 열수구 지대인데 심해 탐험의 선구자 윌리엄 비브를 기념해 지은 이름이다. 금속 황화물로 구성된 좁은 굴뚝은 수심 5000미터 가까이 있고 섭씨 402도의 열수 유체를 토해낸다.* 태평양에서 가장 깊다고 알려진 열수구는 멕시코의 바하칼리포르니아 반도 해안에서 떨어진 페스카데로 해저 분지의 수심 3800미터 아래에 있다. 이것들은 흔한 블랙 스모커가 아니라 희귀한 화이트 스모커로 뜨거운 아스팔트처럼 연기가 아른거리며 다소 낮은 온도의 맑은 유체를 뱉어내고, 이산화규소와 황산바륨을 포함해 옅은 색 광물로 된 다양한 굴뚝을 형성한다. 섭씨 290도의 유체를 내뿜는 페스카데로 분지 열수구는 흰색과 갈색의 탄산염 광물이 침전해 뾰족한 굴뚝과 천장이 앞으로 돌출된 동굴을 형성한다.[6] 이곳에서는 열수 액체가 웅덩이를 이루고 있다가 거꾸로 떨어지는 폭포처럼 은색 커튼이 위쪽으로 흐른다.

이 열수구들은 보기에는 훌륭하지만 동물들이 자연스럽게 기피하는 장소다. 액체가 지각을 통과할 때면 견딜 수 없을 만큼 뜨거워질 뿐만 아니라 용존 산소를 잃어 산성이 강해지는데 대개 pH2~3 정도다(레몬즙 또는 위액의 산도. 바닷물은 보통 약 pH8의 약한 염기성을 띤다). 열수구 유체에는 메탄이나 황화수소 같은 유독한 화학 물질이 들어 있다. 극한의 수압, 영원한 어둠과 함께 숨 막히는 유황 지옥의 광경이 저절로 떠오른다. 하지만 잭 콜리스를 포함한 과학자들이 보았

* 이 유체는 초임계유체Supercritical fluid로서 기체이자 액체로 행동하며 대단히 희귀한 현상이다.

듯 열수구에는 생명체가 번성하고 있었다.

잠수정 창문이나 카메라를 통해서 보는 열수구 굴뚝은 얼핏 흰색 쌀알이 덮여 있는 것 같지만 자세히 보면 그 알갱이가 움직이고 씰룩댄다. 각각은 엄지손가락 크기의 새우로 미니 랍스터처럼 꼬리가 부채 모양이다. 열수구 한쪽에서 바닷물 1갤런(약 4.5리터)을 퍼내면 그 안에 이 새우가 대략 1만 1000마리쯤 들어 있을 것이다.[7]

다른 분출구에는 철분으로 된 검은 껍데기가 반짝이고(철로 껍데기를 만든다고 알려진 유일한 동물이다), 솔방울처럼 겹쳐 나는 비늘 아래로 제 것 같지 않은 발이 삐져나온 고둥이 무더기로 쌓여 있다. 또 한 종류의 고둥은 아마도 옆에 있는 고둥과 짝짓기를 하는 듯 함께 들러붙어 긴 사슬을 만들고는 마치 종유석처럼 매달려 있다.

근처에는 긴 털이 무성하게 자란 바다 괴물이 마치 몸을 웅크리고 잠자는 듯 보이는 광경이 눈에 들어온다. 사실은 덤불처럼 엉켜 있는 환형동물 무리로 모두 하얀 관 안에 살고 있으며 분홍색 끄트머리를 예술가의 붓마냥 삐죽 내밀고 있다.

자세히 보면 서로 싸움을 걸고 있는 한 쌍의 반들거리는 벌레가 보일지도 모른다.[8] 새끼 쥐 크기의 두 벌레는 등을 따라 두 줄로 무지갯빛 청색 스팽글이 박혀 있고 아래에 황금색 털이 삐져나왔다.* 굶주린비늘갯지렁이라는 이 두 벌레가 비늘을 번쩍이며 싸우는 이유를 누구도 알지 못하지만, 어지간히 화가 난 듯 그 자리에서 한동안 서로 몸을 부딪치며 긴 빨대 주둥이로 펀치를 날리고 상대의 살점을 물어뜯었다.

육지에서도 산맥마다 고유한 종이 예상되는 것처럼(퓨마 또는 산악고릴라, 눈표범 또는 알파카 따위) 해령과 열수구에서 발견되는 생물 종도 지역별로 차이가 크다. 동북 태평양 열수구는 리드게이아속*Ridgeia*의 가느다란 관벌레가 지배적이다. 서부 태평양 열수구는 따개비, 삿갓조개, 털고둥의 보금자리다. 대서양 중앙 해령에서는 홍합과 새우가 다수를 차지한다.

전체적으로 물고기, 문어, 게, 환형동물, 불가사리, 말미잘을 포함해 700종 이상이 열수구 주변에 서식하는 동물의 목록에 올랐다.[9] 이 중에서 열에 여덟은 고유종이라 다른 서식지에는 살지 않는다. 낯선 형태의 새로운 생명체를 비롯해 과거에는 알려지지 않았던 종이 빈번하게 발견된다. 2015년에 캘리포니아만 페스카데로 분지 열수구에서 보라색 양말

---

* 이 벌레는 페이날레오폴리노이속*Peinaleopolynoe*에 속한 환형동물로 'peinaleos'는 그리스어의 '배고픈' 또는 '굶주린'이라는 뜻이다. 이 속의 한 종은 학명이 '배고픈 엘비스 벌레'라는 뜻의 페이날레오폴리노이 엘비시*Peinaleopolynoe elvisi*인데 황금 분홍색 비늘이 로큰롤의 황제가 인생 말년에 아끼던 반짝이 의상을 떠올리기 때문에 붙은 이름이다.

처럼 생긴 의문의 동물이 포착되었다. "벗어서 마루에 던져 놓은 양말 짝을 생각해보세요." 환형동물 전문가인 그레그 라우스가 〈BBC 뉴스〉에서 말했다. "영락없이 닮았어요." 이미 60년 전에 처음 발견되었지만 살아 있는 모습은 보인 적 없는 이 동물을 두고 전문가들도 정체를 알 수 없어 혼란에 빠졌다. 유전자 검사 결과 연체동물의 가능성이 제기되었지만 사실 그 DNA는 이 양말 동물이 먹은 조개에서 온 것이었다. 물론 그것 역시 수수께끼이기는 마찬가지였다. 이 보라색 양말은 창자도 이빨도 없는 빈 주머니에 불과했기 때문이다. 2015년, 표본을 검사한 결과 이 동물은 동물 계통수의 초창기에 분지한 새로운 분류군임이 확인되었다. 라우스와 동료 연구자들은 이 생물을 진와충속*Xenoturbella*이라고 분류했다.*

열수구에 제멋대로 퍼져 사는 생물은 종 수가 많지 않다는 점을 제외하면 같은 면적의 열대 산호초에 맞먹는다. 그리고 일부는 엄청나게 번성한다. 산호초에서처럼 동물이 너무 많아 열수구 주위로 공간이란 공간은 모두 채우며, 그것도 모자라 여러 층으로 겹쳐 나기도 한다.

하지만 풍부한 동물로 채워진 이곳의 영상이나 사진은 다소 기만적인 면이 있다. 심해를 탐험할 때는 늘 자신의 뒤를 확인해야 한다. 카메라를 돌려 열수구에서 몇 미터만 물

---

* 그리스어로 '이상한 난기류'라는 뜻이다.

러서면 이 생태계는 빠르게 옅어진다. 어떤 열수구 굴뚝은 사방에 분산된 분출 지역이 둘러싸고 있는데 그곳에서는 침전물과 돌무더기 틈으로 비교적 시원한 유체가 흘러나온다. 수온이 수백 도가 아니라 수십 도 미만인 이런 곳에서 동물은 얼음장 같은 심해의 부드러운 온기를 사용하는 법을 배웠다. 갈라파고스 제도 부근에서 과학자들은 열수구 가까이 남겨진 알집을 무더기로 발견했다.[10] 상어의 납작한 친척인 심해가오리 어미가 부화를 서두르기 위해 따뜻한 물을 배양기로 사용했다고 보인다.

1970년대와 1980년대에 발견되어 그곳에서 살아가는 거주자들에 대한 연구가 이루어질 때까지 열수구는 심해의 가장 큰 비밀 하나를 감추고 있었다. 광합성의 대안인 화학 합성이다.

그때까지는 지구상의 모든 생명체가 전적으로 태양에 생명을 의지한다는 것이 일반적인 가정이었다. 생물 시스템에서 유일하다고 알려진 에너지원은 지구에서 가장 가까운 항성이 뿜어내는 복사 에너지였다. 식물, 조류, 일부 세균 속 광합성 기계를 작동시켜 살아 있는 모든 생물이 기대어 사는 음식을 만들어내는 에너지가 바로 태양 에너지였다. 그런데 갑자기 저 어둠 속에서 햇빛이 아니라 화학 반응에 의해 돌아가는 생태계가 발견된 것이다.

화학 합성은 열수구에서 쏟아지는 메탄과 황화수소로 생존하는 각종 미생물이 수행하는 과정이다. 미생물은 이 화합물을 산화해서 에너지를 방출하는데 그중 일부는 생장과 분열에 사용되고 일부는 이산화탄소를 당으로 전환한다. 식물도 햇빛을 가지고 비슷한 일을 하지만 화학 합성을 하는 미생물은 어둠 속에서 그 일을 한다. 이 생물이 위쪽의 밝은 세상에서 얻어야 하는 것은 산소다. 산소는 해조류나 식물에서 방출된 후 바닷물에 녹아 차갑고 깊이 흐르는 해류를 타고 가라앉는다.

열수구의 혼잡한 생태계는 모두 화학 합성이 제공하는 먹이에 기반한다. 새우와 게는 열수구 굴뚝 위에서 미생물이 자라는 뒤엉킨 깔개를 쪼고 씹으며 살지만 그곳의 많은 동물은 번거롭게 세균 사냥에 나서는 대신 아예 몸속에 자리를 내어주고 알아서 살게 한다.

관벌레의 일종인 갈라파고스민고삐수염벌레*Riftia pachyptila**는 콜리스가 앨빈호 창문으로 본 생물로서 심해 화학 합성의 진실을 처음으로 드러낸 장본인이다. 대안 에너지 경로라는 개념은 19세기 말 러시아 과학자 세르게이 비노그라드스키와 독일 과학자 빌헬름 페퍼가 처음으로 별다른 증거 없이 제안했지만 누구도 화학 합성을 하는 유기체를 찾지 못했다. 1977년 열수구가 발견되고 얼마 후 하버드대학

* 학명은 그리스어로 '두꺼운 깃털'이라는 뜻이다.

교 1년 차 대학원생 콜린 카바노프는 수업 시간에 입도 없고 창자도 없는 관벌레에 관해 배웠다. 관벌레는 스펀지 모양의 내장 기관인 영양체trophosome가 전체 몸길이 2.7미터의 절반을 차지하며 황 결정으로 가득 차 있다는 이야기를 들은 카바노프가 현미경으로 표본을 조사한 끝에 그 안에서 황산화 세균을 잔뜩 발견했다(티스푼 하나에 1000억 마리).[11] 관 밖으로 삐져나온 깃털은 벌레의 아가미로, 이산화탄소와 산소, 황화수소 등 세균이 바닷물에서 필요로 하는 것들을 흡수하는 붉은 피로 물들어 있었다. 이 재료는 벌레의 혈류를 통해 영양체까지 운반되며 거기에서 세균이 화학 합성을 하고 몸속에서 벌레를 먹인다. 양쪽 모두 윈윈하는 공생 관계인 셈이다.

열수구 동물의 발견이 이어지면서 이 동물들이 제 소유의 미생물 군락을 보살피기 위해 진화한 다양한 방법이 드러났다. 비늘발고둥scaly-foot snail은 쇠로 만들어 윤기가 나는 껍데기와 수백 개의 비늘로 덮인 발이 특징인 복족류로 목구멍에 미생물이 들어 있는 주머니가 진화했다. 몸의 나머지 부분도 미생물의 비위를 맞추기 위해 적응했다. 상대적으로 거대한 심장은 몸 전체 부피의 4퍼센트를 차지한다.[12] (인간으로 치자면 심장이 머리만큼 커야 한다.)* 심장은 커다란 아가미를 통해 혈액을 대량으로 펌프질하고 아가미가 열수구 유

---

* 일본 해양 개발 기구 소속 과학자 진충은 2015년 이 기이한 고둥의 내부 구조를 '용의 심장'이라고 묘사했다.

체에서 산소와 황화물을 흡수해 몸속 세균이 필요한 것들을 제공한다.

독특한 철제 껍데기와 비늘 덮인 발은 이 고둥이 화학적이고 미생물적인 식단을 먹으며 살아가는 방식의 단서를 추가로 제공했다. 2000년, 처음으로 이 고둥을 본 사람들은 저 금속성 외골격이 고둥을 외부의 위험에서 보호하기 위해 진화했다는 지극히 합리적인 가설을 세웠다. 발의 비늘은 열수구에 사는 포식자가 고둥의 부드러운 살을 씹지 못하게 막아준다고 말이다.

진실은 정반대였다. 고둥은 외부가 아니라 내부의 위협에서 자신을 보호하고 있었다. 화학 합성을 하는 세균이 고맙게도 먹이를 제공하기는 하지만 그 과정에서 방출하는 황 성분이 고둥에게 해롭기 때문이다. 고둥의 비늘을 자세히 조사해보니 수천 개의 나노관으로 구성되어 있었다.[13] 이 관은 고둥 몸에서 유황의 독소를 배출하는 배기관으로 작용한다. 황이 비늘 표면에 닿으면 물속의 철과 반응해 황화철 나노입자를 형성하고 '바보의 금'이라고도 부르는 황철석이 되어 비늘을 검고 윤이 나게 한다.* 따라서 반짝이는 갑옷을 입은 고둥은 내부에서 생성된 독극물로부터 자신을 보호하는 해

* 모든 비늘발고둥이 검은 것은 아니다. 굴뚝에서 철이 덜 쏟아지는 열수구 지역에 사는 개체는 하얀색이다. 과학자들이 그 고둥에서 흰색 비늘을 일부 뽑아다가 검은 고둥이 사는 열수구 지역에 두었더니 철분이 풍부한 물속에서 2주 후에 흰색 비늘이 검게 변했다.

독제를 발달시킨 것이다.

비늘발고둥과는 대조적으로, 열수구에 사는 새우 리미카리스 엑소쿨라타*Rimicaris exoculata*는 세균이 자라는 기관이 따로 없고, 그 대신 아가미와 입안 곳곳에서 다양한 미생물이 무리지어 자란다. 미생물에게 필수품을 공급하기 위해 이 새우는 등에 시각 색소인 로돕신으로 가득 찬 커다란 눈이 달려 있다. 새우의 눈은 단순한 안점이라 선명한 이미지를 형성하지는 못하지만 열수구에서 방출되는 열복사선을 감지한다. 이 복사선은 사람의 눈으로는 감지할 수 없는 희미한 광채다. 따라서 새우는 미생물 동반자에게 지속해서 화학물질을 공급하는 열수구 굴뚝과 그곳에서 뜨겁게 분출되는 유체 가까이 머무르며, 미생물을 직접 섭취하든 그 노폐물을 흡수하든 미생물로부터 먹이를 제공받는다.

미생물을 길들이는 것 외에도 열수구 내부와 주변에 사는 동물은 대단히 뜨겁고 유독한 환경에서 살아남아야 한다. 강인하기로 유명한 종에는 굴뚝 바로 옆에 끈적한 관을 짓고 사는 폼페이벌레Pompeii worm가 있다. 폼페이라는 이름은 화산 폭발로 파괴된 고대 로마 도시를 기념해서 붙인 것이다. 이 환형동물은 양털처럼 푹신한 회색 세균이 실처럼 덮여 있다.[14] 이 세균은 열수구 유체에 들어 있는 중금속이나 독성이 있는 황화수소를 중화한다고 추정된다.

길이 13센티미터의 이 벌레는 원하지 않는 미생물은 죽이고 자신의 외투를 만드는 세균만 남기는 항생제를 생산한다.[15] 폼페이벌레의 관 속에 들어가는 물이 얼마나 뜨거운지는 정확하지 않지만 꼬리 끝에 부착한 온도 탐침기가 최대 60도, 몸의 가시에서는 80도 이상을 기록했다.[16] 해저 생물학자가 폼페이벌레를 가압 용기에 넣어 수압의 변화 없이 수면으로 데려왔는데 내부의 온도가 49~54도로 데워지자 대부분 죽었다. 그렇더라도 이 벌레는 지구상에서 가장 열에 강한 동물에 속한다. 대적할 만한 유일한 동물은 사하라은개미로, 기온이 섭씨 70도나 되는 사막 모래에서 죽은 동물의 사체를 찾아 굴에서 나와 총알처럼 빠른 속도로 돌아다닌다.

해저의 지옥 불에 맞서는 폼페이벌레의 저항력은 유전자에 새겨진 분자 변형에 그 단서가 숨어 있다. 폼페이벌레는 열 충격 단백질을 생산하는데 이 단백질 덕분에 높은 열에도 세포가 기능을 유지하고 필수 분자가 열에 망가지지 않는다. 이 벌레는 가공할 압력에도 붕괴되지 않는 초강력 콜라겐 분자와, 산소 수치가 아주 낮은 곳에서도 산소를 흡수하는 헤모글로빈을 만든다.

더 센 놈들은 다른 동물의 몸속이 아니라 열수구 굴뚝에 직접 붙어사는 미생물이다. 그중에 초호열균(극도로 높은 온도를 사랑하는 세균)이 있는데 섭씨 80도 이상에서 가장 잘 자란다. 2003년에 매사추세츠대학교 애머스트의 데릭 러블리와 카젬 카셰피는 '균주 121'이라고 알려진 열수구 굴뚝 미생물을 찾았다.[17] 이 세균은 섭씨 121도로 가열한 오븐 안에서도 분열과 생장을 멈추지 않았다.

열과 독성에 적응하고 화합 합성으로 먹이를 조달한 덕분에 열수구처럼 열악한 환경에서도 생명체가 존재하기는 하지만 여전히 어려움은 있다. 생존을 가능하게 하는 특수성이 곧 제약이 되어 열수구에 거주하는 동물은 생명을 주는 화학 물질이나 열기에서 몇십 센티미터만 떨어져도 살 수가 없다. 열수구 지역은 변덕스러운 화산 지대이고 이 생태계는 본질적으로 수명이 짧다. 오래 지나지 않아 화산이 터지고 용암이 해양 지각을 뚫고 나와 열수구 생태계를 쓸어버리거나 지각 변동으로 표면까지 이어진 도관이 막혀 열수구의 불꽃이 꺼지며 차갑게 식을 것이다.

열수구는 특히 세계에서 가장 오래된 바다인 태평양에서 더 불규칙하고 단명한다. 강은 수천만 년에 걸쳐 진흙과 퇴적물을 쓸어다가 지각판 가장자리에 가져다 놓았다. 이렇게 유입된 물질의 엄청난 무게가 섭입대의 지각판을 누르고 해저면을 끌고 내려가면서 중앙 해령을 가차 없이 찢어놓는다. 매년 동태평양 해팽에서는 10~15센티미터의 새로운 해저가 생성된다. 이는 기껏해야 한 뼘 길이라 얼마 되지 않는 것 같지만 지구 전체를 통틀어 이만큼 많은 양의 해저가 만들어지는 곳도 없다. 대서양은 상대적으로 어리고 차분해서 1년에 5센티미터씩 팽창한다. 인도양은 속도가 가장 느려서 1년에 고작 새끼손가락 너비만큼 확장하며 그렇게 안정된 지역인 만큼 가장 오래된 열수구가 이곳에 있다.

장기적인 관점에서 보았을 때 열수구에 사는 동물은 무작정 한자리에서 버티며 열과 독소를 견딘다고 해서 오래 살아남는 것이 아니다. 성공적인 종이라면 분산 투자를 위해 다른 열수구로 흩어져야 한다. 성체는 열수구 간에 이동이 어렵다. 도중에 굶어 죽을 것이 뻔하다. 게다가 애초에 이동성이 그다지 좋지도 못하며 관벌레나 조개 같은 것들은 아예 움직이지도 못한다. 그래서 대신 유생을 보낸다. 알에서 부화한 유생은 성체의 작고 투명한 버전으로 대개 성체와는 전혀 달라 보이며 초기 생존을 돕는 가시가 추가로 달렸거나 큰 눈 또는 털 달린 부속지 등을 갖추었다.

어린 방랑자는 능선을 따라 이 독특한 선형 세계를 탐색하며 모험한다. 해저 산맥은 모두 하나로 연결되어 펜을 한 번도 떼지 않고 세계 지도에 해령 전체를 그릴 수 있다. 이 구불거리는 선을 따라 곳곳에 열수구가 있고 그 사이에서 능선을 흐르는 해류를 타고 유생이 떠다닌다. 천천히 퍼지는 능선에서는 넓은 열곡이 거대한 배수로 역할을 하여 유생을 운반하고 열수구가 없는 차가운 심연으로 떠내려가지 못하게 막아준다.

시간이 지나면서 개별 종은 줄에 엮인 구슬처럼 능선을 미끄러지며 새로운 열수구에 모여 수를 불리거나 기존 개체군에 합류한다. 유생의 이동 거리는 식습관에 일부 좌우된다. 어미와 달리 유생은 스스로 먹이를 찾을 수 있으므로 오랜 기간 정처 없이 떠돌 수 있다. 대서양 중앙 해령을 따라 사는 열수구 새우는 몇 주에서 몇 달 동안 유생으로 살면서 플랑크톤을 먹으러 얕은 바다로 올라왔다가 에너지가 쌓이면 다시 가라앉기를 반복하며 정착할 열수구를 찾는다. 전체 6400킬로미터 안에서 서로 멀리 떨어진 각 열수구 지역의 하위 새우 개체군은 개체군 간에 지속적인 유생의 흐름으로 연결되었다.[18]

비늘발고둥 같은 동물의 유생은 덜 용감하다. 어린 고둥은 스스로 먹이를 찾아 먹는 대신 커다란 난황의 형태로 음식 보따리를 싸 들고 다니며 표류한다. 다른 열수구를 찾을 때까지 이 난황에 의지해 버티어야 한다. 남서 인도양 해령에 간격을 두고 떨어져 있는 세 고둥 개체군의 유전자를 검사했더니 집단 간에 개체가 섞인 적은 없었다.[19] 마다가스카르 남쪽 롱키 열수구의 한 고둥 개체군에서는, 한 세대를 이루는 수십만 마리 유생 중에 다른 개체군이 살고 있는 가장 가까운 카이레이 열수구까지 북동 쪽으로 2250킬로미터를 이동해 온 개체가 수백 마리에 불과했다. 그 중간에 다른 비늘발고둥을 발견한 사람은 없다.

지역의 환경 조건도 심해를 가로지르는 열수구 종의 분포에 영향을 준다. 2015년에 한 원정대가 캘리포니아만의 열수구를 탐사하면서 서로 가까운 열수구라도 얼마나 생태 환경이 다른지 보았다. 연구팀은 오아시시아속*Oasisia* 관벌레가 페스카데로 분지의 화이트 스모커를 뒤덮은 것을 발견했다.[20] 이 관벌레는 구부러진 연필 모양의 흰색 관에서 자라며 솜털처럼 붉은 아가미 다발이 삐져나오고 밀도가 조밀해 이 책 한 페이지 넓이에 최대 80개체가 자란다. 관벌레 무리 속에는 무지갯빛 비늘을 가진 벌레와 노란 다모류, 일부는 붉고 일부는 하얗게 꽃처럼 만개한 말미잘이 살고 있었다. 관이 더 길고 아가미가 립스틱처럼 생긴 갈라파고스민고삐수염벌레류의 관벌레는 이 분출공에서 거의 볼 수 없었고, 게나 물고기도 많지 않았다. 불과 72킬로미터 떨어진 또 다른 열수구 지역은 블랙 스모커가 무리 지어 있는데 그곳에서는 또 다른 동물의 삶이 펼쳐졌다. 열을 잘 견디는 폼페이벌레와 갈라파고스민고삐수염벌레가 천지였고, 그들 사이에 자리 잡은 작고 연한 삿갓조개는 등가시치라는 날씬한 분홍색 물고기에게 잡아먹혔다.

전체적으로 연구팀은 해당 지역에서 총 61종의 동물을 찾았는데 그중 12종은 학계에 보고된 적 없는 신종이었다. 하지만 블랙 스모커와 화이트 스모커 양쪽 지역에 모두 서식하는 생물은 일곱 종에 불과했다. 연구진은 또한 표류 중인 미세한 유생의 종을 식별할 DNA를 찾아 열수구 주변의 물을 조사했다. 그 결과 혼돈의 장이 모습을 드러냈다. 블랙 스모커와 화이트 스모커에서 온 유생이 자기가 태어난 열수구 근처나 비슷한 부류가 사는 물뿐만 아니라 사방에서 떠다니고 있었다. 블랙 스모커 종들이 화이트 스모커 근처에 나타났고 그 반대도 마찬가지였다. 유생은 돌아다니면서 여러 열수구에 도달하지만 그곳의 지질학적·화학적 특성이 마음에 들지 않으면 정착하지 않는 것 같다.

열수구에서 화학 합성을 하는 생명체를 발견하면서 지구는 물론이고 지구 밖 생명체의 존재에 대한 사고 혁명이 일어났다. 생명체란 해가 비치는 온화한 표면 세계에 제한된 존재가 아니었고, 이는 다른 행성에서 생명체가 진화했을 가능성의 기대감을 불러왔다. 열수구의 유독한 어둠 속에서도 생명체가 잘 살고 있다면 이 은하나 다른 은하 어딘가에서도 얼마든지 생명체가 있을 수 있는 것 아닌가.

열수구에서 화학 합성이 발견된 후 과학자들은 화학 물질을 이용하는 미생물을 바다 전체에서 발견하기 시작했다.[21] 산호초, 맹그로브숲, 해초 초원 주위의 침전물, 물 밑의 통나무나 가라앉은 고래, 하수 배출구 주변 등 분해가 일어나고 용해된 기체가 생성되는 곳이면 어디나 화학 합성을 하는 유기체가 들어가 살 수 있다. 스페인 해안 수심 900미터가 넘는 해저에서는 1979년에 침몰한 난파선 짐칸의 썩어가는 콩 자루에서 관벌레가 자라는 것이 발견되었다.[22] 1915년 독일 잠수함에 의해 침몰한 우편선 페르시아호가 2003년에 수심 2700미터 아래에서 발견되었는데 우편실의 썩어가는 종이 더미에서 관벌레가 자라고 있었다.[23]

1980년대 초에는 오직 화학 물질에서 동력을 얻는 또 다른 생태계가 발견되었다.[24] 멕시코만에서 잠수정 앨빈호를 타고 탐사 중이던 심해 생물학자팀이 수심 3200미터의 거대한 해저 절벽 기부에서 홍합과 갈라파고스민고삐수염벌레가 고둥, 삿갓조개, 문어, 물고기, 불가사리, 새우 등과 함께 뒤덮은 해저면을 발견했다. 그곳은 뜨거운 열수 유체가 흐르는 분출공이 아니라 훨씬 온화한 화학 합성 생태계로서, 이곳의 동물은 인간이 시추하려는 탄화수소 매장층에서 해저로 스며 나오는 메탄과 황화수소의 차가운 기포에 의지해 살고 있었다.

멕시코만에서 처음 발견된 이후 북극에서부터 남극해, 홍해에서부터 호주까지 이런 냉수 용출대cold seep가 석유와 가스 매장층 위 해저의 균열 지대 어디에서나 발견되었다.[25] 냉수구에 몰려드는 동물은 털북숭이 팔을 가진 흰색 게를 포함해 열수구 생물과 비슷한 종이 많아 두 생태계의 연관성을 강하게 암시한다.

첫 번째 설인게 종이 발견되고 1년 뒤 코스타리카의 태평양 해안에서 지질 탐사 중에 두 번째 종이 발견되었다. 해산 정상부의 냉수 용출대에서 특이하게 생긴 게 수십 마리가 메탄 기포 사이에 둥지를 틀었다. 가장 특기할 점은 무언의 박자에 맞추어 춤을 추듯 옆에서 옆으로 리듬을 타며 앞발을 휘두르는 모습이었다.

심해 잠수정 앨빈호에 탑승한 지질학자가 춤추는 게 두

마리를 퍼 올려 모선의 실험실로 가져왔다. 이들은 배에 탄 생물학자 앤드루 서버에게 다음과 같은 쪽지를 남겼다.

신종입니다. 꼭 기재하셔야 합니다.

서버는 그 게를 코스타리카어로 '순수한 생명'이라는 뜻에서 키바 푸라비다*Kiwa puravida*라고 명명했다.[26] 표본을 연구하면서 그는 이 게의 평범하지 않은 식단에 관한 최초의 가설을 확증했다. 근육의 화학 성분을 분석했더니 화학 합성 세균이 생산하는 독특한 지방산이 검출되었다. 더 많은 표본이 배에 실려 왔고, 이 살아 있는 게들은 미세한 강모가 난 다리를 집게발로 쓰다듬어 실처럼 생긴 세균을 빗질하더니 입속에 쓸어 넣고 삼켰다.[27]

설인게의 춤은 그들의 식습관에도 중요한 역할을 할 것이다. 냉수 용출대 지역의 화학 합성 세균이 열심히 일하다 보면 물속의 화학 물질이 바닥날 때가 있다.* 노련한 농부가 그러듯 설인게도 자신의 가축을 잘 먹이고 행복하게 하는 방법을 알고 있었다. 이 숙주는 집게발을 흔들어 물을 휘저어서 주변의 신선한 화학 물질을 가져온다. 물살이 부드러운 냉수 용출대와 달리 열수구는 유체가 격렬하게 쏟아지므

* 이와 비슷한 원리로 슬러시나 언 마가리타 속 데킬라에서 색깔 있는 시럽이 빨대로 빨려 올라간다.

로 화학 물질이 풍성한 물이 항상 게의 집게발에 들러붙는다. 식재료가 분출공에서 알아서 보충되므로 열수구 설인게는 냉수구 설인게와 달리 춤을 출 필요가 없다.

2010년 남극을 둘러싼 얼음장 같은 바다로 원정을 떠났던 한 연구팀이 게 수천 마리로 뒤덮인 열수구를 발견했다. 그곳은 통상 갑각류를 보기 어려운 장소다. 저렇게 차가운 물에서는 혈액에서 마그네슘을 제거하지 못해 몸이 마비되므로 애초에 게들이 접근을 피하기 때문이다. 하지만 그곳에는 몸이 조금 더 다부지고 통통하며 몸 전체에 부드러운 적갈색 털이 있다는 점(말하자면 털 달린 가슴)을 제외하면 다른 곳에서 발견되는 설인게와 크게 다를 바 없는 게들이 열수구 표면에 빽빽하게 모여 있었다. 원정대 일원이자 당시 옥스퍼드대학교 박사 과정 중이던 크리스토퍼 니콜라이 로터먼은 이 게에게 붙여줄 별명을 고심했다. 가슴의 털을 자랑하는 유명 배우들을 떠올리며 숀 코너리나 리 메이저스를 후보로 점찍었다.[*] 하지만 결국에는 텔레비전 드라마 〈SOS 해상구조대Baywatch〉에 출연한 데이비드 핫셀호프가 당첨되어 호프

* 1970년대 텔레비전 시리즈 〈600만 불의 사나이〉에서 메이어스는 설인게와 같은 미확인 동물인 빅풋Bigfoot을 찾으러 떠난다.

게Hoff crab가 되었다.*

잠수정에서 보낸 열수구 표면의 이미지를 보면서 생물학 팀은 이 게들이 서로를 짓밟으며 너도나도 굴뚝 꼭대기에 올라간 것이 아니라 고도로 분리된 상태임을 알게 되었다.[28] 열수구 유체에 가장 가까운 굴뚝 꼭대기에는 가장 큰 수게들이 포진해 있었다. 일부는 인간의 주먹만큼이나 크다. 열수구 굴뚝에 가까워질수록 호프게 수컷은 점점 크기가 커지는데 열수구 화학 물질 안에서 증식하는 세균이 득실거려 먹을 것이 많기 때문이다. 하지만 그만큼 위험도 크다. 설인게는 눈이 없고 물속에서 온도와 화학 물질의 차이를 감지하며 오로지 촉각에 의지해 길을 찾는다. 마침 게 한 마리가 굴뚝에서 일렁이며 쏟아져나오는 액체 속으로 발을 넣더니 이내 움찔하고 뒤로 빼는 장면이 잠수정 영상에 담겼다. 잠수정 조종사가 곧바로 가서 그 게를 잡아 왔다. 배의 실험실에서(호프게가 풍기는 썩은 달걀 냄새를 환기하기 위해 창문을 활짝 열어놓아야 했다. 게의 몸속 유황 세균에서 나오는 냄새다) 연구자들은 그 게의 앞발 근육이 다른 발과 달리 투명하지 않고 분홍색에 불투명하다는 것을 발견했다. 뜨거운 물에 너무 가까이 간 바람에 덴 것이다.

---

* 호프게의 학명은 영국의 심해 생물학자 폴 타일러를 기념해 키바 틸레리*Kiwa tyleri*라고 붙여졌다. 이 종을 기재한 논문에서는 타일러 가슴에 털이 있는지 언급하지 않았다.

삶아질 듯 뜨거운 물에서 조금 떨어진 굴뚝 옆구리에도 호프게들이 뒤섞여 있었다. 바닷물 온도가 섭씨 12도 정도인 그곳에는 아마도 서로 짝짓기하는 것으로 보이는 더 작은 수게와 암게가 있었다. 하지만 희한하게도 짝짓기하는 장면이 포착된 적은 없다. 더 먼 안전지대에서는 암게가 배에 알을 붙이고 보살피고 있었다. 열수구에서 멀어질수록 물에 알의 발달에 중요한 산소가 많이 들어 있고 알이 뜨거운 물에 익어 게살 수프가 될 가능성도 더 작다.

하지만 열수구에서 멀리 떨어진 만큼 열수구 유체에 접촉하지 못해 화학 합성 세균이 다리에서 자라지 않으므로 암게는 굶주리게 된다. 어미 게는 알이 살아남을 수 있도록 골디락스 영역(너무 뜨겁지도 않고 너무 차갑지도 않은 지역—옮긴이) 가장자리까지 물러나 차가운 물에 들어가지만 정작 자신은 너무 추워서 움직일 수 없다. 알을 품은 암게는 그렇게 서서히 죽어간다.

이는 다양한 동물이 자식을 위해 기꺼이 감내하는 희생이다. 문어 암컷은 해저 바닥에 알을 낳고는 절대 움직이지 않고 지키고 서 있는데 몇 주는 물론이고 심해 문어의 경우 몇 년까지도 먹지 않고 버틴다. 호프게도 비슷한 일을 하는지 모른다. 호프게 암컷이 얼마나 오래 알을 지키는지, 또 그러다가 죽는지는 정확히 알려지지 않았지만 가능성은 다분하다. 최초로 호프게를 관찰했던 팀이 1년 뒤 남극 열수구로 되돌아갔을 때 여전히 몇몇 암컷이 같은 자리에 앉아 있는 것을 확인했다. 이 암게의 껍데기는 금속 황화물이 산화해 노란색과 갈색을 띠고 있었는데 이는 한참 먹지도 않고 자라지도 않고 탈피하지도 않았다는 뜻이다. 마비된 채 굶어 가는 암게들이 녹슬기 시작한 것이다.

알이 부화해 호프게 유생이 되면 남극해의 얼음장 같은 물 때문에 다소 특이한 방식으로 흩어진다. 게의 유생이 열수구의 온기에서 완전히 벗어나면 발달이 갑자기 정지할 가능성이 있다. 호프게에서는 확인된 바 없지만 폼페이벌레에서 관찰된 적이 있다.[29] 실험실에서 폼페이벌레 알은 온도가 섭씨 2.2도 밑으로 내려가자마자 분열을 멈추었지만 죽지는 않았다. 그러다가 며칠 뒤 수온이 올라가면 다시 발달하기 시작했다. 깊고 차가운 바다에서 생기가 유예된 상태로 다른 열수구에 도착할 때까지 표류하다가 따뜻해지면 마침내 깨어나 다시 생장하기 시작하는 것이다. 이는 일종의 냉동 보존 방식으로, 차가워진 알과 유생이 기존 개체군에 합류하거나 멀리 떨어진 새로운 열수구에서 번식을 시작하게 허락할 것이다.

그런 간헐적인 장거리 분산은 호프게와 여타 설인게의 이해할 수 없는 분포 패턴을 설명한다. 특히 호프게는 지질학적으로 많은 수수께끼의 대상이다. 남극해의 대서양 구역에 혼자 고립되어, 가장 가깝게는 수천 킬로미터 떨어진 인도양에서 발견된 네 번째 설인게 종을 포함해 지금까지 알려진 다른 설인게들과는 단절된 채 살아가기 때문이다.*

호프게가 어떻게 현재의 장소까지 오게 되었는지 알아내기 위해 크리스토퍼 니콜라이 로터먼과 동료 연구자들은 이들의 진화와 서식지 패턴의 변화를 추적했다.[30] 현재 호프게의 영역을 태평양과 직접 연결하는 중앙 해령은 없다. 하지만 과거의 지각 배열을 보면 2000만 년 전 드레이크 해협과 혼곶 주변에 톱니 모양으로 이어진 산맥이 어쩌면 호프게 조상이 이동한 경로를 제공했을지도 모른다. 고대의 한 태평양 개체군에서 나와 냉동 보존된 상태로 이 열수구 저 열수구로 표류하던 호프게 유생이 능선을 따라 구슬처럼 미끄러지며 대서양까지 이동했을 수도 있다. 그러다가 약 1200만 년 전, 태평양과 대서양을 연결하던 저 능선이 사라지면서 경로가 닫히고 선조들과 격리된 별개의 종이 되었을지도 모른다. 그 시기는 로터먼이 DNA 분석으로 추정한 분리 시점과 얼추 맞아떨어진다.

또한 로터먼은 유전자 분석으로 설인게 가계도를 그려 지금까지 알려진 종들의 연관성을 보여주었다. 그는 설인게 네 종을 바탕으로 설인게가 냉수 용출대에서 처음 진화했을 것이라고 제시했다. 이 가설에 따르면 설인게는 냉수 용출대에서 열수구로 이동했고 그러면서 세균을 먹는 습관을 얻게

* 이 책을 쓰고 있는 시점에 인도양 설인게는 조금 더 통통할 뿐 최초로 발견된 호프게와 유사하며 과학자들이 공식적으로 종을 분리하기를 기다리고 있다.

되었다.

설인게와 마찬가지로 다른 냉수 용출대 종과 열수구 종도 서로 근연 관계에 있다. 뼈벌레 오세닥스와 함께 시보글리니대과에 속한 갈라파고스민고삐수염벌레처럼 말이다. 전문가들이 확정한 바는 아니지만, 냉수 용출대, 열수구, 낙하한 고래 사체가 심해 전역에서 화학적 오아시스를 제공했고 동물과 그들의 조상이 마치 징검다리 건너듯 그 사이를 뛰어다녔을지도 모른다.

설인게 이야기는 열수구에 대한 오랜 생각을 부정하는 증거다. 1970년대에 열수구가 발견된 직후 심해 생물학자 사이에서 열수구 생태계가 지구 차원의 대멸종 기간에 피난처를 제공했을 가능성이 제기되었다. 소행성 충돌, 대형 화산 폭발, 통제할 수 없는 기후 변화로 지구의 다른 생태계가 파괴되는 동안 열수구 종들은 지상의 혼돈으로부터 보호받으며 해저에서 거품을 타고 올라오는 지구 화학 에너지에 의해 지탱될 수 있었다는 것이다.

하지만 이어지는 연구에 따르면 현재 열수구에 서식하는 동물은 대부분 (지질학적으로) 비교적 최근인 수천만 년 동안 진화했다. 설인게도 마찬가지다. 설인게의 과거를 엿볼 수 있는 것은 알래스카에서 발견된 프리스티나스피나 겔라

시나*Pristinaspina gelasina*라는 화석 게로 약 1억 년 전인 백악기 중엽에 살았으며 원시 설인게처럼 생겨 껍데기가 움푹 패고 앞을 향하는 가시가 있다. 살아 있는 종에서 측정한 분자시계는 설인게가 3000만 년 또는 4000만 년 전에 열수구에서 처음 진화했다고 말하는데 로터만이 보기에 이 타이밍은 우연이 아니다.[31] 그때는 팔레오세-에오세 극열기라고 알려진, 지구가 극심하게 가열된 기간 이후인데 당시 지구는 푹푹 찌는 찜통이었다. 약 5500만 년 전인 극열기 시기에 열수구는 뜨거운 열 때문에, 하지만 더 중요하게는 산소 부족으로 게가 살기에 적합하지 않았다(설인게는 아가미가 상대적으로 작기 때문에 산소 공급이 잘 되는 물에서 산다). 얕은 바다의 수온이 치솟으면서 산소가 풍부한 물이 가라앉지 못해 흐름이 막히자 심해는 고인 연못처럼 질식하게 되었다. 이 찜통 같은 시기 내내 태평양의 깊은 물에는 산소가 거의 없었다. 이런 기후는 약 10만 년 동안 지속했지만 실제로는 수백만 년이 지나서야 산소가 다시 아래로 흘러 태평양을 환기했고 설인게 조상 역시 깊은 심해로 내려가 열수구로 이동할 기회를 얻게 되었다.

설인게 이야기의 다른 부분은 설명하기가 쉽지 않은데, 특히 현재는 그 과에 두 종이 더 추가되었기 때문이다. 2013년, 한국 연구자들은 뉴질랜드에서 남쪽으로 수천 킬로미터 떨어진 남극 가까이 쇄빙선을 타고 다니며 연약한 게들의 으스러진 사체를 건져 올렸다.[32] 이들은 부서진 조각들을 한데 모아 증거를 마련한 다음, 쇄빙 연구선 아라온의 이름을 따서 키바 아라오나이*Kiwa araonae*라는 신종을 발표했다. 한편 아직 명명되지 않은 여섯 번째 설인게가 훨씬 북쪽의 태평양(찰스 다윈이 자연 선택설에 영감을 얻은 장소에서 멀지 않은)에 나타났다. 1835년, 다윈이 갈라파고스 제도에서 비글호를 타고 호주를 향해 출항했을 때 그는 자신이 연기 나는 산맥 위를 지나고 있고 그 봉우리에 자기 앞발의 털에서 자라는 미생물을 먹고 사는 흰색 게가 산다는 사실을 꿈에도 알지 못했을 것이다.

거의 2세기 후, 이 태평양 설인게가 수면으로 올라와 설인게 진화에 새로운 조명을 비추고 있다.[33] 이 생물을 계통수에 포함시키려고 로터먼은 또 다른 가지를 추가했는데 그러면서 설인게의 유력한 기원이 달라졌다. 이제 이 분류군은 열수구에서 먼저 진화해 냉수 용출대, 적어도 코스타리카의 한 곳(설인게가 살아남은 유일한 냉수구)으로 이동한 것으로 보인다.

최근에 합류한 두 설인게도 문제를 제기하기는 마찬가지다. 비록 현재 수천 킬로미터나 떨어져 있지만(한 종은 남극 근처, 다른 한 종은 갈라파고스 제도 근처) DNA 염기 서열 분석 결과 두 종은 서로 가장 가까운 근연 관계임이 밝혀졌다. 더 난감한 것은 인간이 맨 처음 발견한 설인게 키바 히르수타*Kiwa hirsuta*가 그 둘 사이에 살고 있다는 점이다. 퍼즐의 저 부분이 아직 해결되지 않았지만 로터먼은 앞으로 더 많은 설인게가 발견되면 분포와 진화의 해독에 일조할 것이라고 믿는다. 태평양-남극 해령은 두 신종의 분포 지역 사이로 설인게가 주로 발견되는 영역에 있지만 너무 외진 데다가 폭풍이 잦고 얼어 있는 바다가 연구선의 접근을 허락하지 않기 때문에 거의 탐험되지 않았다. 로터먼이 맞다면 그곳을 따라 아직 발견되지 않은 예티 종이 더 있을 것이다.

변덕스러운 태평양 해령 어딘가 한때 설인게가 살았지만 화산 폭발에 의해 싹 씻겨나간 열수구가 있을지도 모른다. 복잡한 가계도와 제멋대로 흩어진 분포 영역이 설인게가 겪어온 격동의 과거와 현재를 강하게 암시한다. "우리가 지금 보는 것은 시간의 스냅숏일 뿐이에요." 로터먼이 말했다. "열수구 개체군은 두더지 게임과 같은 방식으로 개체를 유지합니다." 그가 말했다. "나타났다가 사라지기를 반복하지요." 어떤 개체군은 용케 계속 붙어 있고 어떤 것은 멸종해서 사라지고 또 다른 것들은 능선을 오르락내리락하며 발이 닿는 곳에 있는 새로운 열수구로 퍼진다. 설인게 사냥은 여전히 진행 중이고 다음 발견될 종이 이 이야기를 또 어떻게 뒤집어엎을지 누구도 알 수 없다.

5장

해산과 해구

수심 3200미터에 가까운 해산의 낮은 사면. 얼핏 보면 둥글게 부푼 대형 거미 떼가 흩어져 있는 광경이다. 심해 잠수정이 그 장면을 케이블로 연결된 모선에 실시간으로 전송했고, 다시 위성을 통해 유튜브로 내보냈다.[1] 전 세계 구경꾼이 화면에 몸을 기울여 사실은 그것이 1000마리 이상 모인 문어임을 확인했다. 문어가 이렇게 크게 떼를 지어 있는 장면은 거의 관찰된 적이 없다. 문어는 홀로 지내는 습성이 있고 심지어 반사회적인 동물이기 때문이다. 이곳에 모인 녀석들도 피차 신경 쓰지 않기는 마찬가지였다. 평화로운 광경이었다. 연한 보라색 짐승이 빨판을 바깥으로 내보인 채 몸 위로 이리저리 다리를 접었다. 숨을 쉴 때면 사이펀 관이 씩씩거리고, 감은 다리를 뻗었다가 집어넣을 때면 그 밑으로 슬쩍 마름모꼴의 알 무더기가 보였다. 모두 암컷이고 아직 부화하지 않은 새끼를 품고 있었다.

스트리밍 화면이 뒤편에서 잠수정을 내려다보는 보조 카메라로 바뀌었다. 암흑을 향해 뻗어가는 수중 산비탈로 빛의 웅덩이가 비쳤다. 이곳은 캘리포니아주 중부 해안에서 떨어진 데이비드슨 해산으로 미국 해역에서 가장 큰 해산 중 하나다. 길이 42킬로미터, 너비 13킬로미터, 높이 1.6킬로미터의 대강 길쭉한 사각형이고 정상부는 파도 아래로 멀리 뉘어 있다.

2018년 10월의 이 탐사 중에 데이비드슨 해산의 낮은 산비탈에서 저 두족류가 처음 발견되었을 때 과학자들은 알을 품는 암컷이 그곳에 모여든 이유를 대번에 알았다. 그곳에서는 알이 빨리 부화하기 때문이다. 예전에 근처 몬터레이 협곡의 가파른 벽에서 알을 품고 있는 문어 암컷 한 마리가 발견된 적 있었다. 이후 몬터레이만 해양 연구소 연구팀이 그곳을 다시 찾았는데, 총 18번을 찾아가는 동안 한 번도 자리를 뜨지 않았다. 몸의 긁힌 상처와 흉터로 같은 문어임을 알 수 있었다. 연구팀이 요깃거리를 들이밀었지만 본 체도 하지 않았다. 그저 같은 곳에 앉아 미동도 하지 않은 채 사이펀을 통해 뿜어나온 물로 산소를 보충하며 알을 보호했다. 마침내 홀로 알을 품고 있는 그 문어를 본 지 5년이 지나서야 어미는 사라졌다.[2]

문어는 대부분 평생 한 번 번식하고 죽는 동물이니 아마 알이 부화해 새끼가 흩어진 후 어미는 굶어 죽었을 것이다. 하지만 데이비드슨 해산의 문어 떼는 산속의 얕은 마그마굄에서 스며 나오는 따뜻한 물에서 알을 품어 그처럼 오랜 기다림을 피하고자 했을 것이다. 이듬해 연구팀이 그곳으로 돌아갔을 때(이번에는 잠수정에 수온 탐침을 장착하고 갔다) 여전히 알을 품은 문어들이 섭씨 10도쯤 되는 수온을 즐기며 같은 자리에 있었다.[3] 수온이 어는점보다 겨우 조금 높은 주변 지역에 비하면 훨씬 따뜻한 곳이었다. 이런 환경은 부화하지 않은 새끼의 발달 속도를 높이기에 충분하고 알을 품는 5년의 수고를 덜어준다. 따뜻한 물이 흘러나오는 산 중턱의 균열 지점을 따라 문어들이 띠를 형성하고 있는 이유가 바로 그것이다.

따뜻한 온천은 알을 품는 문어 암컷은 물론이고 다른 동물에게도 소중한 장소다. 실제로 문어의 부화기에 맞추어 돌아온 과학자들은 갓 알을 깨고 나온 새끼 문어가 그곳에서 진을 치고 있던 새우에게 붙잡히는 장면을 목격했다. 새우와 새끼 문어가 카메라 앞에서 몇 분 동안 씨름했다. "어쩌면 문어가 이길지도 모르겠네요." 라이브 영상 스트리밍을 진행하던 과학자가 말했다. 아니나 다를까, 새끼 문어는 용케 자유를 찾고 앞으로 헤엄쳐 나갔다. 새우는 다시 알 무더기로 돌아와 또 다른 꼬마 문어가 탄생하기를 기다렸다.

데이비드슨 해산은 캘리포니아 해안에서 하루면 갈 수 있는 곳이라 멀고 접근도 어려운 다른 해산보다 잘 알려진 편이다.[4] 지금까지 과학자들이 데이비드슨 해산에 수십 차례 방문했고 자율 수중 로봇을 보내 자세한 윤곽까지 그렸지만 그날 보았던 문어 유아원처럼 여전히 놀라운 현상들이 발견된다. 이곳은 사람이 찾아가 연구한 약 300개 해산의 하나다. 심해에 흩어진 이런 특징은 대부분 아직 탐구되지 않았다.

과학자들은 19세기 중반부터 수중의 산봉우리를 하나씩 발견할 때마다(사실은 우연히 이르게 된 것이지만) 해산에 대해 알게 되었다. 1869년, 처음 이름이 붙은 해산은 포르투갈의 아조레스 제도와 유럽 본토의 중간 지점에 있었다. 해저를 연구하던 스웨덴 연구팀이 선박 옆으로 형망을 내렸다. 해저에 닿는 데 한 시간은 족히 걸리리라 예상했지만 고작 몇 분 후에 줄이 느슨해졌다.[5] 그물이 불과 180미터 아래로 거대한 해산의 정상에 내려앉은 것이다. 연구팀은 선박의 이름을 따서 이 수중 산을 조세핀이라고 불렀다. 당시는 마침 유럽과 북아메리카 대륙을 연결하는 해저 전신 케이블이 부설되면서 바다의 수심이 국제적으로 매우 중요하게 논의되고 있었다. 바다 곳곳에 측량 원정대가 파견되어 측연선을 내려 깊이를 측정하고 케이블을 설치할 최적의 경로를 모색했다. 그 과정에서 측량팀은 때때로 바다 산을 만났다.

"놀랍게도 봉돌이 66패덤에서 멈추었다!"[6] 1890년, 허버트 로스 웹이 몇 해 전 해저 케이블 부설선 다키아호에 승선해 카나리아 제도와 스페인 사이에 해저 케이블을 설치할 경로를 탐색하던 때를 회상하며 썼다. "구릉, 아니 그와는 비교할 수 없을 정도로 규모가 큰 산을 만난 것이 분명했다. 어쩌면 사라진 섬 아틀란티스를 찾았는지도 모른다."

해산을 탐지하는 여러 방법이 개발되면서 바다에 해산이 풍부하다는 사실이 밝혀지기 시작했다. 가장 최신 기술은 우주에서 포착하는 것이다. 해산은 부피가 대단히 크고 밀도가 높은 물체라 주변을 둘러싼 바닷물에 중력을 발휘한다. 달이 지구의 바다를 잡아당겨 밀물과 썰물을 일으키는 것과 마찬가지로 해산도 제 질량의 중심을 향해 더 많은 물을 끌어당기는 것이다. 하지만 물은 압축되지 않으므로 해산 주위로 압착되는 대신 위로 쌓인다. 위성에서 바다의 높이를 정확하게 측정해 수면 아래로 거대한 현무암 산봉우리에 의해 미미하지만 불룩하게 떠오른 부분을 찾는다. 위성이 조사한 다양한 추정치에 의하면 전 세계에 1500미터 이상의 대형 해산이 총 3만~10만 개 있고, 인도양과 대서양, 남극해 주위, 지중해에서 발견된다.[7] 특히 태평양 한복판에 가장 밀집해 있다. 모두 수중 화산이며 중앙 해령과 섭입대를 에워싸고, 지구의 지각이 얇고 마그마가 맨틀에서 피어오르는 40~50개 해양 열점을 중심으로 흩어져 있다.[8]

위성 센서의 해상도가 개선되면 규모가 작은 해산까지 감지해 전체적인 수치가 더 늘어날 것으로 보인다. 하지만 현재로서 고도가 낮은 봉우리를 탐지하는 유일한 기술은 음파 탐지다. 제2차 세계 대전 당시 잠수함과 전함을 탐지하기 위해 처음 개발된 기술을 과학자들이 변형해서 해저 조사에 활용하기 시작했다. 해상에 자리 잡은 장비가 아래로 소리를 쏘아 보내고 그 음파가 단단한 표면에 부딪혀 돌아오는 소리를 탐지한 다음 이를 3차원으로 해석해서 해저의 지형적 특징을 식별한다.

이처럼 솟아오른 땅덩어리가 언덕인지 산인지를 두고 논쟁이 벌어진다. 육지에서는 산의 높이를 규정하는 보편적 정의가 없다. 역사적으로 육지에서 산의 최소 높이는 300~600미터로 누군가에게는 높은 언덕이 다른 이에게는 작은 산이 된다. 반면 물속에서는 1000미터가 해산의 최소 높이였다. 하지만 점차 많은 해산이 조사되고 연구되면서 높이를 제한하는 지질학적·생태학적 정당성이 의미를 잃었다. 높이 100미터 이상의 낮은 해산도 높은 산봉우리 못지않은 중요한 해저 생태계를 수용하고 있었다.

아직 심해 전체를 아우르는 세밀한 음향 지도가 완성되지 않았으므로 소형 해산에 대해 정확한 집계는 없는 실정이다. 하지만 현재 조사된 수치를 확장·적용해서 추산한 해저 화산은 총 2500만 개에 이른다.[9] 크고 작은 해산이 모두 함께 방대하게 흩어진 서식지를 형성한다. 그곳은 지구의 우림 전체를 하나로 묶은 것보다 크고 살아 있는 생물 군계이자 육상에서와 똑같이 눈부신 종들의 터전이다.

덴마크 동화 작가 한스 크리스티안 안데르센이 동화 《인어 공주》의 바닷속 배경을 해산 지역에서 착안했을지도 모르겠다. 동화 속 주인공은 식물 대신 각양각색의 고대 동물로 이루어진 숲을 헤매고 다닌다. 거대한 해면 주름 사이에 감쪽같이 숨어 있거나 산허리에 높이 솟은 가짜 나무에 걸터앉는다. 심심하면 씹던 풍선껌을 가지에 붙여 울퉁불퉁 분홍색으로 장식한다. 파티를 준비하며 황금색 레이스가 달린 산호 드레스를 만들고 무지갯빛 고둥을 어깨에 매달고 해삼을 집어 들어 붉게 빛날 때까지 흔든 다음 립스틱을 바른다. 머리 위로 바다나리 우산을 빙글빙글 돌려 하늘에서 떨어지는 바다 눈을 맞는다. 바다조름으로 일기를 쓴다(바다조름의 영어 일반명은 '바다 펜sea pen'이다—옮긴이). 사방으로 가지를 치며 팔을 휘감아대는 삼천발이는 화려한 모자다. 독자는 안데르센이 저 해저의 구석구석을 모두 머릿속에서 지어냈다고 생각하겠지만 그중 대다수는 실재한다.

과학자들은 해산을 방문하면서 서식지와 종의 엄청난 다양성을 보았다. 똑같은 산은 하나도 없었다. 일부는 심연의 진흙밭이 이어지며 주변과 크게 구분되지 않았다. 하지만 많은 해산이 딱딱한 표면을 찾아 정착하려는 종을 끌어들였다. 특히 산호가 대표적이다.

얕은 열대 바다에서 산호초를 형성하는 산호는 햇빛은 물론 인간의 관심도 독차지한다. 사람들이 아는 산호가 이런 산호로 그레이트배리어 산호초 같은 환상 산호초를 형성하며 크고 인상적인 구조물을 짓는다. 하지만 사실은 따뜻하고 얕은 바다보다 깊고 추운 바다에 사는 산호가 더 많다.[10] 지금까지 알려진 대략 5000종의 산호 중에서 절반이 훨씬 넘는 약 3300종이 심해에 산다.

산호는 다양한 종의 집합으로 말미잘이나 해파리를 비롯해 촉수나 침이 있고 몸이 부드러운 생물의 가까운 친척이다. 산호는 몸을 보고 구별할 수 있다. 산호의 몸은 아주 작은 폴립으로 구성되어 있는데 각각은 기둥이 올라오고 그 끝에서 꽃잎처럼 피어난 둥근 촉수 다발이 씰룩거리고 꼼지락댄다. 어떤 산호는 단생성이라 제각각 떨어져 지낸다. 하지만 대부분 군락을 이루어 살며, 분열해서 더 많은 폴립을 만들고 수백, 수천 개가 함께 붙어 지낸다. 산호는 물속에 난자와 정자를 떨어뜨리거나 수정란을 붙잡아 폴립 안에 품는다. 알이 부화해서 유생이 되면 여기저기 표류하다가 적절한 바닥에 내려앉으면 군체를 형성하고 분열해서 자라기 시작한다.

얕은 바다에 사는 산호와 깊은 바다에 사는 산호의 가장 큰 차이점은 섭식 방식에 있다. 많은 열대 산호 폴립 안에는 주산텔라zooxanthellae(황록공생조류)라는 단세포 미생물이 거주하는데 햇빛을 마시고 이산화탄소를 당분으로 바꾸어 숙주인 산호를 먹인다(산호가 과열되고 스트레스를 받으면 백화현상이 일어나는 것도 주산텔라가 사라지기 때문이다). 산호는 수심 8킬로미터 아래의 물속에서도 잘 자라지만 그곳은 해가 전혀 들지 않는다. 따라서 산호는 편안히 햇볕에 젖어 지내는 대신 움직이지 않는 사냥꾼이 되어 작은 촉수를 쏘아 플랑크톤을 낚고 바다 눈을 먹으면서 산다. 심해 산호가 해산은 물론이고 해저 협곡의 가파른 벽에서 즐겨 사는 이유가 여기에 있다. 깊고 느린 해류가 해산의 벼랑이나 급경사 지대와 만나면 지상에서 바람이 절벽을 난타해 상승 기류를 형성하듯 바닷물이 위쪽으로 소용돌이치는 경향이 있다. 속도가 빨라진 물은 해산을 덮은 토사를 쓸어버리고 용암 경사면을 깨끗하게 유지해 안착에 필요한 단단한 장소로 산호 유생을 맞이한다. 그리고 산호가 자리를 잡으면 해산 주변의 해류는 먹이 입자와 플랑크톤을 흘려보낸다. 심해의 산호는 강한 바람을 좋아한다.

해산에서 흔한 산호는 팔방산호인데 폴립에 촉수가 여덟 개 있기 때문에 그렇게 불린다(대부분 여섯 개만 있다).[11] 팔방산호는 규모가 큰 분류군으로 높이가 1.8미터 이상 자라고 깃털로 장식된 바다조름과 젖병 솔처럼 반짝이며 나선형을 그리는 이리도고르기아속*Iridogorgia** 산호 따위가 있다. 해죽산호bamboo coral는 대나무처럼 마디로 나뉜 골격이 있고 가지가 많이 갈라진 관목처럼 생겼다. 부채산호sea fan는 꼭 허파를 납작하게 눌러놓은 것처럼 보이고 그 안에는 공기주머니가 가늘게 가지를 치며 섬세하게 세공되어 있다. 팔방산호 일부는 얕은 바다를 차지하지만 전체 종의 75퍼센트가 심해에 산다. 육방산호에 속하는 각산호류black coral도 심해에 거주하는 비율이 비슷하다. 각산호는 안쪽이 곱슬곱슬한 흰색 관목 또는 주황색 타조 깃털, 또는 노란 코르크 따개처럼 생겼지만 모두 안쪽은 검은색이고 골격이 키틴(새우 껍데기와 딱정벌레 날개를 형성하는 것과 동일한 단단한 물질)으로 만들어졌다.

심해의 팔방산호와 각산호는 석회암 골격을 갖춘 다양한 돌산호목Scleractinia 산호와 합류한다. 그중에서도 로펠리아 페르투사*Lophelia pertusa*는 범세계적인 종으로 심해 전역에 하얀 덤불을 이루고 자란다. 2012년에 발표된 한 논문에서는 로펠리아 페르투사의 미토콘드리아가 다른 산호 속인 데스모필룸속*Desmophyllum* 종과 유전적으로 거의 동일하다고 해서 데스모필룸 페르투사*Desmophyllum pertusa*로 재명명했다.[12] 이는 먼저 기재된 속(데스모필룸속은 1834년에 명명되었다)이 나중에 기재된 속(로펠리아속은 1849년에 명명되었다)보다 우선

* Irido는 그리스어로 '무지개', gorgia는 '고르곤'에서 왔다. 이 산호 분류군은 가지를 친 복잡한 모양이 그리스 신화의 뱀의 머리를 한 괴물 고르곤을 닮았다고 해서 그 이름을 얻었다.

권을 가진다는 규약에 따른 것이다. 하지만 모든 전문가가 그 결과에 동의하는 것은 아니며 추후 다른 유전자 테스트를 거쳐 다시 바뀔 수 있다. "데스모필룸이라고 쓰고 로펠리아라고 읽습니다"라고 심해 생물학자 닐스 피에쇼가 말했다.[13] 어떤 이름으로 불리든 이 산호는 해산과 해저 협곡에서 눈에 띄는 존재이고 심연의 큰 언덕에서 생장한다. 데스모필룸 페르투사는 2018년에 사우스캐롤라이나주 앞바다의 최소 높이 100미터에 130킬로미터 길이로 뻗어 있는 해저 언덕에서도 발견되었다.[14] 아프리카 북서쪽 해안과 대서양 중앙 해령, 지중해에서도 돌산호는 5만 년 동안 같은 장소에서 꾸준히 자라왔다.[15]

레이스산호lace coral는 심해와 특별한 연관성이 있다.* 이 산호는 석회암 골격을 지닌 또 다른 분류군으로 대개 작고 섬세하며 빨간색, 분홍색, 파란색, 갈색, 보라색을 띠는데 어두운 심해에서는 이 색이 보이지 않으므로 다른 특별한 기능이 있다고 추정된다. 아마도 포식자의 입맛을 떨어뜨리는 화합물의 부산물이지 싶다. 지금까지 알려진 수백 종의 레이스산호 중에서 약 90퍼센트가 심해에 거주한다. 게다가 레이스산호는 본래 심해 출신이다. 레이스산호 화석은 이 산호가 6500만 년 전인 팔레오세에 심해에서 처음 진화했다고

---

* 레이스산호는 공식적으로 의산호과Stylasteridae에 속하며 나르코해파리목, 관해파리목과 더불어 자포동물문에 속하는 히드라충목 생물이다.

가리킨다. 유전자 분석 결과, 레이스산호는 이후 심해에서 번성해서 수많은 종으로 분화한 뒤, 일부가 표층으로 달아난 것으로 보인다. 지난 4000만 년 동안 네 번에 걸쳐 하늘을 향해 유생을 날려 보냈고 그렇게 열대와 온대의 얕은 바다에 종을 정착시켰다. 이는 심해가 바다의 윗세상에서 종을 내려받았다고 가정하는 바다 자연사의 오랜 통념과 반대된다. 살기 좋은 얕은 바다에서 아래로 이주한 동물이 많은 것은 사실이지만 레이스산호를 비롯해 반대 방향으로도 갈 수 있다고 보여주는 종들도 있다.[16]

산호와 마찬가지로 식물과 많이 닮았고 해산의 깊고 험준한 산비탈과 해류가 제공하는 먹이의 흐름으로부터 비슷한 이점을 챙기는 다양한 동물이 있다. 바다나리sea lily는 심해에만 산다. 해삼과 성게의 친척인 이 생물은 당당한 자세로 서서 깃털처럼 생긴 여러 개의 팔을 내밀어 음식물을 걸러 먹는다.

해산은 또한 해면으로 뒤덮여 있다. 내장과 입이 없는 이 동물은 적어도 6억 년 전에 진화한 최초의 동물일지도 모른다.* 억겁의 시간 동안 해면동물의 일상은 다공성 몸의 측면으로 끊임없이 물을 빨아들여 먹이 입자를 추출하는 것이 거의 전부였을 것이다(작은 어류와 갑각류를 낚아채는 육식성 해

* 해면은 해면동물문으로 분리되어 있으며 라틴어로 '구멍이 뚫린'이라는 뜻이다. 실제로 해면에는 구멍이 많이 뚫려 있다.

면동물도 있다). 최근까지 해면은 대체로 몸을 움직이지 않는다고 알려졌다. 그런데 캘리포니아주 앞바다에 위치한 심해 평원 장기 연구지인 스테이션 M에서 설치한 카메라가 30년간 저속 촬영을 한 결과 예상하지 못한 행동을 보이는 해면을 발견했다.[17] 심연의 느리고 깊은 해류를 타며 회전초처럼 굴러다니는 해면이 있는가 하면 슬로 모션으로 재채기하는 듯한 해면도 있었다. 해면의 재채기는 아마 자극적인 입자를 배출하기 위한 것으로, 재채기 한 번을 마치는 데 몇 주가 걸리기도 한다.

해면의 삶은 단순하기 그지없고 재채기 한 번에도 오랜 시간이 걸리지만 막상 심해 해면을 들여다보면 적잖이 놀랄 것이다. 어떤 것은 귀 모양이고 또 어떤 것은 꽃대에 달린 둥근 방울 같고, 우유를 따르는 중간에 얼어버린 컵처럼 생기기도 했다. 소련 위성의 미니어처 같아서 스푸트니크라는 별명이 붙은 육식성 해면은 플랑크톤을 붙잡는 긴 가시가 있다. 육방해면류는 이산화규소(모래나 유리를 구성하는 물질)로 만들어진 섬세한 가닥으로 골격을 형성한다. 어떤 육방해면은 길게 뻗은 막대 꼭대기에 몸을 올린 채, 충격을 받아 입을 벌리고 있는 양말 인형 같다. 육방해면의 한 종인 에우플렉텔라 아스페르길룸*Euplectella aspergillum*은 '비너스의 꽃바구니'라고도 불리며 양 끝이 막히고 속이 빈 관처럼 자라는데 꼭 유리 가닥으로 뜨개질한 작품처럼 보인다. 관 속에 갇힌 암수 한 쌍의 새우는 해면의 다공성 벽을 통해 들어오는 음식 찌꺼기를 먹으며 짝짓기한 다음 유생을 방출한다. 유생은 유리 철창을 빠져나와 앞으로 머물러 지낼 해면을 찾아 표류한다.

해산의 측면과 정상부, 수중 협곡의 가파른 벽에는 산호, 해면, 바다나리 '나무'가 무성한 동물의 숲이 있다. 2017년, 하와이 남서쪽에서 1300킬로미터 떨어진 북태평양 존스턴 환초 부근의 해산에 들어간 과학자들은 마치 방금 닥터 수스(미국 동화책 작가—옮긴이) 책에서 튀어나온 것 같은 장면을 보았다.[18] 이들은 그곳을 '기묘한 자들의 숲the Forest of the Weird'이라고 불렀다. 해면과 산호 군집이 높이 솟은 대 위에 조밀하게 얹어져 있고, 노랑, 하양, 분홍의 몸이 마치 멀리 있는 무언가에 홀린 듯 한 방향을 향하고 있었다. 진실을 말하자면 이들의 넓고 세로 홈이 새겨진 깔때기와 멍한 '눈'이 달린 외계인 같은 머리는 모두 탁월 해류(한 지점에서 유독 많이 발생하는 방향의 해류—옮긴이) 안에서 떠돌아다니는 입자를 잡기 쉬운 방향으로 자라는 것이다.

고정된 상태로 물을 걸러 먹고 사는 삶 말고도 심해 숲을 형성하는 많은 동물은 예외적으로 긴 수명을 공유한다.

해죽산호는 35년에서 200년 가까이 산다.[19] 오늘날 해산에서 자라는 군락은 1831년 찰스 다윈이 비글호를 타고 세계 일주에 나섰을 무렵 이미 열 살이었다. 바다나리는 340년까지 산다.[20] 17세기 후반에 유생으로 도착해 세일럼 마녀재판이 벌어진 시기에 해저에서 새출발을 한 살아 있는 개체를 지금도 얼마든지 발견할 수 있다. 생전에 윌리엄 셰익스

피어에게 숲이 우거진 어느 해산을 탐험할 수단과 의지가 있었다면 그가 보았을 육방해면이 400년이 지난 지금까지 살아 있을 것이다.[21]

황금산호 역시 자포동물의 하나인데 수명이 훨씬 더 길어 수천 년을 산다.[22] 오늘날 해산에서 발견되는 황금산호는 2700년 전 로마 제국이 세워졌을 때 이미 무럭무럭 자라고 있었다. 가장 오래된 해산의 터줏대감은 각산호로, 청동기 시대에 정착해 자라기 시작한 군락이 여태껏 살아 있다. 고대 이집트 왕국의 파라오가 대피라미드를 건설하던 약 4200년 전이다.

심해의 많은 생물이 장수하지만 어떤 이유로 깊이와 수명이 짝을 이루는지는 명확하지 않다. 가장 그럴듯한 설명이 있다면 온도, 빛, 먹이가 모두 수심이 깊어질수록 감소하는 것과 관련되었을 것이다. 바쁘게 살고 빠르게 소비하다가 일찍 죽는 대신 심해 동물은 여유를 가지고 천천히 자라면서 빈약한 끼니와 짝짓기할 기회가 찾아오기를 진득하게 기다리는 것이다.

방사성 동위 원소 연대 측정과 이 동물의 연간 생장 속도 연구 덕분에 고대에 산호가 어떻게 살았는지가 알려졌다. 현미경과 자외선으로 관찰한 산호의 횡단면은 동심형의 나이테가 있는 나무 그루터기처럼 보인다. 비록 심해는 1년 내내 어두운 곳이지만 그곳에도 계절은 어김없이 찾아온다. 수면에서 내려보내는 음식은 아무래도 위쪽의 얕은 바다가 따뜻하고 생산적일 때 더 양이 많을 것이다. 따라서 산호는 철에 따라 더 빨리 자라기도 하고 더 느리게 자라기도 한다. 이 나이테는 연구자들로 하여금 산호의 나이를 가늠하게 할 뿐만 아니라 산호를 타임캡슐 삼아 과거를 들여다보게 한다.

심해 산호의 골격은 과거 바다의 상태가 새겨진 국제 기록 보관소다.[23] 과학자들은 거기에서 화학 물질의 미미한 흔적을 측정하는 법을 알아냈고 그것이 과거 10년, 100년, 또는 1000년 전 산호가 자랄 당시 주위 바닷물의 온도, 영양분, pH에 대해 전하는 이야기를 듣는다. 예를 들어 캐나다 노바스코샤에서 수집된 산호는 1970년대 생장기에 질소 동위 원소의 특정한 변화를 보여주었다.[24] 이는 마침 인간에 의한 기후 변화가 가속되던 시기와 일치하며 대서양에서 주요 해류에 변동이 시작되었음을 암시한다. 장수하는 산호는 과거로 한참 거슬러 가는 기록을 제공하며 인간의 영향력이 없을 때와 있을 때 바다가 어떻게 달라졌는지 파악하고 미래에 대한 예측을 개선하게 한다.

수백 년에서 수천 년에 걸쳐 해산에서 오래된 숲을 형성하면서 산호, 해면, 바다나리는 주위에서 이주해 온 다른 동물에게 서식지와 피난처, 먹이를 제공해왔다. 물속의 먹이를 갉아먹는 땅딸보가재squat lobster와 식충 식물처럼 몸을 절반으로 접어서 먹이를 잡는 파리지옥말미잘Venus flytrap anemone이 산호 가지에 앉아 있다. 거미불가사리brittle star와 뱀불가사리snake star가 산호를 휘감고 매듭을 묶는다. 두툽상어는 팔방산호 덤불 사이에 알집을 낳아 가지에 크리스마스 장식처럼 매달아놓는다.[25] 문어는 알도 품고 사냥도 하러 해면 숲에 간다.

해산 주민도 이주민이 벌이는 축제에 동참한다.[26] 참치, 황새치, 바다거북, 코끼리바다표범, 귀상어, 청새리상어, 고래상어, 돌고래, 바닷새가 해산 위에서 먹고 마시고 짝을 구하거나 길을 찾는다.

지형상의 특징으로 해산이 동물성 플랑크톤의 집산지가 되어 벌어진 잔치에 기웃대는 배고픈 생물도 있다. 눈으로 사냥하는 포식자를 피해 매일 밤 박광층에서 동물성 플랑크톤이 크게 떼를 지어 수면으로 올라와 식사하고 해가 뜨기 전에 다시 아래로 내려간다. 하지만 만약 밤에 이동하다가 해산 위에서 길을 잃고 심해로 가는 경로를 찾지 못하면 함정에 빠진 듯 정상부에 갇혀 꼼짝하지 못하게 된다. 지형적 폐색topographic blockage이라고 부르는 이 현상은 해산 위에서 생명체가 번성하는 이유를 설명한다. 이 동물성 플랑크톤을 작은 물고기가 먹고, 이어서 큰 물고기, 고래, 바닷새가 이 작은 물고기를 잡아먹는다.

이주성 동물이 해산을 찾는 방법은 다양하다. 신천옹과 슴새는 다이메틸설파이드의 냄새를 좇아 산에서 산으로 가는 길을 찾는다. 다이메틸설파이드는 식물성 플랑크톤을 먹는 동물성 플랑크톤 떼를 중심으로 공기 중에 피어오르는 화학 물질이다. 상어와 거북은 해산과 연관된 지자기 이상을 감지해 머릿속 지도에 경유지로 표시하는 것 같다. 뱀장어가 매년 일본에서 남쪽으로 2400킬로미터 떨어진 수루가 해산으로 가는 길을 찾는 방법도 아마 마찬가지일 것이다.[27] 신월이 뜨는 어둠 속에서 성숙한 뱀장어는 태평양의 이 지역을 향해 헤엄친다. 그곳은 산란지를 찾기 위한 표지로 훌륭하다. 뱀장어의 알이 잎 모양 유생으로 부화하면 서쪽으로 북적도 해류를 타고 가다가 북쪽으로 흐르는 구로시오 해류로 갈아타고 아시아 대륙의 강으로 거슬러 올라가 그 민물에서 어린 뱀장어가 자라고 어른이 된다. 만약 수루가 해산보다 남쪽에서 산란하게 되면 유생이 서쪽으로 가는 해류를 놓치고 남쪽으로 흘러드는 바람에 민물 서식지를 만나지 못하고 한없이 표류할 위험이 있다.

혹등고래도 자기장 지도를 따라가 해산을 찾을 가능성이 있다.[28] 하지만 왜 그곳에 가서 시간을 보내는지는 여전히 수수께끼다. 이주 중인 혹등고래에 부착한 위성 태그와 센서가 감지한 바에 따르면 많은 개체가 누벨칼레도니의 남태평양섬 근처 해산에서 1주일 혹은 그보다 오래 머문다. 고래는 봉우리가 최대 수심 80미터 정도로 수면에서 그리 깊지 않은 커다란 해산을 선호하는 것처럼 보인다. 그곳에서 쉬고 먹고 어쩌면 번식까지 할지도 모른다. 해산은 고래가 모이고 짝을 찾기 좋은 장소를 제공한다. 혹등고래 수컷이 노래를 부르려고 해산으로 온다는 가설도 있다. 산 중턱은 음향 장비가 완비되어 수고래의 길고 복잡한 멜로디를 넓은 바다로 방송하기에 적합한 무대이기 때문일 것이다.

해산은 보이지 않는 깊은 곳에 있지만 파도 위에서, 그리고 뭍에서까지 그 존재감을 알린다. 2018년 11월 11일, 약 30분에 걸쳐 정체를 알 수 없는 진동이 지구 전역에서 들렸다. 지진계가 그 저주파 미진의 진원을 마다가스카르와 모잠비크 사이의 인도양 마요트섬 부근으로 추적했다. 하지만 지질학자들도 왜 지구가 그렇게 거대한 종처럼 오래 울렸는지 알 수 없어 한동안 혼란스러워했다.

6개월 뒤 프랑스 연구선 마리옹 뒤프렌호에 승선한 과학자들이 그 지역을 조사한 끝에 심연을 가로지르는 선사시대 바다뱀 대신 갓 탄생한 해산을 발견했다.[29] 이 거대한 수중 화산은 3년 전에 작성한 해저 지도에는 없었다. 아마 지금까지 감지된 가장 큰 수중 폭발로 만들어졌을 것이다. 우르릉거리며 웅웅대던 소리는 해저에서 몇 킬로미터 아래에 있는 커다란 마그마굄이 무너지면서 난 소리로 짐작된다. 왜 그 지역에서 해산이 형성되었는지는 아직 확실하지 않다. 일부 지질학자는 태평양에서 하와이 해산을 형성한 것과 같은 열점이 있었다고 생각한다. 1억 3500만 년 전 아프리카 본토에서 마다가스카르를 갈라놓은 고대 균열과 연관짓는 학자도 있다. 활발한 동아프리카 지구대 연장선에서 대륙이 서서히 갈라지고 있는지도 모른다.

해산은 형성되는 과정에 지진을 일으킬 뿐만 아니라 지진을 악화시킬 수도 있다. 한 지각판이 다른 판 밑으로 파고들어가는 섭입대에서 해산은 찍찍이 테이프처럼 두 판이 서로 더 강하게 들러붙는 거친 표면을 생성해 압력을 축적하고 마침내 더 폭발적인 지진을 일으킨다.

반대로 어떤 상황에서는 해산이 지진의 영향력을 줄여주기도 한다. 2014년 4월, 칠레 북쪽 해안에서 진도 8.2의 강진이 발생했다. 하지만 지질학계의 예상보다 파급 효과는 크지 않았다. 칠레는 근해의 나스카판이 남아메리카판 밑으로 가라앉고 있기 때문에 지진이 빈번하게 일어난다. 섭입대의 긴 땅은 1877년 이후로 대규모 지진을 겪은 적이 없어서 때를 기다리던 참이었다. 그리고 결국 2014년에 재앙을 맞이했지만 다행히 주변의 해산이 지진 파열의 확산을 막아 강도를 낮춘 것으로 보인다.[30]

모든 해산은 끝내 지각판 가장자리로 끌려들어 갈 운명이다. 1년에 5센티미터라는 아주 느린 속도로 이동하는 무빙워크 위에 서 있는 것과 같다. 산은 무빙워크 끝에서 물러서는 대신 섭입대에서 깊은 해구로 질질 끌려 내려가 지구의 맨틀로 이동한다.[31]

현재 일부 해산은 심해의 가장 높은 지점에 있다가 낮은 지점으로 이동하면서 해구에 빠지는 고통을 겪는 중이다. 인도양의 크리스마스 해산은 자바 해구에 가까워지고 있고 뉴질랜드 북쪽에서는 오즈번 해산과 부건빌 해산이 통가 해구와 케르메덱 해구로 미끄러지면서 몇 도씩 기울고 있다. 또한 오래전에 섭입된 해산의 흔적도 있다. 서태평양에는 적어도 네 개의 큰 해산의 흔적이 있는데 마리아나 해구로 떨어지면서 짓눌린 것이다.[32] 해산이 해구로 곤두박질치고 나면 대체로 그 산의 산호와 해면 숲이 벗겨져 나간다. 그들이 살기에는 해구가 너무 깊기 때문이다. 하지만 바다의 가장 깊은 곳에서도 편하게 지내는 동물이 있다.

알래스카 코디액섬 해안 또는 북아메리카 태평양 연안을 따라 남쪽으로 샌타바바라까지 어느 곳이든 조수 웅덩이에는 올챙이 같은 모습에 주황색 또는 보랏빛이 도는 작은 물고기와 꼼치가 산다. 이 물고기를 들어 올리려고 하면 배지느러미를 바위에 철떡 붙이고 꼼짝하지 않는다. 이 지느러미는 빨판처럼 생긴 데다가 꼭 달팽이의 발처럼 움직여 이 물고기에게 연체동물이 연상되는 '스네일피시snailfish'라는 이름을 주었다. 조수 웅덩이에 서식하는 스네일피시는 신기한 종들이 모여 있는 꼼칫과Liparidae에 속한다. 남극과 북극에 사는 어느 꼼칫과 물고기는 체내에서 부동액을 만들어 몸이 얼지 않는다. 한편 태평양 연안에 서식하는 꼼치류는 왕게의 새실(아가미방)에 알을 낳는다(어떻게 왕게에게 물리지 않고 이 일을 해내는지는 풀리지 않은 수수께끼다). 해구의 초심해대까지 내려가 사는 종도 있는데 척추동물 중에서는 가장 깊은 곳에서 사는 동물이다.

"잘 붙잡고 들여다보면 두개골을 통해 안쪽으로 뇌가 보입니다."[33] 뉴욕주립대학교 제네시오 조교수이자 초심해대 꼼치 전문가인 매킨지 게링거의 말이다. 그는 이 연분홍색의 통통한 물고기가 6000미터 아래의 심해에서도 잘 살아가는 비결에 관심이 있다. 꼼치는 먹빛의 검은 피부와 턱에 유리 같은 송곳니가 박혀 있는 무시무시한 아귀나 독사고기 viperfish 같은 전형적인 심해 어종과는 전혀 다르다. 하지만 게링거와 동료 연구자들이 알아낸 바에 따르면 꼼치는 해구의 가파른 벽처럼 극한의 수심에서 살아남기 위해 훌륭하게 적응했다.

지금까지 해구 열 곳에서 해구당 한두 종씩 적어도 15종의 꼼치류가 발견되었다. 여기에는 마리아나꼼치라는 종도 포함된다.[34] 이 종은 공식적으로 지구에서 가장 깊은 곳에 산다고 기록된 척추동물로 수심 8078미터에서 건강하게 살아 있는 모습이 목격되었다.[35]

마리아나꼼치는 바다에 사는 물고기의 수심 제한 예상 한계치를 한층 끌어 올렸다. 물고기가 수심 8200미터 이하로 들어가는 것은 생리학적으로 불가하다. 그 이유는 물고기가 산더미처럼 쌓인 물의 압력에 대처하기 위해 적응한 방식과 관련이 있다. 바다의 수심이 7900미터에 도달하면 수압은 해수면의 800배로 늘어난다. 이는 몸의 제곱인치(약 6.45제곱센티미터)마다 코끼리 한 마리가 올라서 있는 것과 같다. 초심해대의 높은 수압은 생체 분자를 뒤틀어 놓아 필수적인 기능을 방해한다.

일부 심해 동물은 이런 압력에 대처하기 위해 조직 속에서 트리메틸아민-N-옥사이드TMAO를 생성한다. 이 화학물질은 물이 활성 부위(기질이 결합해 건강한 세포와 몸에 필요한 화학 반응을 촉진하는 지역)를 짓누르지 못하게 막아 효소를 보호한다. 또한 TMAO는 몸속에 있는 다른 단백질 분자의 결합도 보호한다. 깊은 곳일수록 수압이 커지므로 TMAO가 더 많이 필요하다. 그 결과 TMAO의 농도는 물고기가 서식하는 수심에 비례해 증가한다. 한편 TMAO는 생선 비린내의 주범이기도 하다. 그래서 아마 심해 꼼치에게는 최악의 비린내가 날 것이다.

하지만 물고기 한 마리가 수용할 수 있는 TMAO의 양에는 한계가 있다. 수심 8200미터는 물고기가 감당할 수 있는 이상의 압력 보호 물질을 요구해 기본적인 생물학적 기능이 마비되는 시점으로 추정된다.[36] 바다에 사는 물고기는 자신의 몸보다 훨씬 짠, 다시 말해 염분의 농도가 더 높은 바닷물에 적응해야 한다. 바다의 염도는 대체로 3~4퍼센트

정도인 반면에 바닷물고기의 체액은 보통 염분 함량이 약 0.9퍼센트다.* 이런 상황에서는 물 분자가 낮은 농도에서 높은 농도로 확산하는 삼투 현상(생체막을 두고 양쪽 농도를 똑같이 맞추려는 경향—옮긴이) 때문에 아가미와 피부의 막을 통해 물이 많이 빠져나간다. 이 물을 보충하기 위해 바닷물을 대량으로 들이키고 대신 펌프질을 통해 잉여의 염분을 아가미 밖으로 내보낸다.**

그런데 TMAO가 심해어의 세포 조직에 쌓이면 삼투압 균형이 달라지고 조직의 실질적인 농도가 증가한다. 수심 8200미터 아래에서는 세포 내 TMAO의 양이 너무 많아 체내 총 염분 함량이 오히려 바닷물보다 높아지고, 그러면 삼투압이 반대로 작용해 오히려 피부와 아가미를 통해 물이 흡수된다. 연어나 뱀장어 등 생활사에서 염수와 담수를 오가는 어종이 담수로 이동할 때 비슷한 문제에 봉착한다. 이 문제를 해결하기 위해 물고기는 물을 더 마시지 않고 소변을 많이 배출하기 시작하는데 이때 신장이 추가적인 펌프질로 염분을 혈류로 돌려보내고 묽은 소변을 대량으로 생산한다. 염수에서 담수로 환경이 바뀐 뒤 적응하기까지 시간과 에너

---

* 다른 식으로 말하면 바다의 염도는 30~40ppt로 리터당 30~40그램의 소금(대부분 염화나트륨)이 녹아 있다. 바닷물고기 체내의 모든 용해된 이온은 농도가 약 9ppt다.

** 인간에게는 이런 능력이 없다. 그래서 목이 말라도 바닷물을 마시면 안 되는 것이다. 염분을 몸 밖으로 내보내기 위해 더 많은 물이 필요하므로 목이 더 마르게 된다.

지가 많이 들지만 연어와 뱀장어에게는 가치 있는 노력이다. 각각 산란지와 서식지를 찾아 내륙으로 들어와야 생활사가 완성되기 때문이다. 하지만 꼼치에게는 급격한 생리적 리모델링을 견디면서까지 수심 8200미터 아래로 내려가야 할 이유가 없다. 우리가 아는 한 이 물고기는 번식을 위해 굳이 해구 바닥까지 내려가지 않아도 된다. "마티니 잔 바닥에 도달하는 것이 진화적 차원에서는 별로 가치가 없는 일이지요."[37] 게링거의 말이다.

꼼치 유전자에는 압력에 적응하는 다른 능력도 있다. 중국 과학자들이 마리아나꼼치의 게놈 전체를 분석하면서 밝힌 바에 따르면 이 물고기의 게놈에는 불포화 지방산을 추가하는 방식으로 세포막의 화학 구성을 조절하는 다수의 유전자가 있었다.[38] 불포화 지방산(버터보다는 올리브기름에 가깝다)은 세포막의 유연성을 유지하고 덜 찢어지게 하므로 높은 수압에서도 세포가 터지지 않는다. 또한 마리아나꼼치에는 발달 중인 뼈를 단단하게 광물화하는 유전자에 변이가 일어나 골격이 상어처럼 연골로 이루어져 잘 휘므로 단단하고 부러지기 쉬운 경골보다 압력을 훨씬 잘 견디는 것으로 보인다.

꼼치는 엄청난 압력 말고도 해구에 사는 모든 심해 동물이 헤쳐나가야 하는 문제를 겪는다. 끼니를 찾아 먹는 일이다. 해구는 대체로 V자 형태를 이루고 있어 마치 거대한 수집 장치처럼 바다 눈을 바닥까지 운반한다. 지진이 빈번하게 그 옆을 흔들면서 수중 눈사태를 일으키면 심연에서 많은 바다 눈과 유기물 부스러기가 올라온다. 따라서 해구는 생각보다 덜 배고픈 곳이다. 하지만 결정적인 문제가 있으니 꼼치는 바다 눈을 먹지 않는 물고기라는 사실이다.

해구에서 가장 흔한 거주자는 단각류라는 갑각류 청소동물이다.* 이 생물은 식성이 지극히 무난해 해구에 떨어지는 것은 가리지 않고 먹는다. 단각류는 마리아나 해구의 맨 밑바닥에서도 관찰된 적이 있다. 그곳은 이론상으로 동물 외골격의 탄산칼슘이 용해될 정도로 수압이 높은 지역이다. 2019년에 일본 해양 연구 개발 기구 연구자들이 단각류가 자신의 몸을 알루미늄 젤로 뒤덮는다는 사실을 발견했다(심해 진흙에서 금속성 화합물을 섭취해서 이 젤을 생성한다).[39] 바로 이 물질이 껍데기가 녹는 것을 방지한다. 꼼치는 해구에서 이 갑각류가 풍부하다는 사실을 활용해 거의 전적으로 단각류만 먹는 식단에 적응해왔다.

눈이라고는 작고 짙은 점이 전부라 꼼치는 시력이 아주

---

* 단각류amphipod는 다리의 형태가 제각각이라 그리스어로 '양쪽'이라는 뜻의 'amphi'와 '발'이라는 뜻의 'poda'에서 이름이 기원했다. 멕시코만에 서식하는 거대한 등각류isopod는 모든 발이 똑같이 생겼다. 그래서 '똑같다'는 뜻의 'iso'가 쓰였다.

나쁘다.[40] 대신에 고도로 발달한 촉각으로 사냥한다. 이 물고기의 입술은 오므라져 보이고 단각류가 꿈틀댈 때 물속에 생기는 파동을 감지할 수 있도록 턱에 유액으로 채워진 보조개가 열을 지어 있어서 어느 방향으로 달려들지 쉽게 판단한다.

꼼치의 또 다른 비밀은 턱 안에 있다. 게링거가 귀한 마리아나꼼치 표본을 구해 CT 스캐너로 촬영했을 때 밝혀진 사실이다.[41] 꼼치 골격의 복잡한 3차원 이미지가 목구멍 뒤쪽에서 인두턱pharyngeal jaw이라고 알려진 두 번째 턱을 드러냈다. 그 턱은 한 쌍의 작고 뾰족한 칫솔처럼 생겼다. 게링거는 꼼치가 입으로 빨아들인 단각류를 인두턱이 붙잡아 으스러뜨린다고 추측했다.

해구에 거주하는 꼼치는 끼니를 잘 해결하는 편이지만 다른 심해 유기체와 마찬가지로 먹을 것이 풍족한 상황은 아니라 여전히 에너지를 절약하고 최대한 효율적으로 움직일 필요가 있다. 게링거는 이 물고기의 생체 역학을 조사하기 위해 다소 이례적인 방식을 동원했다. 덫에 걸린 심해 꼼치를 그냥 끌어올리면 수온이 상승하고 압력이 낮아질 때 받는 스트레스 때문에 수면으로의 여행에서 살아남지 못한다. 따라서 꼼치를 산 채로 수집하려면 수 킬로미터 위에서 원격으로 조작할 수 있는 값비싼 가압 냉장 캡슐이 필요하다. 하지만 게링거는 캡슐을 마련하는 대신 아예 꼼치를 복제하기로 했다.[42] "초심해대에 가서 꼼치를 잡아 오는 것보다 만드는 것이 더 쉽고 저렴하고 빠르더라고요."

게링거는 심해 꼼치의 피부밑에 있는 젤리의 기능을 시험하기 위해 꼼치 로봇을 설계했다. 몸 바깥에 점액질을 두른 물고기는 많다. 하지만 꼼치는 몸 안에 점액이 있다. "특히 꼼치를 처음 손으로 잡으면 안쪽이 물컹해서 질척한 물질이 가득한 것을 알 수 있어요." 게링거가 말했다.

그 이유가 꼼치의 효율적인 수영을 돕는다. 머리가 크고 둥글며 꼬리가 똑바로 부착된 물고기(꼼치의 기본적인 해부구조)는 소용돌이 항력 때문에 수영에 어려움이 있다. 올챙이가 그 전형적인 예인데 올챙이는 빠른 꼬리질로 이 유체역학적 항력을 극복한다. 이 방식은 그런 활기찬 동작에 연료를 충분히 댈 수 있는 얕은 연못에서는 더할 나위 없이 훌륭하지만 배고픈 심해에 사는 물고기에게는 그다지 좋은 해결책이 되지 못한다.

게링거는 진짜 꼼치보다 조금 큰 40센티미터짜리 로봇을 제작했다. 3D 프린터로 출력한 몸체와 지느러미에 플라스틱 병뚜껑, 절연 테이프, 작은 배터리와 모터, 양쪽으로 꼬리질이 가능한 스프링과 두 개의 피아노 줄이 달린 실리콘 고무 꼬리를 조립했다. 이 로봇의 핵심은 꼬리에 끼워 부피 조절이 가능하게 만든 피부인데 게링거가 라텍스 콘돔으로 기발하게 만들었다. 콘돔이 비었을 때 로봇 물고기는 올챙이의 옆모습을 닮았지만, 물이 채워지면 콘돔은 젤리층을 흉내내어서 꼼치 꼬리처럼 기부가 통통해진다.

로봇 꼼치가 게링거 실험실 수족관에서 출발했을 때 꼬리에 젤리를 덧입힌 경우가 그렇지 않은 것보다 세 배나 더 빨리 헤엄쳤다. 심해 꼼치의 몸 안쪽에 발라진 젤리는 항공기 페어링(항공기 날개 밑에 달린 유선형 구조물로 공기 저항을 줄이는 역할을 한다—옮긴이)처럼 몸을 조금 더 유선형에 가깝게 만들어 항력을 줄인다. 젤라틴 조직은 물고기의 유영을 도울 뿐만 아니라 부력을 증가시키는 추가 이점이 있어서 꼼치가 생리학적 대처가 불가능한 해구의 금지된 깊이 아래로 가라앉지 못하게 한다.

게링거와 동료 연구자들이 이 멀고 먼 초심해대 꼼치에 관해 아직 그 답을 모르는 것이 있다. 어린 개체는 성체보다 해구의 더 낮은 수심에서 발견되는데 현재로서는 아무도 그 이유를 모른다.[43] 심해 꼼치가 평생 해구에서 사는지 또는 해구에서 올라와 먹이를 먹고 산란하는 장소나 시기가 따로 있는지도 알 수 없다. 게링거는 알래스카 근방의 알류샨 해구를 포함해 직접 찾아가 보고 싶은 해구가 몇 군데 있다. 그곳에는 아마 지금껏 발견되지 않은 꼼치 종이 있을 것이다. 하지만 게링거와 다른 이들의 연구가 보여주었듯 심해 생물학의 중심에는 극한의 환경 조건에서도 생명체가 살아남고 번성한 생태계를 유지하는 과정을 이해하려는 열정과 욕구가 있다. 새롭고 이상한 생명체에 이름을 붙이는 것은 이야기의 시작에 불과하다.

“걸프의 2월은 최악입니다”라고 제이슨 트립이 말했다. “1월도 아니고 3월도 아니고, 2월이요.”

노련한 잠수정 조종사 트립은 멕시코만에서 수년간 일한 사람이다. 그런 그가 루이지애나 해안에서 남쪽으로 가던 날 펠리컨호에 승선한 나에게 한 말이다. 그날은 2월 12일이었다. 트립은 소매를 걷어붙이고 손목에 찬 연한 푸른색 멀미 방지 밴드를 부적이라도 되는 듯 보여주며 말했다. “전 멀미를 하지 않아요. 그렇지만 꼭 차고 있지요.”

원정 중반, 높은 바람과 2.7미터짜리 파도 때문에 연구를 멈추어야 했을 때 새삼 트립의 저 음울한 선언이 떠올랐다. 바다가 너무 거친 탓에 뒷갑판의 잠수정을 안전하게 들어 올려 물속에 넣을 수 없었다. 몸체가 돌아가 케이블이 꼬이거나 공중에서 크게 흔들리다가 모선을 들이박을 우려가 있었다.

일꾼을 내려보내지 못한 채 우리는 연구지 1500미터 위에서 발이 묶였고, 달리 해저를 만지거나 볼 방법이 없이 그저 바다가 잠잠해지기를 기다렸다. 밤이 되자 수면 아래의 객실에서는 배 밖에서 울부짖는 파도 소리가 들렸고, 출렁하는 파도의 꼭대기에 올라갔다 떨어지는 선체를 따라잡지 못해 잠깐이지만 공중 부양을 경험했다. 낮에는 식당에서 연구팀 사람들과 테이블에 앉아 노트북이 미끄러져 떨어지지 않게 꼭 붙들고 작업했다. 승무원들은 배가 연구지에서 너무 멀리 떠내려가지 않게 바다 상태와 배의 위치를 교대로 확인했다. GPS 지도에 그려진 우리의 항로는 구겨진 꽃처럼 보였다.

마침내 파도가 가라앉고 잠수정이 배 밖으로 내려졌다. 식당 모니터로 물속을 관찰하고 있었는데 갑자기 화면이 꺼졌다. 전에도 그런 적이 여러 번 있었지만 보통 바로 복원되었으므로 대수롭지 않게 생각했다. 하지만 이번에는 달랐다. 최악의 순간에 거센 파도가 배의 측면을 강타하면서 케이블이 미끄러져 도르래에 걸리는 바람에 잠수정이 30미터 아래에 묶여 풀려날 방법이 없게 되었다. 잠수정은 끈 달린 장난감 자동차처럼 배 아래에 힘없이 대롱대롱 매달려 있었다.

펠리컨호 승무원과 잠수정 기술자 들은 당황하는 기색 없이 안전 장비를 착용하더니 케이블을 고정하고 다시 감아올릴 방법을 하나씩 하나씩 찾아나갔다. 몇 시간 후 노란 잠수정이 아무 일도 없었다는 듯 도로 갑판에 앉아 있는 모습을 보았다. 그리고 다시 물속으로 돌아갈 준비를 마쳤을 때 또다시 파도가 걷잡을 수 없이 높아졌고 결국 탐사는 취소되었다.

펠리컨호는 마침내 하늘을 나는 펠리컨이 시야에 들어올 때까지 북쪽으로 되돌아갔다. 새들은 작은 익룡처럼 활공하며 우리의 귀환을 환영했다. 마지막 밤, 배는 항구에 얌전히 정박해 있었지만 나는 침대에 누워서 한참을 뒤척거렸다. 심해 위를 항해하던 시간에서 벗어나지 못해 몸이 위아래로 출렁거리는 기분을 고스란히 느껴야 했다. 장시간 항해를 마치고 육지로 돌아갈 때마다 바다가 나를 놓아주기까지 항상 오랜 시간이 걸린다. 이번 육지 멀미는 유독 심했다. 거의 2주 동안 거친 바다에서 지냈고, 돌아오고도 2주 동안이나 몸은 아직 그곳에 있어 눈을 감으면 온통 파도의 기억으로 울렁거렸다.

7주 후 연구팀은 펠리컨호를 멕시코만으로 돌려보냈고, 좋은 날씨 덕분에 냉수 용출대 한 곳과 거기에 이웃하는 해저 염화 호수를 여유 있게 탐사했다.

멕시코만 해저 바닥 여기저기에 은빛 수면이 물결치는 호수가 있었다. 보통 냉수구 서식지 가장자리에는 이 염수 웅덩이가 형성되어 있고, 화학 합성 미생물에게 메탄과 황화수소를 먹이는 홍합과 조개가 빽빽이 밭을 이룬다. 냉수 용출대 서식지에서 지내는 물고기와 새우, 게는 저 은빛 웅덩이를 건드리지 않는 한 문제없이 지낸다. 하지만 금기를 어긴 불운한 것들은 사체가 되어 여기저기 뒹군다. 웅덩이 안에는 그곳에 빠져 매장되고 보존된 게와 대형 등각류가 있었다. 이 염화 호수는 일반적인 바닷물보다 염도가 다섯 배는 높고 산소도 없으므로 더 치명적이다.

이 호수를 형성한 바닷물은 1억 6000만 년 전 쥐라기에 멕시코만이 대서양에서 갈라질 때 소금 매장층에서 해저면으로 스며 나온 것이다.[44] 격리된 물은 증발하고 말라서 바닥에 두께가 8킬로미터나 되는 단단한 소금 담요를 깔아놓았다. 그러다가 로키산맥이 형성되던 시기에 마침내 만이 다시 침수되었고 새로운 산맥에서 침식된 퇴적물이 멕시코만으로 씻겨 내려가 소금 지각을 파묻어버렸다. 엄청난 힘으로 내리누르는 침전물의 무게로 소금층이 구부러지고 변형되었는데 이런 과정을 암염 구조 운동salt tectonics이라고 한다. 바닷물은 균열 지점에서 아래로 스며들어 소금을 녹이고 농축된 바닷물을 형성한 다음 위로 비집고 올라왔다. 주위 바닷물보다 짜고 농도가 높은 상태라 소금물은 주변의 물에 섞이거나 퍼지지 않고 웅덩이에 쌓였다. 해저 염화 호수는 멕시코만 외에도 홍해와 지중해, 남극해 근처에서 형성된 것으로 알려졌다. 규모는 웅덩이 수준에서 몇 킬로미터 너비의 거대한 소금 호수까지 다양하다.

그날의 펠리컨호 잠수정은 지름이 30미터쯤 되는 중간 크기 호수를 조사하러 나섰다. 하지만 소금물 웅덩이는 최근에 줄어들기 시작해 얼마 되지 않아 완전히 사라져버렸다. 고염도 물이 해저의 균열 지점으로 도로 들어간 모양이었다. 수천 개의 염화 호수에서 일상적으로 일어날 법한 일이지만 과거에 기록된 적은 없어 신기했다.

호수 바닥에서 발견된 생물은 더 놀라웠다. 작은 진흙

둔덕에 커다란 성게와 장새류acorn worm* 무리가 앉아 있는데 분명 모두 살아 있고 잘 지내는 것처럼 보였다. 이 벌레들은 모두 신종이며 색깔은 야단스러운 초록색과 보라색이고 부분부분 뾰루지가 솟아오른 모형 풍선처럼 보였다.

이 초록 벌레와 성게는 유독한 염화 호수 바닥에서 살아남았다고 최초로 보고된 동물이다. 누구도 어떻게 이들이 이렇게 열악하고 적대적인 환경을 견디는지 알지 못한다. 하지만 그 존재는 적절한 때에 적절한 장소를 들여다보았을 때 주어지는 발견의 기회를 통해 드러나고야 말았다.

---

* 장새류는 반삭동물문에 속하는 동물이다.

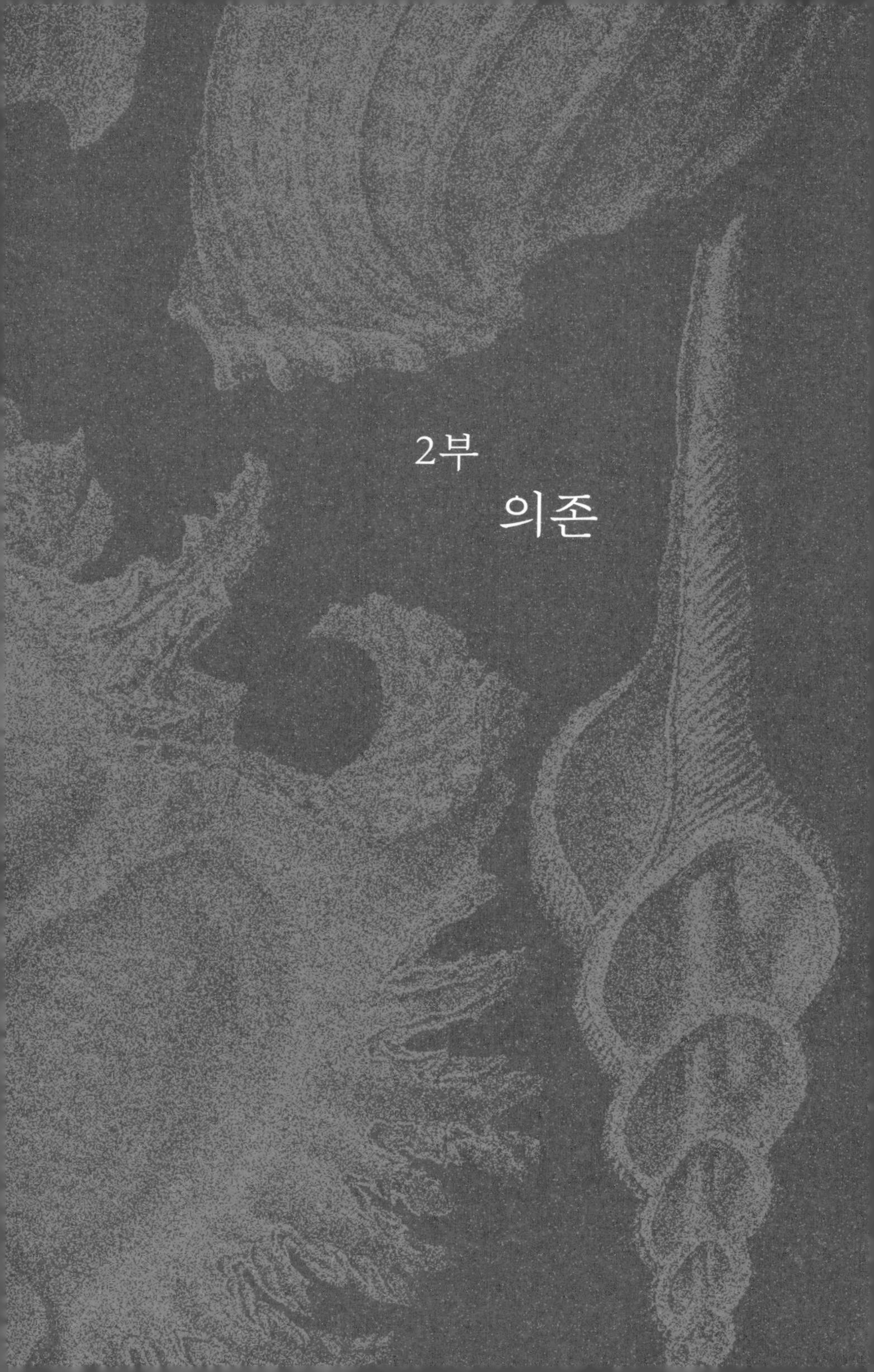

2부

의존

6장

심해의 기능

심해는 존재를 상기시킬 별도, 빛나는 달도 없기에 애써 떠올리지 않으면 우주처럼 더 멀리 떨어진 세계보다도 마음에서 더 쉽게 사라진다. 하지만 이 감추어진 장소는 미처 알지 못하는 사이에 일상에 와닿아 반드시 일어나야 할 일들이 일어나게 한다. 한마디로 말해 이 행성을 생명이 거주할 수 있는 곳으로 만드는 것이 심해다.

바다의 광대한 부피와 쉼 없는 움직임, 그리고 열을 흡수하는 물의 뛰어난 성질 덕분에 지구와 태양의 균형 있는 상호 작용이 유지된다.* 대기의 온실가스층이 대책 없이 두꺼워지는 지금, 끝없이 내리쬐는 태양 복사선은 그 열을 받아줄 많은 물이 없다면 금세 지구를 견딜 수 없이 뜨겁게 만들 것이다. 인간이 방출한 이산화탄소에 갇힌 잉여의 열 90퍼센트 이상이 바다에 흡수된다. 바다의 물이 아니었다면 전 세계 육지의 온도는 이미 산업화 이전 시대보다 36도 이상 높아져 미국 전역에서 여름철 평균 기온이 섭씨 71도를 웃돌 것이다.[1]

이렇게 많은 열이 격리된 결과로 바다는 기록된 인류 역사상 가장 뜨거워졌다. 지역마다 차이는 있지만 2020년에 발표된 한 연구에 따르면 전 세계적으로 수면과 수심 2000미터 사이의 평균 수온이 사정없이 증가하고 있다. 2019년에 수심 1600미터까지의 상층부는 1980년과 2010년 사이의 평균보다 0.075도 더 따뜻해졌다.[2] 하찮아 보이는가? 상층 2킬로미터 구역의 수온을 이만큼 상승시키는 데 필요한 열은 히로시마에 투하된 원자 폭탄 36억 개 분량과 맞먹는다. 이처럼 급증하는 수온은 인간이 열을 품는 기체를 방출해서 기후 위기를 몰아가고 있다는 반박할 수 없는 증거다. 점점 따뜻해지는 바다를 설명할 다른 타당한 대안은 결코 없다.

2000년 이후로 대양의 온도는 아르고ARGO 플로트라는 무인 관측 장비에 의해 철저히 감시되고 있다.[3] 전 세계 연구기관에서 90센티미터짜리 튜브 총 4000개를 바다에 투하하

---

* 물은 공기보다 열용량이 훨씬 크다. 같은 양을 데우는 데 에너지가 더 많이 든다는 뜻이다. 물에서 수영하는 사람이 같은 기온의 물 밖에서 걷는 사람보다 더 춥게 느끼는 이유도 그래서다. 물이 몸에서 더 많은 열을 끌어가기 때문이다. 이는 물이 열을 가두고 저장하는 능력이 공기보다 훨씬 뛰어나다는 뜻이기도 하다.

고 배터리가 다 될 때까지 4~5년 동안 표류하게 두었다. 각 플로트는 수심 1000미터 지점까지 잠수한 다음 그 깊이에 머물도록 설정되었다. 이후 주기적으로 그 깊이를 두 배로 늘리고 서서히 위로 떠 올리면서 염도와 유속, 수온 등을 측정한다. 수면에 올라온 아르고 플로트는 위성을 통해 기지에 데이터를 전달한다. 현재 이 무인 로봇이 거의 전 세계를 아우르며 플로트가 커버하지 못하는 공백은 추정치를 계산해 채운다. 하지만 아르고 플로트가 측정하는 깊이는 대개 심해가 시작되기 직전인 수심 1000미터로 한정된다.

선박에서 측정한 결과는 대기의 열이 훨씬 깊은 곳까지 흐른다고 보여준다.[4] 바다가 품은 열의 약 5분의 1이 박광층에서 시작해 심연까지 수심 1000미터 이하에 저장된다. 대부분은 남극을 둘러싸는 심해 분지인 남극해에 있다. 또한 대서양 중앙 해령의 산 사면과 남아메리카 대서양 연안에서 떨어진 브라질 해저 분지의 심해에도 많은 열이 저장되어 있다. 기후 위기가 심화하면서 점점 더 많은 열이 깊은 곳까지 침투하고 심연의 물은 점점 더 빠른 속도로 따뜻해지고 있다. 남태평양 수심 4000미터 이하의 차가운 물이 2010년대에 들어서 1990년대보다 두 배는 더 빨리 따뜻해지는 형편이다.[5]

따뜻한 물은 아래로 가라앉는 밀도류(해수의 밀도 차이에 의해 생기는 해류. 찬물일수록, 짠물일수록 무겁다—옮긴이)를 통해 심해에 닿는다. 해양 심층수는 기후를 개선하고 지구에 생명체가 가능하게 하는 지구 순환 시스템의 일부로서 중요한 역할을 수행한다. 지구의 몸통이자 태양에서 가장 가까운 적도에서는 상시 강렬한 태양 복사선이 내리쬔다. 만약 바닷물이 정지 상태로 움직이지 않는다면 적도는 점점 더 뜨거워지고 반대로 극지방은 점점 더 추워질 것이다. 하지만 실제로 적도의 열은 그곳을 벗어나는 표층류에 서서히 흡수되어 적도의 북쪽과 남쪽 지역으로 열기를 흘려보낸다.

'해양 컨베이어 벨트'라고도 부르는 이 해양 대순환은 바다의 표층에서 물결을 일으키는 바람과 심해로 가라앉는 차갑고 짠 물의 조합에서 원동력을 얻는다. 북극에서는 수면에서 해빙이 형성될 때 주위 바닷물의 염도가 더 높아진다. 얼음 결정에서 염분이 빠져나오기 때문이다. 염도가 높아진 이 짠물은 북극의 대기에 열을 잃으면서 차가워지고 그 결과 이 밀도 높은 물은 수백 미터에서 수 킬로미터 아래로 가라앉아 심연에서 천천히 흐르며 지구 전체를 하나의 고리로 엮는다.* 심해의 해류는 해저면을 가로질러 기어가듯 그린란드를 지나고 래브라도해로 들어간 다음 그곳에서 더 차갑고 밀도 높은 물이 추가되어 남쪽으로 대서양 한가운데를 지나 남극까지 흘러간다. 그곳에서 심해 해류는 바다에서 가장 차갑고 밀도가 높은 물인 남극 저층수가 주입되면서 과

* 컨베이어 벨트가 한 번의 순환을 완성하는 데 평균 1000년이 걸린다.

충전 상태로 모든 주요 해양 분지의 심연으로 스며든다.* 심해 컨베이어 벨트는 계속해서 일부는 대서양과 서인도양으로 휘돌아 들어가고 일부는 남극과 뉴질랜드의 남쪽을 돌아 북쪽을 향해 태평양으로 간다. 마침내 지류가 적도에 접근하면 열기에 데워진 물이 용승해서 소용돌이 경로에 합류하는데 동남아시아를 통과해 서쪽으로 향하고 인도양을 가로지른 후 대서양을 거쳐 북쪽으로 이동한 끝에 멕시코 만류에 도달한다. 멕시코 만류는 북아메리카 동쪽 해안을 따라 카리브해에서 크게 돈다. 그 과정에서 따뜻한 물은 대기에 열을 방출하는데 그것이 서부 유럽의 기후가 따뜻한 원인이다. 뉴욕보다 포르투갈의 겨울이, 노바스코샤보다 프랑스의 겨울이 더 따뜻한 이유가 여기에 있다.

해빙과 지구의 자전(북반구와 남반구에서 해류가 서로 다른 방향으로 돌게 한다)처럼 많은 요소가 이 컨베이어 벨트 운행에 관여한다. 하지만 지구의 바다가 모두 얕기만 하다면 밀도 높은 물이 깊은 수심으로 침강하고 그것을 채우기 위해 주위에서 표층수를 끌어당기는 일이 없어 지구의 해류는 이동을 멈출 것이다. 현재 바다는 수십, 수백 년에 걸쳐 숨을 들이마시고 천천히 내쉬며 깊이 호흡하고 그러면서 내용물

* 로스해, 웨들해, 아델리 해안, 동남극의 단리곶에서 형성된다고 알려진 남극 저층수는 영하 1.1도까지 차가워질 수 있다(잠수하는 코끼리바다표범의 몸에 부착된 센서로 파악된 자료다). 이 물은 염도가 높아서 저 온도에서도 얼지 않는다.

을 뒤섞는다. 그 과정은 열을 조절할 뿐만 아니라 영양소와 산소, 탄소를 바다 전체에 분배한다.

하지만 지구 온난화로 인해 지난 수십 년간 이 순환의 일부가 불안정해졌다는 징후가 있다. 1990년 이후로 남극 저층수는 눈에 띌 정도로 더 따뜻하고, 덜 짜고, 밀도가 더 낮아지고 있다.[6] 모두 해빙과 대륙 빙하에서 잘려 나간 빙하로 인한 변화가 복잡하게 뒤섞인 결과다. 그린란드에서 녹고 있는 빙원을 포함해 북대서양으로 쏟아지는 담수가 증가하면서 심해로 가라앉을 바닷물의 염도와 밀도가 낮아지는 바람에 해양 컨베이어 벨트의 주요 구역에서 심층 순환의 추진력이 약해졌다.

그 결과 20세기 중반 이후 원래는 대서양을 가로질러 북쪽으로 흐르던 적도 해수의 속도가 15퍼센트가량 느려지고, 앞으로 수백 년 안에 이 구역에서 컨베이어 벨트가 일시적으로 정지할 가능성이 6분의 1로 추정된다. 그렇게 되면 유럽에 엄청난 추위가 몰아닥칠 것이다.[7] 대서양에서 해수의 순환은 과거 거대한 대륙 빙하가 녹은 마지막 빙하기 말에 상당히 약해진 적이 있었고 그 현상은 얼마든지 반복될 수 있다.[8] 더 걱정스러운 것은 대서양 순환 시스템의 붕괴는 지구에 돌이킬 수 없는 기후 재앙을 몰고 올 티핑 포인트(어떤 현상이 서서히 진행되다가 작은 요인으로 돌이킬 수 없이 급변하는 시점—옮긴이)로 작용할 것이라는 점이다. 그렇다면 바닷물이 심해를 거쳐 흐르는 것이 얼마나 중요한지는 의심할 여지가 없다.

여러 해안을 따라, 특히 대륙의 동쪽 가장자리에서는 바람이 표층수를 바다로 밀어내고 그 자리를 채우기 위해 심해의 물이 위로 끌어올려진다. 심해에서 용승하는 물은 그 안에 용해된 영양소를 표층으로 올려보내는데 그 덕분에 식물성 플랑크톤의 번식이 자극되고 그 결과 생태계에 먹이가 주입된다.[9] 지상의 식물과 마찬가지로 물에서 광합성을 하는 플랑크톤도 영양가 있는 비료가 있을 때 더 잘 자란다. 하지만 붐비는 표층에서 저런 화합물은 쉽게 고갈되기 마련이다. 세계에서 가장 비옥한 해안 생태계와 생산성이 높은 어장은 용승이 격렬하게 일어나는 지역에서 형성된다. 전 세계 해산물 어획량의 20퍼센트가 4대 용승 지역에서 해결되는데 북아메리카 서부의 캘리포니아 해류, 남아메리카 태평양 해안의 훔볼트 해류, 아프리카 서부와 서남부의 카나리아 해류와 벵겔라 해류가 이에 해당한다. 다 합쳐도 전체 해양 표층수의 1퍼센트밖에 안 되는 이 네 곳의 어장이 북아메리카인들과 유럽인들의 식단에 가장 자주 오르는 해산물 대부분을 공급한다. 아프리카 해안의 동대서양에서 잡혀 통조림이 되는 참치, 어분으로 갈아 양식장 연어와 새우에게 먹이는 페루멸치가 모두 심해에서 올라오는 영양소를 먹고 자란다.

용승하는 영양소와 반대 방향으로 흐르는 탄소 역시 살아 있는 지구의 나머지에 큰 영향을 미친다. 식물성 플랑크톤은 태양 에너지를 이용해 이산화탄소를 탄수화물로 바꾼다. 유기 분자에 들어 있는 탄소 일부는 초식성 동물 플랑크톤에 소비된 다음 날숨을 통해 이산화탄소로 배출되어 빠르게 대기로 돌아간다. 나머지 일부는 바다에 머무는데, 잡아먹히지 않고 죽은 식물성 플랑크톤이 동물성 플랑크톤의 사체나 그 배설물, 유형류가 버린 집, 그 밖의 생물학적 잔해와 함께 바다 눈이 되어 가라앉는다. 바다로 떨어지는 눈 폭풍은 나르코해파리에서 흡혈오징어까지 바다 눈을 먹고 사는 온갖 생물이 중간에 가로챈다. 심해에 도달하는 눈 입자는 깊은 곳에 머물면서 주변 먹이 그물에 전달되거나 해저면에 가라앉아 유기물이 풍부한 퇴적층에 보태진다. 이 심연의 탄소는 수천 년간 심해로 추방되어 대기의 손이 닿지 않는 곳에 격리된다.

공식적으로는 '생물학적 탄소 펌프'라고 알려진 심해의 강설은 공간과 시간에 따라 다양하다. 북대서양에서는 봄철이면 따뜻해진 바닷물에 의해 식물성 플랑크톤이 크게 번식해서 탄소를 침강시킨다. 해류에 날린 눈 더미가 해산과 심연의 언덕에 쌓인다.[10] 한 차례 크게 쏟아진 바다 눈은 해저 협곡을 타고 아래로 이동한다.[11] 남극해에서는 2014년과 2015년 두 번에 걸쳐 식물성 플랑크톤의 대증식이 감지되었다.[12] 그곳은 원래 필수 영양소인 철분의 부족으로 평소 플랑크톤의 사막이라고 알려진 황무지였다(대륙붕과 육지에서 불어오는 대기의 먼지가 전형적인 해양 철분의 공급원이다). 그해 식물성 플랑크톤이 번식한 곳의 물을 분석했더니 철분은 근처 심해 열수구에서 용승한 것이었다.* 이는 열수 순환이 탄소 펌프를 북돋우는 데 한몫한다는 사실을 처음으로 보여준 사례다. 뜨거운 물기둥이 맨틀에서 표층수로 철분을 토해내고 그것이 플랑크톤의 번식을 자극한 결과 바닷속에서 눈사태를 일으키며 심해의 탄소 저장을 강화한 것이다.

향유고래도 아래쪽에서 철분을 끌어올려 바다의 표층에 비료를 주는 비슷한 서비스를 제공한다. 고래가 박광층과 무광층에서 잠수하는 동안에는 필수적이지 않은 신체 기능이 정지되어 이를테면 소화가 일어나지 않는다. 고래는 오로지 바다의 해수면에서만 배변한다. 고래가 숨을 쉬러 올라왔다가 장을 비울 때 배출되어 물에 떠다니는 액체 대변은 철분이 풍부해 식물성 플랑크톤의 이상적인 비료로 쓰인다. 매년 남극 대륙 주변의 향유고래는 심해에서 대략 50톤의 철분을 들고 올라와 식물성 플랑크톤의 번식을 자극한다.[13] 그 결과 대기에서 연간 탄소 약 44만 톤이 처리되어 고래가 내쉬는 이산화탄소를 상쇄하고 순 탄소 흡수원이 된다. 현재는 예전보다 훨씬 그 양이 줄었다. 산업 포경 이전에는 남극 향

---

* 특정 동위 원소를 가진 원시 헬륨을 표지로 사용했다. 이 헬륨은 지구의 맨틀에서 왔고 열수 유체에 의해 방출된다.

유고래가 매년 대기에서 200톤 이상의 탄소를 제거할 비료를 식물성 플랑크톤에게 공급했다. 이는 워싱턴 DC의 연간 탄소 배출량과 맞먹는다.

지구의 모든 바다에서 바다 눈의 형태로 심해로 쓸려오는 탄소의 양을 정확하게 측정하는 것은 규모와 복잡성을 감안했을 때 엄청난 과제다.[14] 추정치는 연간 약 5~16기가톤 수준이다. 중력의 힘으로 가라앉는 바다 눈 입자의 탄소가 아니더라도 더 많은 탄소가 매일 심해에서 해수면을 오가는 대이동에 힘입어 심해로 활발히 끌어내려진다. 매일 전 세계에서 태양이 질 때면 엄청난 양의 살아 있는 파도가 수면을 향해 경주한다. 수십억 마리의 동물성 플랑크톤, 물고기, 크릴, 오징어, 젤리 동물이 어둠이 깔리는 얕은 바다의 안전한 사냥터를 찾아 올라온다. 그러고는 태양이 떠오를 무렵이면 다시 밑바닥 어둠으로 돌아가 먹이를 소화하고 배변하면서 위쪽에서 섭취한 탄소를 방출한다. 이런 '입자 주입 펌프'의 세기는 아직 밝혀지지 않았지만 중력의 힘으로 하강한 바다 눈 입자 못지않게 많은 탄소를 격리하는 것으로 보인다.[15]

해양 생태계가 지구 기후의 근간이라는 사실이 점차 명확해진다. 인류가 배출하는 전체 탄소의 3분의 1이 바다로 들어가 재앙을 몰고 올 기후 위기에서 지구를 구한다.[16] 우리의 미래는 심해에서 일어나는 일에 달렸다. 바다 눈의 작은 변화가 바다에 격리된 탄소에 영향을 주고 결국 대기 중의 이산화탄소 수치까지 바꾸어놓는다. 해양 생물 펌프의 전체 규모는 아직 파악 중이다.[17] 2020년, 우즈홀 해양 연구소 연구팀은 해양 생물 펌프의 효율성이 크게 과소평가되었다고 주장했다. 전통적인 기후 모델에서는 햇빛이 광합성에 연료를 대는 바다의 깊이를 약 150미터에 고정했다. 하지만 식물성 플랑크톤의 실제 서식지를 파악한 대규모 엽록소 측정 데이터 분석 결과 태양의 투과도는 지역과 계절, 깊이에 따라 크게 달랐다. 햇빛이 비치는 구역을 다각도로 고려해서 우즈홀 연구팀은 과거 추정치의 두 배에 달하는 탄소가 매년 심해로 가라앉는다고 확인했고 해양 생물 펌프가 기후에 매우 큰 영향을 주며 또 대단히 중요하다고 시사했다.

심해와 심해가 주는 모든 것에 대한 감사는 약 40억 년 전, 생명이 기원한 순간부터 시작되어야 한다. 살아 있는 세포가 심해, 구체적으로 열수구 안에서 맨 처음 나타났다는 것이 현재의 유력한 가설이다.[18] 이는 1990년대 초 미국 항공 우주국의 마이클 러셀이 처음 구체화한 개념이다. 러셀은 열수구 굴뚝의 미세한 구멍이 세포의 형판形板이 되어 생명체를 탄생시킨 반응에 필요한 조건을 제공했다고 가정했다. 그러려면 갓 생성된 생명체가 이내 원시 수프로 끓어버리지 않을 정도로 열수구의 온도가 더 낮아야 했다.

그리고 마침내 2000년, 러셀의 가설에 들어맞는 시원한 열수구가 발견되었다. 심해 연구팀은 아조레스 제도 남쪽으로 대서양 중앙 해령에서 약 14킬로미터 떨어진 거대한 해산 아틀란티스 고원을 방문하던 중, 해저 암석의 화학 반응으로 형성된 거대한 흰색 탄산염 첨탑의 숲을 보았다.[19] 가장 큰 것은 폭이 30미터였고 높이가 60미터였다. 잃어버린 도시라는 뜻에서 로스트 시티Lost City라고 명명된 이곳에는 세계에서 가장 오래된 열수구 지대가 형성되었다.[20] 이 지역은 적어도 12만 년 동안 꾸준히 활동이 있었다고 여겨진다. 이런 조건은 핵의 방사능이 더 강했던 어린 지구에서 훨씬 더 풍부했을 것이다. 바다가 있는 한 열수구가 있고 그렇게 최초의 세포가 조립될 무대가 마련되었다.[21]

이런 열수구 시스템에서 멀리 떨어진 실험실에서 과학자들은 원시 심해 환경을 직접 재현해서 생명을 일으킨 발화 장치를 탐색해왔다. 캘리포니아주에 위치한 미국 항공 우주국 산하 제트 추진 연구소에서 로리 바지와 에리카 플로레스는 수 센티미터짜리 미니어처 열수구를 제작해 성공적으로 아미노산을 생성했다.[22] 이 작은 분자가 굴뚝에 쌓여 펩타이드가 되고 마침내 단백질로 결합하는지 확인하는 것이 다음 단계다.

2019년, 유니버시티 칼리지 런던 연구팀이 열수구를 모방해서 지은 반응로 안에서 단순한 원세포protocell가 조립되면서 돌파구가 마련되었다.[23] 지방산과 지방알코올의 혼합물이 한 방울의 액체로 둘러싸여 막을 갖춘 기본 세포가 형

해양 생태계가
지구 기후의 근간이라는 사실이
점차 명확해진다.
인류가 배출하는 전체 탄소의
3분의 1이 바다로 들어가
재앙을 몰고 올 기후 위기에서
지구를 구한다

성된 것이다. 과거 연구에서도 비슷한 원세포가 만들어진 적이 있었으나 염화나트륨이 미량만 존재해도 분해되었으므로 짠 바다에서 생명의 기원을 찾는 일은 접어야 한다는 의견이 나올 정도였다.[24] 하지만 유니버시티 칼리지 런던 연구팀은 재료와 레시피만 적절하다면 오히려 열과 염분이 추가된 상태에서 세포가 더 잘 형성되고 또 안정적이라고 보여 생명의 열수구 기원설에 힘을 실어주었다.

또 한 가닥의 증거가 2017년 캐나다 북부의 대륙판에 보존된 원시 해양 지각에서 나타났다. 이 귀한 자료에서 너비가 인간 머리카락의 절반이고 철분이 풍부한 적철석으로 만들어진 미세 관과 필라멘트가 발견되었다.[25] 그것은 오늘날 열수구에 서식하는 미생물처럼 가지가 갈라진 특징을 보여 이 생물이 고대 열수구에서 살았음을 암시했다. 이 미세한 구조물이 박혀 있는 바위는 최소한 37억 7000만 년 전의 것으로서 단연 세계에서 가장 오래된 화석이자 가장 초기 형태의 세포가 남긴 유해가 되었다.* 이 분야의 일부 전문가는 저 세포가 42억 8000만 년 전에 생성되었다는 가능성까지 제기했다.

생명은 지구에서 대단히 오래전에 시작되었기 때문에 아마 그 과정을 정확히 알 길은 없을 것이다. 하지만 지구에서는 물론이고 지구 밖 우주에서까지 과거를 시뮬레이션 하

---

* 그전에 가장 오래되었다고 알려진 화석은 3억 년 더 젊은 것이었다.

고 자기 복제 현상의 징후를 발견하는 데 필요한 연구와 단서가 있다. 열수구는 토성의 위성 엔셀라두스와 목성의 위성 유로파의 얼음 지각 밑에서 감지되어(어쩌면 화성의 고대 바다에서까지) 그곳에서도 생명의 세포가 탄생했다는 애타는 가능성을 제시할지도 모른다.

또한 심해는 세포가 처음 생성되고 나머지 지구에 생명을 접종한 뒤에 일어난 일에 대해서도 단서를 제공한다. 최초의 생명이 점화되고 20억 년 동안 세상에는 단세포 생물인 세균과 고세균밖에 없었다. 생명의 진화에서 다음으로 중요한 단계인 복잡한 세포의 진화, 즉 진핵생물의 탄생 역시 아마 심해에서 이루어졌을 것이다. 독자와 나는 진핵생물이고 이 세상의 모든 동물, 식물, 조류, 곰팡이도 마찬가지다. 우리는 모두 자신의 세포 안에 에너지를 생성하는 미토콘드리아와 DNA를 보관하는 핵을 가지고 있다. 진핵생물은 한 미생물이 다른 미생물을 집어삼키면서 발생했을 것으로 추정된다. 저 세포 소기관들은 다른 미생물에 흡수되고 통합되었을 테지만 그 정확한 과정은 아직까지 생명 과학의 가장 큰 수수께끼 중 하나다.

2019년, 일본 연구팀이 실험실에서 초기 진핵생물에 매우 가까운 미생물을 기르는 데 성공했다고 발표했다.[26] 10여 년 전, 연구팀은 바다에 유출된 석유를 분해할 미생물을 찾아서 잠수정 신카이 6500을 타고 수심 1500미터가 넘는 심해로 내려가 진흙 샘플을 수집했다. 그런데 그 진흙에서 아스가르드고세균(또는 아스가르드)이라고 알려진 희귀 세포가 발견되었다. 그 세포는 미생물과 진핵생물의 유전자를 모두 지니고 있었는데 과거에는 심해에서 찾아낸 DNA 조각으로만 알려졌었다. 온전한 아스가르드 세포가 발견된 것은 처음이었고 연구팀은 이 세포가 아주 느긋하게 증식하는 동안 인내심을 발휘하며 10년 넘게 기다렸다. 대장균*E. coli* 같은 조금 더 익숙한 미생물은 20분마다 한 번씩 분열하지만 아스가르드 세포는 두 개로 분열하는 데 25일이 걸린다. 또한 말할 수 없이 까다로워 심해와 유사하게 차갑고 산소가 부족한 조건에서만 생장하고 추가로 다른 미생물이 있을 때만 살아남는다. 일본 연구팀이 저 느린 세포에서 관찰한 것처럼 아스가르드 세포에는 (당황한 문어처럼 보이는) 긴 부속지가 있고 그 팔에는 세균이 붙잡혀 있다. 아마도 수십억 년 전 아스가르드 같은 세포가 다른 세균과 아주 친밀하게 얽혀 있다가 통째로 삼킨 다음 최초의 진핵 세포가 되었는지도 모른다. 현재 심해 저 깊숙이 숨어 있는 과거의 비밀을 밝히고자 더 많은 아스가르드 세포를 찾는 수색이 진행되고 있다.

7장

심해의 신약 창고

1986년, 반 톤짜리 검은색 무정형 해면이 일본 해안의 얕은 바다에서 끌어올려졌다. 해변해면속*Halichondria*에 속하는 이 생물의 추출물에 새로운 항암제로 거듭날 강력한 화학 물질이 들어 있었다.[1] 1995년에는 산호끈적해면속*Lissodendoryx*의 샛노란 해면이 뉴질랜드 카이코우라 반도의 더 깊은 물에서 채집되었다. 이 해면도 같은 물질을 생산했지만 농도가 더 높았다. 당시에는 할리콘드린 B라고 불리던 화합물 0.5그램을 만드는 데 해면 1톤이 들어갔다. 이 화합물은 다양한 암 세포에 놀라울 정도로 독성이 있었다. 할리콘드린 B 분자를 변형해 단순하지만 효과는 동일한 항암제 에리불린이 탄생했다.

2010년, 최초 발견 후 25년이 지나서야 에리불린이 전이성 유방암 마지막 단계에 사용될 화학 요법 치료제로 시장에 공개되었다. 에리불린은 임상 실험 결과 암이 전이되고 이미 수차례 화학 요법을 시행한 사람들의 생명을 연장한다고 증명된 유일한 항암제다. 에리불린 분자는 세포 분열 과정에 염색체를 끌어당기는 미세 소관에 들러붙어 종양의 생장을 막는다. 미세 소관의 활동이 차단되면 세포는 분열할 수 없으므로 종양은 분열을 멈춘다.

지금까지 바다에서 신약을 탐색한 결과 해양 천연물이라고 불리는 생물 활성 분자 3만 개가 목록에 올랐다. 모두 나름의 유용한 화학적 성질을 지니고 있다. 그중 전임상 실험 단계에 있는 것이 수백 종, 사람을 대상으로 임상 실험 중인 것이 수십 가지이고 여섯 개가 승인받아 제약 시장에 출시되었다. 에리불린은 이 여섯 개 중에서 가장 바다 깊이 사는 종에서 추출한 것이지만 아주 깊다고는 볼 수 없는 수심 1000미터에 서식한다. 하지만 진짜 깊은 곳에 사는 심해 종에서 추출된 약물도 곧 등장할 것이다.

사람들은 오랫동안 자연 세계에 의지해 새로운 치료법과 치료제를 찾아왔다. 그런 맥락에서도 이제는 심해에 더 관심과 노력을 기울일 가치가 있음을 깨달아야 한다. 치료제를 사냥하러 더 깊이 내려갈수록 아직 탐색되지 않은 새로운 물질의 창고가 열리고 있다. 심해가 모두에게 중요한 실질적인 이유가 설득력을 더해간다.

아일랜드 골웨이 해양 연구소는 소위 '아일랜드의 진짜 지도 The Real Map of Ireland'를 제작했다. 아일랜드의 해양 영토를 육지의 열 배까지 확장해서 해저 지형을 그린 물이 없는 지도다. 이 섬나라는 수면 아래로 깊이가 300미터도 채 되지 않는 얕고 넓은 대륙붕에 자리 잡았다. 이와 같은 육지의 자연스러운 확장은 아일랜드로 하여금 이 거대한 해저 영역에서 천연자원을 탐색할 권리를 주장하게 했다.

락올 분지와 포큐파인 심해 평원으로 깊이 팬 서쪽에는 가파른 계곡과 협곡의 긴 바위 절벽이 있다. 루이스 올콕이 신약을 찾아 들여다보는 곳이 바로 이곳이다.[2] 올콕 연구팀은 표본을 수집하기 위해 아일랜드 대륙붕 위로 수심 900~2400미터 바다에 원격 조종 잠수정을 내려보냈다. 그곳에서 잠수정은 로봇 팔과 집게로 마치 정원에서 가지치기하듯 해면과 산호초를 조심스럽게 잘라냈다. 새로운 합성 기술로 이제는 살아 있는 재료를 수 톤씩 수거하지 않아도 된다. 대륙대를 따라 식물처럼 보이는 동물 종이 번성하고 있었다.

"이곳처럼 풍부한 곳을 본 적이 없습니다." 심해 탐험 경력이 많은 생물학자 올콕이 말했다. 동물의 숲이 장식한 해산과 비슷하게, 대륙이 가라앉는 경계의 협곡과 절벽은 수백, 수천 년씩 사는 것들을 포함해 심해 산호와 해면이 정착하고 번영하는 데 필요한 먹이 입자를 쓸어오는 강한 해류가 흘러 이상적인 서식지다.

올콕이 산호와 해면을 표적으로 삼은 것은 움직이지 않는 동물이기 때문인데 채집이 수월하기도 하지만 진짜 이유는 따로 있다. 이렇게 한곳에 고정되어 살아가는 생물은 포식자로부터 도망치거나 여기저기 옮겨 다닐 수 없으므로 다른 생물이 자기를 먹지 못하도록 복잡한 화학 무기가 진화해왔다. 이 2차 대사산물은 생장에는 직접 관여하지 않지만 대개 새로운 기능을 통해 유기체에 중요한 부차적 역할을 한다.

식물에서도 흔히 비슷한 활성 물질이 나타나는데, 모두 산호나 해면처럼 한 자리에 뿌리를 박고 살아야 하는 운명 때문이다. 찻잎의 타닌, 담배의 니코틴, 커피의 카페인이 모두 곰팡이 감염이나 잎을 갉아먹는 곤충을 퇴치하기 위해 진화한 2차 대사산물이다.

인간은 수천 년 동안 식물 대사 물질의 약효를 이용해왔다. 전통적인 약초 치료는 물론이고 코데인, 모르핀, 아스피린, 멀미약 스코폴라민을 포함해 식물에 기반한 많은 현대 약물이 이에 해당한다. 식물의 약효를 이용하는 것은 인간만이 아니다. 다른 동물도 식물을 자가로 처방한다. 예를 들어 아메리카너구릿과에 속하는 흰코코아티white-nosed coati는 털을 나무껍질에 세게 문질러 벼룩과 진드기를 죽인다. 올리브개코원숭이는 특정 열매나 잎을 씹어 기생충이 일으키는 주혈흡충증을 치료한다. 식물과 달리 아직 약재로 널리 쓰이지 않은 산호와 해면은 식물의 뒤를 이어 현대의 의약품 목록에 기여할 가능성이 크다.

육상 종에 비해 해양 종의 분자는 종양 세포나 병원균에 더 강력하고 치명적이다. 해양 천연물은 또한 화학적으로 여느 육상 생물에 비할 수 없는 참신성이 있다. 생물 분자의 활성과 작용은 그 모양에 따라 결정된다. 새로운 모양이 곧 새로운 효능이라는 뜻이다. 본질적으로 해양 분자는 대부분 아직 다른 곳에서 본 적 없는 크고 정교한 구조물이라 획기적인 신약 개발의 잠재력이 매우 크다. 특히 심해 종은 엄청난 압력과 낮은 온도, 빛이 없고 먹이가 매우 부족하다는 극한 조건이 조합된 특수한 영역에서 살아남기 위해 진화해왔다. 심해 종의 몸은 세포나 대사 물질을 만드는 기본 방법에서조차 다른 생물과 크게 다르다. 그 결과 심해 생물은 독자적인 화학 물질 창고를 보유하게 되었다.[3]

지금까지 해양 천연물은 대부분 산호나 해면에서 발견되었고, 특히 심해에서는 놀랄 정도로 적중률이 높았다. 태평양 섬인 괌 주변의 박광층을 조사했더니 그곳에 서식하는 산호와 해면의 75퍼센트가 생물학적 활성 물질을 포함하고 있었다.[4]

해저에서 시료를 채취해오면 미생물학자가 그 추출물로 암이나 퇴행성 신경병의 진행을 멈추는지 또는 말라리아나 결핵 같은 질병을 일으키는 병원균을 죽이는지 등을 시험한다. 시료는 화학자한테로도 가서 특이한 분자를 분리하고 구조를 밝히는 과제가 시작된다. 가장 유망한 화합물을 찾고 지금까지 보고된 적 없는 새로운 물질인지 알아내는 것은 신약 개발 파이프라인에 투입될 후보를 결정하는 첫 번째 단계다. 화합물이 선별되면 해당 물질의 분자 공식을 미세하게 변형해 효능을 높인다. 제약 회사는 후보 물질을 야생 동물에서 직접 추출하지 않고 실험실에서 대량 합성이 가능할 때만 관심을 보일 것이다.

한편으로 신약이 아니더라도 다른 강력한 생체 분자들이 심해에서 발견되고 있다. DNA를 다루는 전 세계 실험실에서 사용되는 시약 중에 택Taq 중합 효소가 있다. 이 효소 역시 열수구 미생물에서 분리된 것으로 DNA 조각을 수백만 가닥으로 정확히 복제할 수 있다. DNA 복제는 범죄 현장의 DNA 지문 확인부터 코로나19 진단까지 온갖 종류의 유전자 실험에서 빼놓을 수 없는 과정이다.

이미 많은 심해 화합물이 생명을 구하는 미래의 약물로서 큰 잠재력을 보여주었다.[5] 태평양 누벨칼레도니 지역의 깊은 해산에서 채취한 크세스토스퐁기아속*Xestospongia* 해면에는 치명적인 플라스모디움 팔키파룸*Plasmodium falciparum*을 포함해 말라리아 기생충에 효과적인 화합물이 들어 있다. 주먹 모양의 회색 덩어리 같은 바다나리류 생물이 카리브해 퀴라소 근방의 수심 350미터 지역에서 수집되었는데 다제 내성 난소암 세포와 백혈병 세포를 억제하는 화합물이 들어 있었다. 남극 로스해에 사는 만두멍게속*Aplidium* 우렁쉥이에서 항백혈병, 항염증, 항바이러스성 물질이 추출되었다. 대서양 중앙 해령의 열수구에서 화학 합성 세균과 공생하며 살아가는 홍합 안에서는 항암제 후보 물질이 발견되었다. 남중국해 해저 진흙에 사는 곰팡이는 인간 면역 결핍 바이러스HIV의 핵심 효소를 막는 물질을 생산했다. 세계에서 가장 깊은 마리아나 해구의 수심 1만 898미터 바닥에서는 데르마코쿠스 아비시*Dermacoccus abyssi*라는 새로운 균주가 발견되었는데 암세포를 죽이는 다양한 화합물을 보유하고 있었다.

심해는 어떤 특별한 약물에 대해서도 아이디어를 제공한다. 현재 인간 세계에서 가장 시급한 그 약물은 바로 새로운 타입의 항생제다.

어느 화창한 9월의 아침, 당시 프랑스에 있었던 나는 평소처럼 해변에 나갔다가 낯선 광경을 보았다. 모래의 만조 표시 가까이 다음과 같은 표지판과 다섯 개의 금속 가드레일이 설치되고 노랑-빨강 줄무늬 테이프가 처져 있었다.

병원균 감염의 위험이 있으니 접근하지 마시오.

가드레일 뒤에는 누군가가 커다란 삽으로 모래를 파낸 것으로 보이는 우묵한 자국만 있을 뿐 병원균의 정체를 알 수 있는 단서는 없었다. 줄무늬 테이프가 "만지지 마시오"라고 계속해서 경고했지만 만지지 말아야 할 것은 이미 사라진 후였다.

죽어서 부패 중인 커다란 고래가 만으로 떠내려왔다가 조수로 물이 빠지면서 모래밭에 남겨졌던 모양이었다. 고래 사체는 아침 일찍 지역 경찰이 '에카리사주l'équarrissage'(먹지 못하는 짐승 사체의 처리—옮긴이) 하기 위해 가져갔다.

나는 병원균에 대한 막연한 불안감을 안고 돌아왔다. 살아 있는 고래에 너무 가까이 다가가는 것은 좋은 생각이 아니다. 고래가 숨을 내쉴 때 분수공으로 세균을 뿜어내기 때문이다. 나는 그 고래 사체 안에서 곧 제조될 상당량의 미생물 수프를 상상했다. 당시 내 발에 상처가 있었는데 만약 죽은 고래가 누워 있던 모래밭에 들어갔거나 사체를 발로 밟기라도 했으면 지독한 세균성 감염에 걸렸을지도 모를 일이다. 하지만 죽은 동물의 짧았던 육지 방문 후에 사람들의 안전을 위한다고 해변에 출입 통제선이 처진 것을 보고 있으니 마음 한쪽이 불편했던 것도 사실이다.

그다음 주였다. 내가 막연하게 염려하고 있는 것을 구체화시킨 한 연구가 뉴스에 소개되었다. 대서양 반대편, 플로리다 인디언 리버 라군의 따뜻한 물에서 발견된 야생 병코돌고래가 약물 내성이 있는 다수의 병원균에 감염된 상태였다는 소식이었다.[6] 시간이 지나면서 강해지는 내성은 앞으로 인간 세상의 병원에서 일어날 상황을 보여준다. 2003년에서 2015년까지 돌고래 분수공, 위장, 대변에서 세균을 채취해 조사했더니 현대 의학에서 사용되는 각종 항생제에 대한 내성이 두 배로 증가해 있었다. 이는 희석된 생활 폐수에서 살아가는 돌고래와 해양 동물이 약물 내성 세균에 노출되는 과정을 보여준 몇 안 되는 연구의 하나였다.* 항생 물질에 대한 미생물의 저항성은 급증하고 있다. 소화되지 않은 채 인간의 몸을 통과해 하수도와 수계로 유입된 의약품과, 비위생적인 조건에서 가축을 키우며 빠르게 생장시키려고 거리낌 없이 투여하는 항생제가 환경으로 흘러 들어가기 때문이다.

항생제의 기능은 감염을 일으킨 세균을 죽이는 것이지만 세균이 100퍼센트 박멸되는 것은 아니다. 강한 균주라면 용케 살아남아 더 기승을 부릴 것이다. 특히 항생제가 고맙게도 이 균주와 경쟁하던 다른 미생물을 모조리 처리해주었을 때는 말이다. 이 튼튼한 균주는 궁극적으로 슈퍼버그superbug가 될 수 있다. 슈퍼버그란 다수의 항생제에 내성이 있어 치료가 힘든 고약한 감염을 일으키는 세균을 말한다.

항생제 내성은 새로운 현상이 아니다. 1915년 제1차 세계 대전 당시 어니스트 케이블이라는 젊은 병사가 B군 이질균*Shigella flexneri*에 감염되어 사망했다.[7] 그때는 알렉산더 플레

* 이런 내성 균주의 일부가 해양 포유류를 감염한다고 알려졌다. 아픈 돌고래를 치료하는 수의사가 효과 있는 약을 찾아 분투할 때만 문제가 되겠지만.

밍이 맨 처음 항생 물질을 발견하기 10여 년 전이었지만 이 균은 이미 페니실린에 내성이 있었다. 페니실린뿐만 아니라 에리트로마이신(1949년에 발견된 항생제)에도 내성이 있어 케이블은 끝내 목숨을 구하지 못했을 것이다. 더 과거로 돌아가 잉카 제국의 1000년 된 미라의 장에는 항생제 내성 유전자를 가진 세균이 보존되어 있었다.[8] 또한 한때 털매머드가 돌아다녔고 얼어붙은 지 3만 년 된 툰드라의 토양 시료에서도 약물 내성 유전자를 지닌 세균이 발견되었다.[9]

세균의 항생제 내성이 현대의 약물보다 먼저 나타났다는 사실은 전혀 놀랄 일이 아니다. 어차피 항생제란 세균이나 곰팡이가 직접 제조한 천연 독소로 만든 것이기 때문이다. 애초에 페니실린을 만든 생물은 플레밍이 실수로 방치한 페트리 접시에서 처음 발견된 푸른곰팡이 페니실리움 크리소게눔*Penicillium chrysogenum*이었다.

생존, 그리고 공간과 자원 경쟁을 위해 미생물은 지속해서 화학전을 벌인다. 이들은 치명적인 2차 대사산물을 생산해 서로를 죽인다. 자연의 항생제는 인간이 활용하기 수십억 년 전부터 존재했다. 미생물은 이웃의 화학 공격에서 살아남을 방법을 끊임없이 진화시켜왔다. 항생 물질을 생산하는 유전자가 진화하면 그 물질에 내성이 있는 유전자가 바로 뒤를 따르는 방식이다. 이는 한쪽이 무기를 개발하면 상대가 그 효과를 상쇄하거나 차단할 새로운 방법으로 대응하는 군비 경쟁과 같다. 심지어 내성 유전자는 플라스미드라고

하는 작은 원형 DNA를 통해 세균에서 세균으로 전달되어 빠르게 퍼진다. 내성이 증가하면 상대 미생물은 새로운 공격 물질을 개발하고 그렇게 내성과 독성의 진화는 주거니 받거니 하면서 순환을 이어나간다.

슈퍼버그는 원래 자연계에 만연한 군비 경쟁 과정이 현대 의학과 농업에 의해 감당할 수 없이 가속된 결과물이다. 항생제는 실험실에서 대량으로 만들어져 자연에서보다 훨씬 많은 양이 투입된다. 자신이 만든 약물에 세균을 대량으로 노출시킴으로써 인간은 희귀한 유전자 돌연변이였던 내성을 세균의 흔한 재주로 만들어버렸다. 콜리스틴을 최근 사례로 들 수 있다.[10] 콜리스틴은 1950년대 이후에 발견된 항생제인데 신장을 망가뜨리는 부작용 때문에 사람에게는 잘 쓰이지 않지만 생장 촉진제로 가축에게 많이 투약된다.

2015년, 콜리스틴에 저항하는 *mcr-1*이라는 유전자가 세균에 감염된 돼지의 몸에서 처음 발견되었다. 18개월 만에 *mcr-1*은 중국에서 시작해 세균 사이를 점프해서 마침내 다섯 개 대륙으로 전파되었고, 어떤 농장에서는 키우던 가축이 전부 다 감염되었다. 콜리스틴 내성 세균은 사람에게서도 점차 흔해지고 있다. 콜리스틴은 심각한 부작용에도 불구하고 고약한 감염을 치료하는 최후의 수단으로 여전히 사용되지만 이제 *mcr-1* 유전자가 퍼지면서 조만간 쓸모를 잃은 약물 더미에 던져지게 될 것이다.

항생제 내성의 증가는 지구 전체로 확산하며 미래의 인

간 건강에 가장 큰 위협이 되었다. 반코마이신, 메티실린, 페니실린 같은 약물은 예전만큼 효과가 좋지 못하다. 따라서 새로운 항생 물질이 그 자리를 대신해야 한다. 그렇지 않으면 일상적인 수술도 목숨을 걸고 받아야 하는 날이 올 것이다. 2050년에는 약제 내성 감염으로 매년 적어도 1000만 명이 사망할 것으로 예측된다.[11]

현재 슈퍼버그가 급증하는 이유 중 하나는 새로운 항생 물질 개발이 30년째 답보 상태에 있기 때문이다. 같은 종류의 항생제는 활성 모드를 공유하여 비슷한 방식으로 세균을 죽인다. 예를 들어 페니실린을 포함하는 베타 락탐 계열은 세균의 세포벽에서 가교 결합의 형성을 막아 세포벽을 약화시키고 파괴한다. 테트라시클린은 세균의 단백질 합성을 차단해 번식과 생장을 막는다. 퀴놀론은 세균의 DNA 복제를 방해한다.

현재 사용할 수 있는 항생제는 대부분 기존 약물을 변형한 것이다. 오랫동안 인간은 세균의 세포 안에서 동일한 타깃을 공격해왔지만 세균은 점차 현명해지고 있다. 세균이 쉽게 내성을 키우지 못하는 항생제를 만들려면 전혀 다른 살상 메커니즘을 찾아야 한다. 그것은 다른 분자를 표적으로 삼아 세포벽에 구멍을 뚫는 독소일 수도 있고 필수 효소의 작용을 방해하는 것일 수도 있다. 지금까지 아무도 생각해내지 못한 것일수록 이상적이다. 그런 혁신을 쫓는 사냥이 심해 산호와 해면 안에서 발견된 세균으로 과학자를 끌어들인다. 최종 목표는 세균이 생산하는 새로운 공격 물질을 찾아 지금까지와는 다른 방식으로 죽이는 것이다.

영국 남쪽 해안의 플리머스대학교 심해 생물학자 케리 하월은 산호와 해면 생태계, 그리고 그 안에 서식하는 복잡한 미생물 군집의 전문가다.[12] 어떤 미생물은 생태계 내에서 생산적인 용도를 제공하지 않는 반면에 공생성 미생물은 산호와 해면에 편리를 제공한다. 이 미생물은 열수구 미생물과 달리 화학 합성을 하는 것 같지는 않지만 뼈벌레를 돕는 세균처럼 숙주가 먹이와 필수 영양소를 얻는 데 일조할 수 있다.

플리머스대학교의 매트 업턴은 하월이 수집한 해면과 산호 샘플을 완전히 으깬 다음 페트리 접시에 펴 바르고 배양하면서 무엇이 자라는지 보았다.[13] 미생물 집락이 크게 자라면 연구팀은 순수 균주를 골라 분리한 다음 그것이 어떤 미생물을 죽이는지 시험한다.

이 실험에서는 미생물이 독성 화합물을 생산하도록 구슬리는 것이 관건이다. 세균이라고 해서 늘 독소를 뿜어내는 것이 아니라 필요할 때만 화학 방어 스위치를 켜기 때문이다. 항생 물질 유전자를 발현한다고 알려진 물질에 노출해 방어를 부추기는 것이 한 가지 방법이다. 하지만 실험실은 너무 인위적인 환경이라 기껏해야 두세 가지 화합물을 만드는 것에 그칠 것이다. "우리가 보는 것은 실제의 극히 일부에 불과하다고 되뇌곤 합니다." 업턴의 말이다. 아무리 편안한 환경을 꾸며준다고 해도 이 미생물들에게 플리머스 연구소는 심해의 보금자리에서 너무 멀리 떨어진 타향일 뿐이다.

한편 업턴은 독소뿐만 아니라 독소를 만드는 유전자를 찾는 전략도 병행한다. 세균의 DNA를 분석한 결과 항생 물질 생산에 연관된 유전자 시스템을 20~30개 발견했다. 이런 방식이라면 세균이 실제로 이 유전자를 켜든 아니든 세균이 만드는 화합물을 식별할 수 있다.

이런 연구 방식은 심해의 높은 압력을 견디면서 지상의 실험실에서도 키울 수 있는 세균에만 적용할 수 있다. 진짜 까다로운 놈들은 절대 호압성균인데 이 세균은 심해의 엄청난 압력 아래에서만 더 빨리, 그리고 잘 자란다.[14] 심해의 조건에 완벽하게 적응한 나머지 수면 밖에서는 살아남지 못하는 놈들이다. 이 세균을 연구하기 위해 가압 샘플링 용기와 실험실 장비가 개발되었다. 일본 해양 연구 개발 기구 연구원들은 이 까탈스러운 미생물의 비위를 맞추려고 실험실에서 인공 열수구까지 제작했다. 이 세균들은 자신이 수심 1500미터의 유독하고 뜨겁고 압력이 높은 열수구에 있다는 확신이 서기 전에는 생장을 거부한다. 일단 무사히 자리를 잡으면 극한 환경을 선호하는 이 호극성 세균이 어떻게 기능하며, 적절한 생장 조건에서 어떤 색다른 화학 반응이 일어날지 조사할 수 있을 것이다.

플리머스팀은 이미 돌파구를 마련했다. 심해 육방해면에서 추출한 미생물에서 가장 흔한 슈퍼버그인 메티실린 내성 황색포도상구균MRSA을 죽이는 균주를 발견한 것이다.[15] 다만 그들이 분리해낸 화합물이 전혀 새로운 종류의 항생물질인지, 아니면 기존의 방식으로 작용하는 물질인지가 문제다.

심해에서 발견된 화합물이 신약 파이프라인을 통과하기까지는 아마 10년 이상의 시간이 걸릴 것이다. 그 끝에 신약이 되어 나올 것이라는 보장도 없다. 설령 끝까지 통과한 심해 항생 물질이 있다 하더라도 시장에서 곧바로 유통되지는 않을 것이다. 새로운 항생제를 서둘러 시장에 내놓았다가 세균의 신속한 대응으로 그 능력을 너무 빨리 잃는 위험을 감수하는 대신 제약계는 이 신물질을 무기 창고에 가두어두기 시작했다.[16] 당장 약을 팔아 돈을 버는 대신 10억 달러의 지원금을 받고 그 약이 정말로 필요할 때까지 시장에 내놓지 않는 것이다.

생명을 구하는 분자를 찾을 수 있다는 잠재력은 심해의 종과 생태계를 보호하는 동기를 제공할 것이다. 점점 더 많은 사람이 심해를 탐색하고 탐구하는 지금, 앞으로 얼마나 더 많은 신종과 미생물이 발견될지는 알 수 없다. 다음 세대의 과학자들이 예측 불가한 미래의 문제에 대해 해결책을 찾아내려면 심해의 화학을 탐구하는 방식을 새롭게 개척해 심해에 감추어진 무수히 많은 강력한 분자가 세상에 드러나게 해야 한다. 그것은 우리가 이 심해 종을 살리고 심해 생태계가 온전하고 건강하게 유지되도록 최선을 다할 이유가 되기에 부족함이 없다.

3부

착취

8장

심해 어업

저 바다 밑바닥에는 사람들이 생선으로 거부감 없이 먹게 하려고 개명된 벽돌색 물고기가 살고 있다. '점액질 대가리'라는 뜻에서 슬라임헤드slimehead라고 부르는 생선을 저녁상에 올릴 비위 좋은 사람이 어디 있겠는가? 그 점액질 머리가 어두운 심해에서 환경을 감지하는 경이로운 도구라는 사실도 입맛을 돋우지는 못한다. 피부의 작은 구멍으로 배어 나오는 저 질척한 물질은 포식자와 먹잇감이 물속에서 일으키는 진동과 물결을 감지하는 뛰어난 전도성 매개체다.

슬라임헤드는 크고 둥근 머리에 멍한 큰 눈과 축 처진 입 때문에 얼굴이 우는 상이고 몸은 거친 비늘로 덮여 있다. 이 물고기를 산 채로 보는 일은 드물고 죽으면 몸 색깔이 귤색으로 변색하기 때문에 슬라임헤드 대신 오렌지러피orange roughy로 알려지게 되었다.*

오렌지러피의 스토리는 대개 숫자로 표현된다.[1] 이 물고기는 처음 번식할 때까지 20~40년을 기다린다. 이상적인 조건에서는 250년까지 살 수 있는데 나이테를 세듯 이석耳石에 쌓인 물질이 몇 겹인지 세면 나이를 알 수 있다. 또한 오렌지러피는 주로 수심 180~1800미터 범위 안에서 서식한다. 어획이 절정에 이른 20세기 후반에는 쓰레그물을 한 번 던져 몇 분 만에 잡아 올린 오렌지러피의 무게가 무려 50톤이었다. 거대한 어망에 코뿔소 25마리 또는 북극곰 100마리에 해당하는 물고기가 잡힌 셈이다. 수십 센티미터 길이의 어마어마하게 많은 물고기 떼 안에서 개체는 형태를 잃고 사라진다. 한편 아주 오랫동안 답을 내지 못한 숫자도 있다. 트롤선(저인망 어선)이 등장하기 전 원래 심해에 살았던 오렌지러피의 중량이다.

환경 보호론자들은 심해 생명체가 산업 자원으로 취급될 때 발생할 사태의 경고이자, 무지가 불러온 위험의 냉혹한 상징물로 오렌지러피를 손꼽는다. 오렌지러피는 아직 멸종하지 않았지만 원래 대서양과 태평양, 인도양 전역에서 방대하게 분포하던 종임을 고려할 때 인간이 지구 곳곳에서 이 물고기 개체군을 절멸시켜왔다는 것은 놀랍고도 슬픈 사

---

* 학명은 호플로스테투스 아틀란티쿠스*Hoplostethus atlanticus*이고 납작금눈돔과Trachichthyidae 물고기다. 납작금눈돔과의 'trachy'는 라틴어로 '거칠다'는 뜻이고 'ichthys'는 '물고기'라는 뜻이다.

실이다. 이는 자연이 오렌지러피에게 내린 풍요를 이윤으로 탈바꿈시키려고 합심해서 노력한 결과다.

인간의 습격은 이 종이 처음 명명되고 약 100년 후인 1970년대 후반과 1980년대 초반에 여러 사실이 발견되면서 시작되었다. 결정적으로 오렌지러피는 사람들이 먹기 좋은 생선이었다. 살이 물컹하고 맛이 없는 다른 심해 어종과 달리 오렌지러피는 살이 탱탱하고 냉동시켜도 문제가 없었다. 해산물을 썩 좋아하지 않는 사람도 오렌지러피 살점은 마다하지 않았다.

또한 오렌지러피는 잡기 쉬운 생선이었다. 엄청난 규모로 떼를 지어 다니며 함께 먹이를 찾고 짝짓기하는 편리한 습성이 있는 데다 막막한 바다 한복판이 아니라 해산 주변에 모여 있으므로 포착하기가 수월했다. 어부들은 새로운 수중 음파 장비와 위성에 기반한 GPS를 장착하고 수면에서 1500미터 이상 아래에 있는 해산의 정상부에서도 물고기 떼를 정확히 겨냥했다. 20세기 들어 먼바다까지 출항할 수 있고 대형 저인망 그물과 거대한 물고기 떼를 통째로 집어삼키는 5톤짜리 문을 장착한 신세대 공장형 트롤선이 도입되면서 어획 능력이 한층 개선되었다. 긴긴 세월 어두운 물속을 헤엄치며 살았던 오렌지러피의 세계는 창졸간에 파괴되고 말았다.

오렌지러피잡이는 점점 먼바다로 진출하는 새로운 어업의 물결에 올라탔다.[2] 법과 규제에 구애받을 필요가 없다는 점과 누구도 손댄 적 없는 바다가 주는 희망찬 약속 때문에 고깃배들이 기존의 붐비는 어장과 비어가는 연안을 뒤로 하고 공해公海(영유권이나 배타권이 특정 국가에 속하지 않는 바다—옮긴이)로 나섰다. 오렌지러피의 초기 어획량은 상상을 초월했다. 1989년 1월 〈뉴 사이언티스트〉는 '장밋빛 미래가 보장되는 심해 어업'이라는 제목으로 실린 기사에서 매년 4만 4000톤 이상의 오렌지러피를 쓸어가는 뉴질랜드 어업의 호황을 쾌활하게 소개했다.[3] 기사는 이 물고기의 부레와 뼈에 그득한 왁스 오일의 장점을 극찬했다. 오렌지러피 오일은 성분이 향유고래기름과 비슷해 화장품과 고급 윤활유에 이상적이라는 것이 기사의 요점이었다. 마침 1986년에 상업 포경 금지가 선언되면서 향유고래기름을 구하기 어려워진 참이었다.

처음에는 많이 거두는 만큼 버려지는 것도 많았다.[4] 태즈메이니아섬 동부에 자리 잡은 해산 세인트헬렌스 힐에서는 오렌지러피의 거친 비늘에 닳아 그물이 끊어지면서 심해로 도로 굴러떨어져 죽은 물고기가 보고되었다. 부두까지 온 물고기도 공장에서 감당하기 어려울 만큼 양이 많아 결국 썩은 내를 풍기며 수 톤씩 트럭에 실려 매립지로 향했다.

그렇게 버리고도 돈은 벌렸다. 1990년 세인트헬렌스 힐에서는 고작 3주 동안 잡은 오렌지러피가 2400만 호주 달러(한화 약 210억 원)에 팔렸다. 사람들은 풍요에 빠르게 익숙해졌다. 이 어장에 대한 어획 상한선이 발표되자 수산업계는 트롤선 어부와 생선 공장 직원의 일자리가 사라진다며 크게 분개했다. 오렌지러피잡이가 시작된 지 6개월도 안 지났을 때였다.

이 미개척 종의 냄새를 맡은 이들이 전 세계에서 몰려들면서 오렌지러피 골드러시가 시작되었다. 점점 더 많은 오렌지러피가 심해에서 낚아 올려졌다. 하지만 이는 영원할 수 없었고 영원하지도 않았다.

오렌지러피잡이 호황 초기에는 과학자들이 미처 빠르게 대응하지 못했다. 저인망 어업은 새로운 방식과 규모의 어업이었고 오렌지러피는 알려진 것이 하나도 없다시피 한 종이었다. 이 종의 생태에 관해 중요한 정보가 확보되었을 때는 이미 오렌지러피잡이가 한창이었다.

1990년대에 들어와서야 오렌지러피의 추정 수명이 100년을 훌쩍 넘으며 번식력도 약하다는 연구 결과가 발표되었다. 오렌지러피는 수십 년의 금욕 기간을 거친 후에도 2년에 한 번씩만 알을 낳는다. 평생 암컷 한 마리가 고작 3만~5만 개의 알을 낳는데 물고기치고는 적은 양이다. 한 번에 500만 개의 알을 낳는 대서양대구와 비교해보라. 산란 회수와 알의 개수가 적기 때문에 개체군이 보충되는 속도가 느릴 수밖에 없다. 다시 말해 강도 높은 사냥에 대처하는 능력이 가장 떨어지는 어종이라는 뜻이다.

과학자들이 직면한 또 다른 문제는 수심 1500미터가 넘는 물속에서 해산을 둘러싸고 서식하는 오렌지러피의 수를 세는 일이었다. 저인망 어업의 실태를 조사하는 표준 기술은 이처럼 떼를 지어 다니는 어종에는 잘 적용되지 않았다. 다른 물고기의 경우 개체군이 감소하면 그물에 걸리는 수도 감소하므로 전체적인 개체 수를 추정하고 지속 가능한 어업을 유지할 수 있는 어획량을 파악할 수 있다.

하지만 오렌지러피는 크게 무리 지어 다니고 심지어 개체군이 감소하는 중에도 어획량은 일정하게 유지되었다. 추정된 개체 수가 부정확하고 크게 부풀려졌다는 뜻이다. 호주 바다에서 오렌지러피 개체군 추정치는 수만 톤에서 수백만 톤까지로 자릿수가 바뀔 만큼 범위가 넓다. 1980년대 말, 호주 연방 과학산업 연구 기구CSIRO 소속 한 전문가의 말이 인상적이다. "우리 과제의 첫 번째 목표는 0의 개수를 정확히 맞히는 것이다."[5] 오렌지러피의 개체 수 추정에 내재한 또 하나의 문제는 개체군이 붕괴 직전에 이를 때까지 경고 신호가 없다는 것이다.

이 모든 불확실성이 오렌지러피의 느긋한 삶의 속도와 합쳐져 성장이 느린 이 태곳적 물고기의 실제 마릿수보다 총 허용 어획량이 지나치게 높게 잡혀버렸다. 많은 지역이 아무 규제 없이 활짝 열렸다. 결과는 재앙이었고 진행은 신속했다.

1992년에 프랑스 트롤선이 대서양 동북쪽의 락올 분지에 가서 오렌지러피 5000톤을 잡았다. 3년 뒤에는 1000톤밖에 잡지 못했다. 아일랜드에서는 2001년에 무한 경쟁이 시작되었다. 1년 뒤에 어획량이 최고조에 달했고 이내 곤두박질쳐서 2005년에는 어장이 폐쇄되었다. 해산과 어장, 지역별 또는 지구 전체를 기준으로 어떻게 데이터를 분석해도 이 암울한 패턴이 반복된다. 연간 어획량을 나타낸 그래프는 오렌지러피가 모여 지내는 해산과 비슷하게 가운데의 높은 봉우리 양쪽으로 가파른 벼랑이 있는 형태를 그린다. 오렌지러피잡이는 잠깐의 호황을 누렸고, 그러다가 한순간에 파산했다.[6]

저인망 어업이 시작된 후 정확히 얼마나 많은 오렌지러피가 잡혔는지는 알기 어렵다. 은밀하게 이루어진 어로 활동도 많기 때문이다. 보고되지 않은 것과 불법 조업의 증거를 종합했을 때 실제 전 세계 오렌지러피 어획량은 공식 기록의 두 배라고 제시한 최근 분석이 있다.[7] 사라진 물고기는 데이터 처리 과정의 순수한 오류일 수도 있고 세금과 할당량 초과 시 부과되는 벌금을 피하기 위한 고의적인 누락 또는 허위 보고일 가능성도 크다. 고대의 물고기가 심해에서 나와 요리책에 등장하면서 트롤선은 이 해산 저 해산 옮겨가며 그물을 채웠다. 뉴질랜드 영해를 모조리 훑은 트롤선 함대는 태평양 공해로 빠져나갔다. 뉴질랜드 어업은 멀리 인도양, 나미비아 해안, 북대서양에서 오렌지러피잡이가 시작되는 데 일조했다.

매튜 잔니는 전 세계에서 오렌지러피잡이가 붐을 일으킨 시기에 캘리포니아 앞바다 심해에서 조업하던 어부였다. "돌을 떨어뜨린 연못에 물결이 퍼지는 것을 보는 기분이었습니다."[8] 오렌지러피잡이의 세계적인 확산에 대한 소감이었다. 잔니는 이제 전 세계 바다, 특히 공해에서 해양 생태계 보호와 착한 어업 관리를 위한 캠페인을 꾸준히 벌이고 있다. 그는 해산에서 오렌지러피를 고갈시키는 심해 트롤러의 조업은 단순한 어로 행위가 아니라 채굴 회사의 행태에 더 가깝다고 보고 있다. 채굴 회사는 한 곳을 지정해 자원을 모조리 추출하고 다른 곳으로 옮겨가는 과정을 반복한다.

잔니는 몇 년 전 고향인 펜실베이니아주 피츠버그에 갔다가 마트 카운터에 오렌지러피가 잔뜩 쌓여 있는 것을 보고 충격을 받았다. "이렇게 아까울 데가! 이런 통탄할 일이 또 있습니까. 다른 것은 다 차치하고 자연을 대수롭지 않게 여기는 그 태도에 경악을 금하지 못했습니다. 가장 멀고 가장 깊고 생물학적으로 가장 다양한 바다에서 온 백 살 넘은 물고기가 양식장에서 기른 틸라피아보다 못한 값에 팔리고 있었으니까요."

잔니가 심해 저인망 어업에 반대하는 캠페인을 벌이

이 미개척 종의 냄새를 맡은 이들이
전 세계에서 몰려들면서
오렌지러피 골드러시가 시작되었다.
점점 더 많은 오렌지러피가
심해에서 낚아 올려졌다.
하지만 이는 영원할 수 없었고
영원하지도 않았다

는 것이 오렌지러피 약탈 때문만은 아니다. "제가 진짜 관심을 두게 된 것은 저인망 어업에 동반하는 생물 다양성 파괴입니다. 사실 해산에서 이루어지는 오렌지러피 저인망 어업에 대한 분노는 1990년대 말에 시작되었습니다." 당시 저인망 어업이 어류 개체군뿐만 아니라 생태계 전체를 파괴한다는 부인할 수 없는 진실이 발표되기 시작했다.[9] "생태학적으로 이보다 말이 안 되는 고기잡이가 또 있을까요." 잔니가 말했다.

산업용 트롤선이 해산을 목표로 삼을 무렵, 이 수중 산봉우리에는 오렌지러피보다 훨씬 오래된 동물이 일구어낸 연약하고 풍부한 생태계가 있다는 것이 분명해졌다.

저인망 그물이 물고기를 끌어올릴 때 심해 산호초의 부서진 잔해가 함께 딸려온다. 새로운 해산이 개척될 때면 처음 몇 번은 심해 산호가 물고기보다 많이 수 톤씩 올라왔다. 그중에는 수백, 심지어 수천 년을 살아온 군락도 있었다. 오렌지러피잡이 절정기에 어부들은 희귀한 산호, 특히 황금산호와 각산호처럼 보석에 가까운 산호는 보관하고 있다가 내다 팔기도 했다. 하지만 가지가 갈라진 거대한 산호는 대부분 그물에서 뜯어내 배 밖으로 던져버렸다. 이 산호들이 해산에 안착해 다시 뿌리를 내릴 가능성은 없었다. 고기 잡는 어부에게 산호는 쓸모없고 번거로운 애물단지에 불과했다. 동물이 일군 천년의 숲이 초토화되자 그물에 딸려 오는 산호도 줄었다.

저인망 어업이 산호에 미치는 분명한 타격에도 불구하고 먼 물속에서 어떤 피해가 일어났는지 증명하기는 쉽지 않았다. 하지만 행정 조치가 시행되려면 대개 증거가 필요했다. 연구자들이 잠수정과 카메라를 내려보낼 수는 있지만 저인망 어업 이전의 해산을 본 사람이 없다는 것이 문제였다. 저인망 업계는 원래부터 해저 생태계는 엉망이었다는 주장을 되풀이했다.

저인망 조업의 전반적인 영향을 평가하는 가장 좋은 방법은 상세한 전후 연구이지만 거의 시도된 적이 없다. 귀한 최장기 연구 중 하나가 뉴질랜드에서 가장 중요한 어장이 있는 채텀 해팽의 해산에서 수행되었다.[10] 이 연구에서는 저인망 어업의 영향을 시험하기 위해 각기 역사가 다른 여섯 개 해산을 지정해 장기적으로 조사했다. 그레이브야드 해산은 연구 기간 내내 저인망 조업이 심하게 일어났고 좀비와 디아볼리컬은 산발적으로, 고딕은 낮은 수준으로 진행되었으며 굴은 아예 트롤선이 건드리지 않았다.* 이 연구에서 가

---

* 뉴질랜드 해산에 죽음과 관련된 이름을 붙이는 관행(그레이브야드Graveyard는 묘지, 굴Ghoul은 시체를 먹는 악귀, 모그Morgue는 시체 안치소를 뜻한다)은 험준한 해저 정상부에서 장비를 잃은 어부들이 시작했다. 이 지역의 다른 해산에는 파멸의 산, 영혼 파괴자, 지하 납골당 등의 뜻을 가진 이름이 붙었다.

장 중요한 지역은 모그로, 2001년까지 어획이 심하게 이루어지다가 어장이 폐쇄된 곳이다. 어업을 중단해 건강한 생태계가 돌아올 수 있다면 모그는 지금쯤 회복되고 있어야 할 해산이었다.

연구팀은 2001~2015년 사이에 총 네 차례에 걸쳐 해산을 방문했고 드롭 다운 카메라를 이용해 산의 정상부와 산사면을 촬영했다. 조사 때마다 여섯 개 지역을 비교했고, 특히 조업이 중단된 모그 지역에서 산호가 다시 자라는 증거를 수색했다. 멀지 않은 곳에 있는 건강한 해산이 산호 유생을 흘려보냈지만 모그의 생태계에서 재생이나 복원의 기미는 보이지 않았다. 15년이 지난 그곳의 풍광은 여전히 쓰레그물이 내려오는 그레이브야드 해산과 비슷했다.

뉴질랜드 모그 해산에서 파괴된 상태가 계속되는 현상은 해산에서 사라진 종을 추적했으나 회복의 징후를 찾지 못한 다른 연구 결과와 일치했다.[11] 그런데 이 결과가 첨예하게 대립하는 두 집단에서 각기 다른 목적에 이용되었다. 환경 보호론자는 이 데이터를 근거로 심해 저인망 어업의 중단과 해산의 적극 보호를 요청했다. 반면 수산업계는 똑같은 데이터를 오히려 사업을 계속할 빌미로 삼았다. 어차피 산호초가 돌아오지 않을 것이라면 이왕 이렇게 된 김에 계속 그물을 내려도 상관없지 않겠느냐는 주장을 내세운 것이다.

하지만 북반구의 태평양에서는 다른 이야기가 전개되었다.[12] 1960년대 말, 소련의 트롤선이 태평양의 하와이-엠퍼러 해저 산열을 들쑤시기 시작했다. 이들은 일본 트롤선과 합작해서 북방돗돔slender armorhead이라는 잘 알려지지 않은 어종을 타깃으로 삼았다. 북방돗돔은 몸이 은색이고 주둥이는 비스듬하며 등에 모호크식 지느러미 가시가 있는 종으로, 오렌지러피처럼 해산에서 산란한다. 북방돗돔 어장은 원래 매해 20만 톤 이상의 물고기를 잡아댈 정도로 거대했지만 10년 만에 완전히 바닥나고 말았다.*

40년 만에 연구팀이 그곳에 돌아갔다. 하와이-엠퍼러 해저 산열의 해산 일곱 곳이 조사 대상이었는데 그중 네 곳은 1970년대 이후로 보호되었고 세 곳은 여전히 저인망 그물이 돌아다니고 있었다. 자율 수중 로봇이 약 4.6미터 높이에서 시간당 1.6킬로미터의 속도로 해산 위를 이동하며 50만 장 이상의 사진을 찍었다.

사진은 쓰레그물이 새긴 직선의 흉터가 남아 있는 황량한 바다 풍경을 여실히 보여주었다. 산호는 돌무더기로 변했고 산호 군락의 부러진 그루터기와 트롤선에서 뜯겨 나간 커다란 문짝이 흉물스럽게 남아 있었다. 버려진 그물 안에는 과거에 그물이 질질 끌고 다니며 박살 낸 산호가 여전히 한가득이었다.

하지만 이 음산한 장면 가운데 무언가 다른 것이 눈에

---

* 비교하자면 2017년에 북해 전체에서 회복 중인 대구의 개체군은 약 16만 5000톤으로 추정된다.

띄었다. 트롤선이 40년 동안 접근하지 않았던 해산에 팔방산호가 깔린 건강한 초원과 돌산호가 우거진 산호초가 형성된 것이었다. 산호초는 쓰레그물 자국 위로 자랐다. 그물이 흘린 산호 조각 중에 용케 살아남은 일부가 싹이 돋고 다시 자라기 시작했다. 보호받은 해산 생태계는 분명 미약하나마 중요한 회복의 단계를 밟고 있었다.

놀라움은 거기에서 그치지 않았다. 저인망 어업이 여전히 진행 중인 해산 카무, 유랴쿠, 코코에서 찍은 사진은 누구도 기대하지 않은 광경을 보여주었다. 죽은 산호가 쌓인 평원에 다시금 뿌리 내린 생명의 징후가 있었다. 산호 유생이 떠돌아다니다가 그곳에 정착해 새로운 젊은 폴립으로 성장했다. 여기저기 분홍, 노랑, 하양의 팔방산호와 우거진 각산호가 자랐다. 미처 그물이 쓸어가지 않은 것과 새로 자라는 개체가 섞여 있었을 것이다. 산호에 걸터앉은 바다나리와 이곳저곳 헤매고 다니는 게처럼 다른 동물도 돌아왔다.

안타깝게도 저인망이 망가뜨린 다른 해산에서는 이런 풍경을 볼 수 없다. 뉴질랜드의 해산은 상황이 매우 다르다. 정상부는 300미터 이상 더 깊고 거기에는 생장이 느려 고작 몇십 년으로는 회복이 불가능한 산호가 모여 살았다. 원래 그곳에서 돌산호는 3미터 깊이의 딱딱한 골격이 뒤엉킨 매트릭스를 형성하고 맨 위의 10~20센티미터만 살아 있었다. 저인망 그물이 그 얇은 층을 벗겨내면서 근처를 떠돌던 산호 유생이 유입될 가능성이 희박해졌다. 이 산호는 생장하기 좋은 조건을 만나면 오히려 산란하지 않는 경향이 있기 때문이다. 불확실한 바다로 유생을 내보내느니 싹을 내서 자신을 복제하는 것이다. 자기 몸의 일부를 가까이 떨어뜨려 주변에서 새로운 군락으로 키워내므로 유생이 멀리 이동해 다른 곳을 복원할 가능성이 줄어든다.[13]

하와이 해산을 우점한 산호는 팔방산호의 연산호인데 딱딱한 산호보다 빨리 자라고 유생을 내보낼 가능성이 더 크다. 하지만 그곳에서 사라진 것은 고대의 황금산호였다. 따라서 언젠가 그곳의 생태계가 다시 복원된다고 하더라도 예전과 같은 모습은 아닐 것이다. 그럼에도 태평양 북쪽의 해산은 우리가 모든 것을 잃은 것은 아니라는 희망의 메시지를 던진다. 저인망 그물이 지나간 후라도 다시 돌아올 수 있는 해산 생태계가 있는 것이다.

이는 이미 한번 그물이 쓸고 간 해산에 계속 그물을 내리는 것이 실용적인 선택이라는 망상을 깨버린다. 산호 숲은 영원히 가버린 것이 아닐지도 모른다. 지금이라도 저인망 어업이 중단되면 회복할 가능성이 있다. 하와이-엠퍼러 해산에서 다시 자리 잡은 새로운 산호 군락은 분명 다른 곳에서 온 것이 분명하고 그 공급원은 저인망 그물의 손이 닿지 않은 근처 해산일 확률이 크다. 그물이 지나가지 않은 장소가 많을수록 건강하고 온전한 산호가 유지되어 주변의 벌거숭이산에서 다시 한 번 생명이 번성할 가능성도 커질 것이다.

이 생태계는 깊은 동물의 숲으로 들어가 그곳의 야생

동물을 확인할 사람이 없다는 점에서 얕은 열대 산호초와는 다르다. 하지만 그 존재는 인류와 지구 전체에 다방면으로 중요한 가치를 지닌다. 해저 산호와 해면 안에 들어 있는 독성 화학 물질 안에서 미래의 약물이 대기한다. 해저면의 조밀한 정원은 탄소를 흡수하고 바닷물을 영양소로 채워 용승할 때마다 얕은 바다의 어장을 먹여 살린다. 과거의 사건은 고대 산호의 골격에 기록되어 기후 변화의 과정을 밝히고 미래에 대해 더 정확한 예측을 가능하게 한다. 수천, 어쩌면 수백만의 해저 생태계가 바다 전체의 건강한 기능을 위해 아직 미처 알리지 못한 역할을 해내고 있을 것이다. 영양소를 순환하고 탄소를 저장하고, 헤아릴 수 없이 많은 종에 서식지를 제공하고, 사냥터와 산란터를 자처하고, 어린 동물이 독립하기 전에 성장할 어린이집이 된다. 과거 수백 년이 걸려야 완성되는 육지의 숲이 벌목되었을 때처럼 심해 산호의 파괴는 지구를 손상하고, 인간보다 훨씬 오래 살면서 자신과는 전혀 다른 존재를 생각하게 한 위대한 생명체를 사라지게 한다.

이런 생태계를 자원 창고로만 보아 어떻게 해서든 개발하고 추출해 돈을 벌려는 편협한 시야는 그 과정에서 잃는 다른 모든 것을 보지 못한다.

오렌지러피와 북방돗돔 외에도 많은 특별한 어종이 저인망 그물에 실려 심해에서 추출되었다. 검정가자미Greenland halibut는 90센티미터짜리 거대한 넙치류로 눈이 이마에 달렸고 수직으로 헤엄치는 독특한 습성 때문에 시선이 앞쪽을 향한다. 푸른수염대구blue ling는 대구의 날씬한 사촌이다. 긴코우단돔발상어longnose velvet dogfish는 실제로도 코가 길고, 어두운 피부는 벨벳처럼 보일 뿐만 아니라 타원형의 눈은 불신의 표정이 가득하다. 그 외에도 심해어에는 빛금눈돔splendid alfonsinos, 홍감펭blackbelly rosefish, 짧은수염대구류longfin codling, 비막치어Patagonian toothfish, 색가오리whiptail, 민태rattail, 민머리치slickhead, 남방달고기oreo 등이 있다.

모두 오렌지러피처럼 오래 살거나 남획에 취약한 것은 아니다. 특히 대구과 종들은 얕은 물에서 진화해 깊은 곳으로 옮겨갈 때 빠른 생장률과 복원력을 유지했으므로 상황이 나쁘지 않다. 하지만 형편이 어려워진 종도 있다. 살이 단단하고 맛이 좋아 프랑스 요리에서 인기가 좋은 둥근코민태roundnose grenadier는 극도의 멸종 위기에 처했다. 에메랄드색 눈이 혼을 빼놓을 듯한 꿀꺽상어gulper shark도 위험하기는 마찬가지다. 이 심해 상어는 특히 기름진 간에 들어 있는 스쾰렌 때문에 타깃이 된다. 스쾰렌은 화장품, 백신, 치질 연고에 들어가는 물질이다.

수십 년간 심해 저인망 어업은 남극을 제외한 모든 대륙의 대륙붕 가장자리까지 확장되어 실로 전 세계에 발자취를 남겼다.[14] 모든 바다의 해산에 그물이 내려졌다.

그토록 어마어마한 그물로 그렇게 많은 해저를 뒤졌으니 트롤선들이 세계를 먹이고도 남을 생선을 낚았을 것이라고 생각할 수밖에 없다. 하지만 불법 조업과 보고되지 않은 어로 활동까지 추정해서 합산한 최근 수치를 보면 꼭 그렇지도 않다. 전체적으로 지난 65년 동안 전 세계 심해어의 어획량은 2800만 톤에 불과했다. 같은 기간의 전체 어획량 60억 톤과 비교하면 심해가 제공한 것은 1퍼센트의 절반도 채 되지 않는 셈이다.[15]

심해어의 경제적 가치 역시 그다지 눈에 띄지 않는다. 특히 많은 국가가 재정 지원까지 해가면서까지 심해 저인망 어업을 부추기고 있는 현실을 고려하면 말이다. 어업은 많은 국가가 놓고 싶어 하지 않는 주요 산업이다. 일자리, 그리고 어느 수준까지는 식량 안보가 바다에 달려 있다. 하지만 가장 결정적인 것은 강력한 로비, 그리고 인류가 수천 년간 이런저런 형태로 이어온 활동에 대한 고집스러운 향수다. 이처럼 정부는 어떻게 해서든 어업을 지속할 방법을 모색한다. 심해 저인망 함대를 유지하기 위한 정부 보조금은 선박 제작과 환매에서부터 항만 건설과 개조, 세금 혜택, 가장 중요하게는 유류 보조금까지 다양한 형태로 지급된다.[16] 장거리 항해와 강력한 엔진으로 인해 심해 저인망 어선을 운행하는

데 들어가는 연료비는 엄청나다. 뉴질랜드를 제외한 모든 심해 어업 국가가 디젤 연료 할인으로 그 비용의 일부를 부담한다. 가장 관대한 나라가 일본으로 리터당 미화 25센트를 보조하고, 이어서 호주(20센트), 그다음이 러시아, 한국, 아이슬란드(모두 19센트)다.

매년 전 세계에서 심해 트롤선 함대가 미화 6억 100만 달러로 추정되는 물고기를 잡아 올린다. 트롤선의 수익은 최대 10퍼센트라고 보고되었는데 이 경우 대략 6000만 달러다. 트롤선은 정부로부터 정비 보조금 1억 5200만 달러를 받아 챙기는데 앞에서 말한 전체 수익의 무려 2.5배에 달한다. 이 계산이 시사하듯 정부가 보조해주지 않으면 공해에서 일하는 심해 트롤선 대부분은 손해를 본다.[17]

그렇게 비용을 많이 들이고서도 결국 제공하는 식량은 코딱지만 하고 생태계에 천문학적인 피해까지 일으킨다면 질문은 한 가지다. 대체 왜 심해에 그물을 내리는가? "어찌 되었든 그것으로 돈을 버는 배가 있으니까요."[18] 매튜 잔니의 말이다. "그것이 핵심이에요. 법과 규제가 느슨하고 잘 시행되지 않아 누구도 막을 수 없습니다." 2004년에 잔니는 심해 보전 연합을 공동으로 설립하고 심해 어업을 통제하는 캠페인을 시작했다. 연합 활동은 성공해서 유럽 연합은 수심 800미터 아래에서 저인망 어업을 금지하는 법을 통과시켰고 그 법은 2017년부터 시행되었다. 만약 그 금지법이 성공적으로 유지되고 다른 곳에서도 비슷한 제한이 이루어진다면 상대적으로 미미한 경제 이익을 위해 살아 있는 지구를 난도질하는 산업이 저지되는 중요한 계기가 될 것이다.

이 생선을 꼭 잡아들이겠다는 강박에 가까운 열망에 사로잡힌 트롤선들은 이번에는 상황이 다를 것이라는 약속을 앞세우고 다시 뉴질랜드 앞바다에서 오렌지러피 사냥을 늘리고 있다.

저인망 업계는 어류의 수량을 파악하는 새로운 기술을 포함해 오렌지러피 연구에 수백만 달러를 투자해왔다. 음파탐지와 영상 촬영을 조합해 이제 물 밑에 있는 물고기 수를 훨씬 자신 있게 추정할 수 있고, 그 결과 일부 지역에서는 어업 재개를 선언해도 좋을 만큼 오렌지러피 수가 회복했다고 주장한다. 회복량은 해양 관리 협의회MSC로부터 어업 승인을 받을 수 있을 정도로 충분하다. 해양 관리 협의회는 수산업계의 환경 마크를 발급할 최적의 표준이라고 자처하는 단체다. 이 단체의 로고는 특정 생선이 윤리적·환경적으로 좋은 선택임을 해산물 소비자에게 알리겠다는 목표를 상징한다. 2016년에 뉴질랜드 오렌지러피는 해양 관리 협의회가 선정한 좋은 생선 목록에 올랐다.

오렌지러피에 환경 마크를 붙이는 것은 그토록 끔찍한 생태 재앙을 겪은 종의 이미지를 쇄신해 다시 한 번 팔아보겠다는 야심 찬 시도다. "전혀 놀라지 않았습니다."[19] 파리에 위치한 비정부 기구 블룸 협회에서 과학 디렉터를 맡은 프레데리크 르 마나흐가 말했다. "해양 관리 협의회는 지속 가능한 어업이 아니라 그저 관리된 어업을 인증하고 있거든요." 르 마나흐가 지적한 것처럼 저 둘이 반드시 같다고는 볼 수 없다.

뉴질랜드 해산에서 오렌지러피를 조업하는 트롤선 함대는 분명 마구잡이로 이루어지는 어로 활동에 비하면 훨씬 잘 관리되고 있는 것이 사실이다. 어종 수량을 파악하는 기술 외에도 총 허용 어획량이 예전보다 훨씬 낮아져서 최근에는 연간 수만 톤이 아니라 수백 톤에 불과하다.

새로운 기준에서 이루어지는 오렌지러피 어업이 얼마만큼의 이윤을 가져다줄지는 알 수 없다.[20] 하지만 저인망 업체는 규모가 커서 그 손실을 쉽게 흡수할 수 있다. 더 어려운 문제는 지속 가능성에 대해 해양 관리 협의회가 주장하는 근거의 신빙성이다. 한 2012년 연구에서는 해양 관리 협의회의 환경 마크를 달고 있는 어종 중 3분의 1 이상이 남획되고 고갈되고 있다고 추정했다.[21] 르 마나흐는 해양 관리 협의회가 확장에 집착한 나머지 지나치게 공격적으로 나선다고 비난하면서 인증 과정에 이해가 상충하는 측면이 많다고 주장했다. 해양 관리 협의회는 런던에 위치한 독립적인 비영리 단체로서 환경 마크가 달린 물고기가 판매될 때 나오는 로열티가 주요 수입원이다. 수입을 유지하려면 인증을 계속해야 한다는 말이다. 해양 관리 협의회는 세계 전체 어업에서 상대적으로 작은 부분을 감독하며 현재 전 세계에서 잡히는 야생 물고기의 약 15퍼센트에 MSC 환경 마크가 부착되지만 협회의 목표치는 더 크다.* 르 마나흐는 대형 마트와 패스트푸드 가맹점의 탐욕적인 수요를 충족시키기 위해 인증 과정을 단축하고 인증된 해산물을 늘린 결과 적절한 환경 기준이 낮아지고 있다고 본다.

해양 관리 협의회는 자체 평가를 하지 않는다. 환경 마크를 원하는 업계는 제3의 인증자를 선택해서 해양 관리 협의회가 500페이지에 걸쳐 규정한 장황한 조건을 평가하게 한다. 그 규정이란 것이 코에 걸면 코걸이 귀에 걸면 귀걸이 식이며 업계가 자기들에게 우호적인 인증자를 선정하는 것을 막을 방법은 없다. 이렇게 되면 해양 관리 협의회의 기준은 방만하게 해석될 수밖에 없다. 결국 인증자는 돈을 받고 업계는 환경 라벨을 받는 시스템이다.

관련 전문가와 공공 단체가 해양 관리 협의회의 결정에 이의를 제기할 수 있지만 그 과정 역시 모호한 서류 작업의 대상이 되기는 마찬가지다. 수산학자와 환경 보호론자 들은 2013년에 발표한 논문에서 해양 관리 협의회 인증에 대해 공식적으로 제기된 19건의 이의 가운데 실제로 내용이 인정

---

* 나머지 85퍼센트는 해양 관리 협의회의 기준을 충족하지 못하거나, 길고 값비싼 인증 과정을 거치지 않은 것이다.

되어 취소된 경우는 한 건에 불과하다고 지적했다.[22] 논문의 저자는 지속 가능한 어업에 대한 해양 관리 협의회의 기준이 "너무 관대하고 임의적이며 지나치게 관대한 해석을 허용한다"라고 썼다.

더 최근인 2019년에는 영국 의회 위원회가 해양 관리 협의회 측에 조직의 기준을 심리하는 중에 제기된 우려를 설명하라고 요청했다. 태평양 참치 조업에 대한 거센 비판이 비정부 기구와 과학자 사이에 퍼졌다. 조업 과정에 상어와 바다거북이 함께 잡혀 올라오는데도 해양 관리 협의회 환경 마크가 붙었다는 비판이었다. 논란이 된 또 다른 사례는 고래의 주식인 남극 크릴 조업과, 물속으로 잠수하면서 살빈알바트로스Salvin's albatross를 죽이는 뉴질랜드 새꼬리민태(호키)hoki 저인망 조업이 있다. 해양 관리 협의회는 2020년 대서양참다랑어에 대한 인증을 처음으로 허가했는데 이 물고기는 초밥용으로 터무니없이 높은 가격에 팔리는 세계적인 멸종위기종이다.[23] 이 인증은 세계 자연 기금과 퓨 자선 신탁이 대서양참다랑어가 수십 년의 남획에서 이제 막 회복하기 시작했다며 반대를 제기했는데도 강행되었다.

얼룩진 평판 속에서 결국 해양 관리 협의회가 오렌지러피의 위대한 컴백을 선언했지만 기념할 근거는 자세히 설명하지 않았다. 해양 관리 협의회는 과거에 그랬듯 인증 과정에서 수많은 과학 보고서를 배제한 것이 분명하다. 여기에는 정부에 제출된 것 중에서 오렌지러피 어획량 중 많은 양이 버려지고 적게 신고되었다고 밝힌 보고서가 포함된다.[24] 2016년 12월, 해양 관리 협의회 웹사이트에 게재된 한 기사는 오렌지러피 재고량이 "자연 개체군 크기의 약 40퍼센트까지 증가했다"라고 언급했다.[25] 하지만 이를 다른 식으로 말하면 종의 약 60퍼센트는 감소했다는 뜻이다. 육지에서 야생 동물의 이와 동일한 궤적은 보통 자연의 종말을 알리는 슬픈 징조로 받아들여진다. 1985년에서 2015년 사이에 아프리카 대륙에서 기린의 수는 40퍼센트 감소했다. 사자 역시 고작 20년 만에 비슷한 비율로 사라졌다. 그리고 1999년 이후 보르네오 우림에서 서식지가 벌목되고 팜유 플랜테이션으로 대체되면서 오랑우탄의 수는 적어도 절반까지 떨어졌다. 그런데 수산업계에서는 야생 개체군 60퍼센트의 감소가 여전히 돈을 벌 수 있는 수준에 해당하는 성공의 징조로 여겨진다. 하지만 아마 저들이 기념한 오렌지러피의 회복은 친환경으로 세탁된 환경 마크와 함께 찾아온 일시적인 단기 반등일 것이다.

어족을 찾는 새로운 기술과 어로 행위의 영향을 예측하는 더 정확한 모델로도 오렌지러피에 대해 알 수 없는 중요한 점이 있다. 수많은 십 대 또는 더 어린 오렌지러피가 아직 충분히 발견되지 않았다는 사실이다.[26]

언젠가 저 실종된 십 대가 산란 개체군이 되겠지만 저들이 모습을 드러낼 때까지 현재 감소된 허용 어획량으로 얼마나 버틸 수 있을지는 알기 어렵다. 오렌지러피는 태어나서 아주 천천히 자라왔다. 한 살 때는 길이가 2.5센티미터, 두 살 때는 엄지손가락 길이, 다섯 살이 될 때까지도 손바닥 길이에 미치지 못한다. 저 어린것들이 현재 어디에 살고 있고 언제쯤 해산의 산란 무리에 합류할 계획인지는 알려진 바가 없다. 한두 세기를 살다가 알을 낳는 물고기들에게는 서두를 이유가 없다. 심해의 느긋함은 참을성 없는 인간의 성미와는 시간의 척도가 맞지 않는다.

대부분의 어업 국가는 오렌지러피에 대한 저인망 어획을 중단했다. 지속 가능한 어업, 그리고 해산처럼 취약한 서식지를 보호할 법적 의무가 늘어나고 있는데도 현재 뉴질랜드 트롤선은 영해와 공해를 가리지 않고 전 세계에서 잡히는 오렌지러피 다섯 마리 중에 네 마리를 가져온다. 특히 뉴질랜드는 자타공인 일등 환경 보호주의 국가이기에 충격이 더 크다. "뉴질랜드라면 무언가 다를 것이라고 기대하는데 말입니다." 매튜 잔니가 힘주어 말했다.

유엔 결의안의 복잡한 시스템은 지금까지 누구든 와서 자기 몫을 챙겨갈 수 있었던 공해에서의 어업 통제를 목표로 한다. 이 규제는 발음하기 힘든 약어와 독자적인 방식으로 운영되는 여러 지역 조직에 의해 시행된다. 남태평양 지역 수산 관리 기구에서는 회원국 대부분 오렌지러피에 상업적 관심이 없다는 것이 쟁점이고 뉴질랜드에는 강력하고 소송을 일삼는 수산 로비 단체가 있다. 예를 들면 오렌지러피의 저인망 어업 방식이 변화되어야 한다는 제안이 2018년에 검토된 적이 있다. 이에 뉴질랜드 로비 단체는 공해에서 저인망 어업에 대한 자신들의 권리가 더 침해되는 것을 두고 볼 수 없다면서 공식적으로 이의를 제기했다.[27] 조업을 지속하기 위해 로비 단체는 뉴질랜드 정부를 상대로 법적 대응을 불사하겠다는 의지를 공개적으로 내비쳤고 정부는 이 협박에 굴복했다. 제안은 철회되었다.

하지만 2018년 이후 새로운 국제 해양 조약을 위한 협상이 진행되고 있으며 2020년대 중반에 시행될 것으로 예상된다(2023년 3월 유엔 회원국들이 전 세계 바다를 보호한다는 내용의 국제 해양 조약 체결에 최종 합의했다—옮긴이).[28] 이 조약은 신약 물질 탐색에서부터 해양 보호 구역 지정까지 공해에서 다양한 인간 활동을 감독할 것이다.

잔니는 조약이 모든 공해에서 시행될 수 있도록 법적으로 강제하는 단일 국제기구의 설립을 염원한다. 불가피하게 일어날 반대를 극복할 수 있다면 이 조약은 심해 저인망 어업은 물론이고 조만간 시작될 새로운 유형의 심해 어업에도 적용될 수 있다. 수산업계는 지금껏 깊은 바닥 속에 남겨져 있던 또 다른 잠재적 수익원에 눈을 돌리고 있다.

1789년, 탐험가 알렉산드로 말라스피나와 호세 데 부스타만테는 특별히 제작된 범선 데스쿠비에르타호와 아트레비다를 이끌고 카디스에서 출항해 스페인 최초로 세계 과학 원정을 떠났다. 두 연구선은 각각 10년 전 제임스 쿡 선장이 지휘한 디스커버리호와 레졸루션호를 기념하며 붙인 이름이었다. 말라스피나와 호세 데 부스타만테는 5년 동안 스페인 왕국을 가로질러 북아메리카, 중앙아메리카, 남아메리카 태평양 해안을 따라, 또 서쪽으로는 필리핀까지 항해하며 동식물을 수집하고 연구했다.

2010년, 말라스피나 사후 200주년을 기념하며 제2의 말라스피나 원정대가 카디스에서 출발해 원래의 탐사 경로를 따라 세계를 일주하며 오늘날 바다의 상태를 조사했다. 원정대는 말라스피나와 부스타만테 시대에는 없었으나 오늘날에는 바다에 만연한 오염물, 플라스틱, 화학 물질을 측정했다. 미래 해양학자들이 연구하고 질문을 던질 수 있도록 바닷물과 플랑크톤 샘플을 수집해서 30년 동안 보관할 예정이다. 한편 4만 8000킬로미터의 항해 내내 선박의 음향 탐지기는 아래를 향해 음파를 쏘고 밑에서부터 튕겨 올라오는 반향을 들었다.

이들의 주요 표적은 작은 은색 물고기로 눈이 더 크고 몸을 따라 어둠 속에서 빛나는 점이 줄지어 있는 것 말고는 정어리나 멸치를 닮았다. 이 물고기는 약 250종이 있는 샛비늘치다. 박광층에서 가장 흔한 물고기일 뿐만 아니라 지구상에서 가장 풍부한 척추동물이다. 제2차 세계 대전 당시 해군 수중 음향 탐지기가 포착한 반향 음파로 이 물고기의 존재가 밝혀졌다. 처음에는 단단한 해저에 부딪힌 소리인 줄 알았으나 놀랍게도 그 물체는 밤이면 수면으로 올라왔다가 해가 뜰 무렵이면 다시 아래로 내려갔다. 사실 이 소리의 펄스는 샛비늘치 수십억 마리가 심해에 조밀한 층을 지어서 모여 있다가 해가 지면 수면의 사냥터로 1500미터가 넘게 올라갈 때 부레(공기가 차 있는 내부 기관)에 부딪혀 나는 소리였다. 이 물고기 떼를 뒤쫓는 오징어 등과 함께 샛비늘치는 밤마다 지구상에서 가장 규모가 큰 대이동을 주도한다.

2010년 말라스피나 원정 전에는 트롤선 조사에 기반해 박광층에 1기가톤(10억 톤)의 샛비늘치가 있다고 추정되었다. 하지만 이 수치는 너무 적게 추산된 것일 가능성이 의심되었다. 샛비늘치는 적극적으로 도망을 다니는 종인 데다가 그물에서 멀리 떨어져 헤엄치기 때문이다. 2010년 원정에서는 그물에 의존하지 않은 음향 조사가 수행되었고 그 결과 2014년, 10~20기가톤의 새로운 추정치를 이끌어냈다.[29] 이처럼 엄청난 양의 물고기에 대한 전망은 오래된 질문을 부활시켰다. 박광층 물고기가 증가한 인류를 먹이는 데 도움이 될 것인가?

샛비늘치는 밥상에 반찬으로 올릴 만한 생선이 아니다.

너무 기름지고 뼈에도 가시가 너무 많기 때문이다. 그런데도 몸에 기름이 많아 동물의 사료, 특히 갈아서 양식장에서 어분으로 사용하기에 적합했다. 2010년 말라스피나 원정대의 발견을 기반으로 추산하면 5기가톤으로 추정치를 낮게 잡아도 이론적으로는 양식 해산물 1.25기가톤을 생산할 수 있는 어분이 된다.[30] 이는 오늘날 잡히는 자연산 어류 0.1기가톤보다 훨씬 많은 양이다. 하지만 약물이나 대변 같은 오염물을 포함한 양식장의 여타 환경적 영향은 둘째치더라도 샛비늘치 어업이 되도록 많은 사람을 먹이는 식량을 확보한다는 선한 목표를 달성할지는 의문이다. 많은 어분이 이미 식량이 풍부한 선진국으로 수입될 연어와 새우에 쓰이며 그에 못지않게 실제 인간의 입으로 들어가지 않는 양도 늘어나고 있다. 어분은 점차 반려동물 사료의 영양 보충 식품으로 팔리고 있다.

러시아와 아이슬란드 어선을 포함해 샛비늘치잡이를 정착시키려는 상업적 시도는 실패했다. 심해 조업 활동에 들어가는 비용에 비해 어분이 너무 싸게 팔렸기 때문이다. 하지만 최근 샛비늘치 풍부도가 부풀려지면서 박광층 어업에서 수익을 창출할 방법을 모색 중이다. 유럽 연합은 박광층 어업의 기회를 탐색하기 위해 5년짜리 연구 프로젝트를 후원했다. 2017년 노르웨이는 박광층에 대한 탐사 면허 46건을 발급했다. 업계는 값싼 어분 대신 소위 건강 기능 식품이라는 수익성 좋은 시장에서 이윤 창출을 시도할 것이다. 여기에는 요거트나 마가린에 첨가되는 오메가-3 그리고 심장에 좋다는 증거가 미약함에도 많은 사람이 사대는 피시 오일이 포함된다.*

최근 박광층 어업 개발을 목표로 하는 사업들은 자연산 어종에 대한 압도적인 필요성이 반영된 결과다. 많은 이들이 지속 가능성과 세계를 먹여 살릴 필요를 대의로 내세워 저 많은 물고기를 내버려두는 것은 어리석은 낭비라는 반론을 꾸준히 제기해왔다. 미개발underexploitation이라는 용어는 마치 저 동물의 유일한 목적이 인간에의 효용인 것처럼 쓰인다. 1000조 마리의 빛나는 물고기가 박광층에서 폭포처럼 쏟아지는 모습을 무시하기는 쉽지 않을 것이다.

되도록 많은 물고기를 낚아 노력에 응답하고자 거대한 중층 저인망 그물을 사용하고 음향 탐지기로 찾기 쉽도록 물고기 떼가 심해층에 모여 있는 낮에 그물을 내릴 가능성이 크다. 이 그물은 바닥까지 닿지 않아 1000년 된 산호를 박살 내지는 않겠지만 방대한 바닷물을 거르다 보면 이미 충분히 고전 중인 상어, 돌고래, 거북 같은 동물을 잡아 올리게 될 것이다.

오렌지러피처럼 나이 많은 심해 종과 달리 샛비늘치는 사냥의 압박을 어지간히 버틸 것이다. 이 어종은 생장 속도

* 2018년에 10만 명을 대상으로 진행된 조사 결과 오메가-3 영양제에 심장병을 감소시키는 효과는 없다고 밝혀졌다.

가 훨씬 빠르고 수명은 100년이 아니라 개월 단위로 측정되어 일부는 수명이 2년 미만이다. 그럼에도 박광층 어업은 지구를 살기 좋은 곳으로 유지하는 시스템을 파괴함으로써 다른 재앙을 일으킬 수도 있다.

샛비늘치를 비롯한 박광층 주민은 기후 조절에 중요한 역할을 한다. 위아래로 오르내리는 일과가 수면과 심해를 연결해 생물학적 탄소 펌프를 보강한다(샛비늘치는 지구 기후 모형 설계자들이 정의한 것처럼 입자 주입 펌프의 중요한 구성 요소다). 이 작은 물고기는 얕은 물에서 먹이를 먹고 아래로 곤두박질치듯 내려가 깊은 물에 머물면서 심해의 큰 물고기에게 먹히고 심연의 저장고에 탄소를 추가해 한동안 대기에서 분리시킨다.[31] 아일랜드 대륙 사면 일부 지역을 연구한 결과 심해어가 매년 100만 톤 이상의 이산화탄소를 포획·저장한다고 추정되었다.[32]

박광층 어업이 개시되어 수면과 심해의 연결 고리가 망가질 경우 생물학적 탄소 펌프가 얼마나 빨리 그리고 얼마나 심각하게 망가질지 아무도 모른다. 샛비늘치는 모두를 위해 온전히 내버려두어야 할 지구 기후 시스템 작용의 일부일 수도 있다.

박광층 물고기가 증가했다는 사실에 모두가 동의하는 것은 아니다. 애초에 말라스피나 연구에서도 수치의 불확실성과 추산 방법의 한계를 분명히 언급하고 있다. 하지만 박광층에 과거에 생각했던 것보다 적어도 열 배나 많은 물고기가 있다는 뉴스의 헤드라인이 사람들의 관심을 끌고 말았다.

이 추정치와 그 밑바탕에 있는 전제를 비판적으로 파헤치는 연구가 이어졌다. 결정적으로 2010년 말라스피나 연구는 심해에서 포착한 음향 반사가 전적으로 물고기의 것이라고 가정했으나 몸속에 소리를 반사하고 기체가 채워진 주머니가 들어 있는 동물이 샛비늘치만 있는 것은 아니다. 에른스트 헤켈이 식별하고 그림을 그린 저 복잡한 관해파리도 그렇다. 반대로 일부 박광층 물고기는 부레가 없어서 음향 탐지로는 잡히지 않는다.

이런 불확실성을 고려해 2010년 말라스피나 원정에서 수집된 음향 데이터 원본을 재해석한 연구가 2019년에 발표되었다.[33] 그 결과로 추정된 박광층 어종의 추정 무게는 2~16기가톤이다. 이 넓은 범위에서 어느 값이 진짜인지 말하기는 어렵다. 다시 말해 그곳에 10기가톤, 심지어 20기가톤이 있을 것이라는 위험한 전제만 믿고 샛비늘치에 그물을 내리는 것은 분명 시기상조라는 뜻이다.

근래의 역사를 보면 대규모 어선단이 색다른 종을 낚기 위해 새로운 지역을 반복해서 휩쓸어왔고 그 결과는 언제나 처참한 환경 파괴였다. 박광층에서 똑같은 실수를 하지 않을 수는 없는지, 그리고 그 실수를 막을 규제와 통제가 가능할 것인지는 아직 답을 알 수 없다.

9장

상설 쓰레기장

심해에서는 많은 것이 사라진다. 타이타닉호가 난파되었을 때 수색팀은 배가 뉴펀들랜드 앞바다 어디쯤 가라앉았을 것이라고 짐작했지만 결국 70년 동안이나 찾아내지 못했다. 수십 년간 백만장자와 몽상가 들이 배의 위치를 찾고 인양하는 각종 방법을 제안했다. 거대한 자석으로 배를 찾아낸 다음 선체를 밀랍으로 채우거나 통째로 얼려서 물 위로 떠오르게 하는 방법까지 제시되었다.

마침내 1985년 9월, 수심 3800미터 아래에서 난파선의 위치가 확인되었다. 프랑스와 미국 합동 조사팀은 마치 혜성의 꼬리처럼 해저에 흩어진 파편에서 시작해 결국 선체를 찾았다. 영원한 안식처에 누운 타이타닉호의 금속 구조물은 세균에게 먹히면서 부서지기 쉬운 녹고드름rusticle을 형성해 갈색 촛농을 뒤집어쓴 듯 보였다.* 현재 타이타닉호 인양

계획은 백지화되었다. 아마 2030년이면 선체 전체가 먼지로 바스러져 물살에 쓸려 날아가버릴 것이다.[1]

거대한 심해는 인간의 일상에서 버려진 잔해를 거두어 들인다. 2014년에 발표된 두 논문에서는 전 세계 해수면에 떠 있는 총 미세 플라스틱**양이 3만 9000톤 정도 된다고 추정했다.[2] 이는 실제 플라스틱이 제조되어 버려지고 바다로 떠내려가 바스러졌을 것으로 예측한 양보다 훨씬 적었다. 수만 톤의 플라스틱이 어딘가로 사라졌다는 뜻이다.

이제 세상에 플라스틱이 없는 곳은 없다는 사실은 우울한 진실이 되었다. 플라스틱은 외딴섬 해변에 버려지고 해빙과 토양, 강과 호수에 쌓이고 바람에 흩날린다. 바다에서 사라진 플라스틱은 결국 심해로 들어간다. 그렇지 않으면 달리 어디로 가겠는가?

큰 플라스틱은 눈에 잘 띄기라도 한다. 2019년에 미국의 재벌 모험가 빅터 베스코보가 수심 11킬로미터까지 잠수해 마리아나 해구의 챌린저 심연에 내려갔다가 지구의 가장 깊은 지점에서 비닐봉지와 사탕 껍질을 보았다.[3]

하지만 심해 퇴적물에는 눈에 잘 보이지 않는 미세 플라스틱도 가득 차 있다. 심해에서 가장 오염이 심한 지역은

---

* 2010년, 난파선에서 발견된 새로운 균주는 타이타닉호의 이름을 따서 할로모나스 티타니카이*Halomonas titanicae*로 명명되었다.

** 5밀리미터 이하의 작은 플라스틱 조각.

해저 협곡인데, 마치 쓰레기 활송 장치처럼 플라스틱을 대륙붕 가장자리에서 심연으로 이동시킨다. 미세 플라스틱은 결국 해구까지 떨어진다. 심해에서 발견되는 미세 플라스틱의 최고 농도가 이전 측정치의 두 배가 되었다는 2020년 연구 결과가 있다.[4] 조사 결과 영향을 가장 많이 받은 지역은 이탈리아 앞바다의 지중해로, 해류의 소용돌이가 심해 바닥에서 모래 폭풍처럼 불어와 미세 플라스틱을 한데 모아놓았다. 이 책을 펼쳐 그곳에 둔다면 두 페이지 넓이에 10만 개 이상의 플라스틱 조각이 빼곡하게 채워질 것이다.

미세 플라스틱 먼지가 심연의 해저에 깔리고 해삼, 바다조름, 소라게를 포함해 각종 저서동물이 플라스틱 섬유를 먹거나 엉켜서 꼼짝달싹하지 못하는 것이 발견되었다.[5] 에우리테네스 플라스티쿠스*Eurythenes plasticus*라고 명명된 신종과 더불어 초심해대 해구 밑바닥에 사는 단각목 생물의 장에서 미세 플라스틱이 발견되었다.[6] 심해 동물은 이미 수십 년이나 플라스틱 조각을 삼켜왔다. 1970년대에 아일랜드 북서쪽 앞바다 수심 2킬로미터의 락올 분지에서 수집해 보관한 불가사리와 거미불가사리 표본을 최근에 다시 조사했더니 내장에서 미세 플라스틱이 검출되었다.[7]

플라스틱은 심해의 넓은 중층수에서도 발견되었다. 아넬라 초이와 동료 연구자는 박광층의 바닷물과 그곳에 내리는 바다 눈을 정기적으로 수집해 몬터레이만에서 미세 플라스틱을 추적해왔다.[8] 이들은 수심 200~300미터 공간에 플라스틱으로 오염된 바다 눈이 떠다니는 쓰레기 지역을 발견했다. 플랑크톤, 유각익족류, 흡혈오징어를 비롯해 바다 눈을 먹고 사는 생물의 입에 소화할 수 없는 거친 가루가 잔뜩 들어 있었다. 유형류는 점액성 거품으로 만든 집에서 미세 플라스틱을 걸러내는데 몸에 들어가 변으로 배출되거나 집이 오염되면 그 채로 유기되었다.[9] 어느 쪽이든 플라스틱화된 바다 눈이 심해에 추가되었다.

미세 플라스틱의 영향은 생물의 몸 전체에서 발견되었다.[10] 배에 가득 찬 플라스틱은 식욕을 억제해서 동물이 섭식을 멈추고 결국 굶어 죽는다. 한편 미세 플라스틱은 체내에 들어가 몸을 망가뜨리고 병을 일으킨다. 심지어 혈류를 통과해 세포로 들어가면 효소 작용과 유전자 발현을 방해한다. 영향을 받은 동물은 생장률이 떨어지고 번식에 지장을 받는다. 플라스틱 자체도 그렇지만 난연제나 폴리염화 바이페닐PCB처럼 제조 과정에 첨가되는 유독성 물질이나 코팅제도 문제다. 해양에서 생성된 미세 플라스틱은 바닷속의 다른 오염원, 병원성 바이러스, 세균으로 오염된다. 이렇게 만연한 미세 플라스틱이 개체군과 생태계 전체에 미치는 영향을 밝히기는 굉장히 어려운 일이다. 추적은 어렵지만 심해에 도달해 은밀하게 작용하는 치명적인 영향까지 분명 여기에 포함될 것이다.

플라스틱은 지구에 영원히 지속될 흔적을 남겼다. 2019년 샌디에이고의 스크립스 해양 연구소 연구팀이 샌타바버

라 앞바다 수심 580미터의 해저에서 채취한 퇴적물 코어를 분석했다.[11] 길이 76센티미터의 원통형 코어는 2010년에서 1830년까지 거슬러 올라가며 해저로 가라앉은 퇴적물이 1년 단위로 층을 이루고 있었다. 이 지역의 해저는 해류가 거세지 않고 퇴적물에 산소가 거의 없어서 생명체가 번성하기에 적합하지 않다. 그 안에 살며 굴을 파거나 짓밟거나 헤집어놓는 생물이 없으므로 코어의 퇴적층이 깔끔했다. 연구팀은 진흙 기둥의 단면을 얇게 잘라내 각각에서 플라스틱 조각을 모두 골라낸 뒤 섬유와 필름 조각, 변형된 구상체 등으로 분류했다. 이 타임캡슐은 플라스틱 시대의 시작을 드러냈고 현대 플라스틱 산업의 성장 과정을 정확히 기록했다.[12] 1945년에서 2009년 사이 해저로 떨어지는 플라스틱 입자의 수는 전 세계에서 제조되는 플라스틱 양에 정비례해서 기하급수적으로 늘어나 15년 만에 두 배가 되었다. 플라스틱 시대는 심해저에 지울 수 없는 메시지를 새겼다. 인간이 여기에 있었노라고.

크레이그 매클레인과 클리프턴 너날리와 함께 멕시코만에서 펠리컨호에 올랐을 때 우리는 9년 전 최악의 해저 기름 유출 사고가 일어난 재앙의 장소에 방문할 예정이었지만 열악한 바다 상황 때문에 마콘도 유정과 딥워터 허라이즌 유정 굴착기 잔해가 있는 곳까지 잠수하려는 계획을 취소했다. 물 밖은 그저 사방이 수평선으로 둘러싸인 똑같은 바다였으나 바다 밑바닥은 2년 전인 2017년에 매클레인과 너날리가 그곳에 내려갔을 때 본 것처럼 유독 물질이 난무한 난장판이었을 것이다. 저 두 사람이 원격 조종 잠수함으로 수심 1500미터의 바닥까지 내려갔을 때 카메라 영상이 처음 보여준 것은 해저에서 뒹구는 작업화 한 짝이었다. 쓰러진 굴착기에서 일하던 작업자가 신고 있던 것이 분명했다. "모두 할 말을 잃고 한동안 침묵했어요." 매클레인이 말했다. "참담했습니다." 2010년 4월 20일, 딥워터 허라이즌호가 폭발했을 때 직원 11명이 목숨을 잃었다.

잠수정은 인간의 비극을 넘어 해저에서 여전히 진행 중인 생태 재앙을 드러냈다. 마콘도 유정에서 87일간 약 400만 배럴의 석유가 솟아 나와 만으로 쏟아지면서 역사상 가장 규모가 큰 기름 유출 사고가 되었다(1991년 걸프전 당시 아라비아만 해역에서 고의로 유출한 기름의 양은 더 컸을 것이다). 수면에 거대한 기름띠가 형성되어 루이지애나주에서 플로리다주에 이르는 해안이 오염되었다.[13] 염습지와 해변이 기름으로 범벅이 되고 수천 마리의 돌고래와 거북이 죽었다. 한 세대의 어린 물고기가 한꺼번에 중독되어 사라졌다. 유독 물질이 대서양참다랑어와 방어에 심부전과 심장 마비를 일으켰고 한동안 멕시코만 어장 3분의 1이 폐쇄되었다.

재앙은 수면에서도 매우 끔찍했지만 유출된 기름의 상

플라스틱 시대는 심해저에
지울 수 없는 메시지를 새겼다.
인간이 여기에 있었노라고

당량이 심해에서 떠나지 않았다. 수심 1000미터 아래에서 수백 제곱킬로미터에 걸쳐 원유와 분산제가 퍼져 있었다. 수면에 떠 있던 많은 기름이 차츰 아래로 가라앉았다. 기름으로 뒤덮인 플랑크톤과 바다 눈 입자가 뭉치자 평소보다 더 빨리 떨어져 '더러운 눈보라'가 되었다.[14]

"해저에서 그 검은 선을 보았습니다." 너날리가 2017년 딥워터 허라이즌에 잠수했을 때를 떠올리며 말했다. 이 구불거리는 검은 자국만 빼면 심해 평원은 평소와 같은 옅은 베이지색이었다. 잠수정이 그 선을 따라가 끝에서 게 한 마리를 발견했는데 검은 기름을 드러내는 발자취를 남기며 머무적머무적 기어가고 있었다. 표층에서는 기름이 제거된 지 7년이 지났지만 시커먼 해저 위에 내려앉은 바다 눈은 아주 얇은 층에 불과했다. 그곳에 있는 것이라고는 바닥을 긁어 그 아래에 있는 것을 보여준 게 한 마리뿐이었다.

딥워터 허라이즌 참사가 일어난 직후 몇 달 동안 인근의 해저는 유독성 폐기물 쓰레기장을 방불케 할 만큼 처참했다. 죽은 해삼, 해면, 바다조름의 사체가 여기저기 널브러져 있었다. 심해 산호는 기름과 분산제 혼합물에 질식하고 중독되었다.[15] 유출된 기름을 청소하는 과정에서 76만 6000갤런의 화학 분산제가 유정에 주입되었는데 이는 전례가 없는 일이다. 분산제가 세균성 기름 분해를 촉진하면서 물에서 산소를 빼앗아 심해 생태계의 숨통을 틀어막았다. 심해 산호에게는 기름보다 분산제가 더 치명적이었다.

사고가 일어난 지 어언 7년이 지났지만 생태계는 아직 회복의 기미가 보이지 않고, 예상하지 못한 염려스러운 일이 여전히 일어나고 있다. 기름의 화학 성분은 동물이 가까이 갈 수 없을 만큼 독성이 강하다. 유정 근처에는 파리지옥말미잘, 해삼, 대형 등각류처럼 멕시코만의 다른 건강한 지역에서 흔하게 나타나는 종이 하나도 없었다. 부서져 가라앉은 굴착기 잔해만이 생명의 흔적 없는 해저에 을씨년스럽게 자리 잡고 있다. 보드라운 진흙이 뒤덮은 심연에서는 대개 단단한 표면이 있는 구조물이 나타나면 그것을 발판으로 삼으려는 동물이 떼로 몰려온다. 하지만 그들도 딥워터 허라이즌호에는 다가오지 못하고 있었다. 아마도 분해 중인 기름과 분산제 때문일 것이다.

2017년 조사 중에 매클레인과 너날리가 유정의 잔해 근처에서 발견한 유일한 동물은 분명 상태가 좋지 못했다. 한동안 제대로 탈피도 못 했는지 껍데기가 곪아 터진 게들이 평소보다 훨씬 많이 모여 좀비처럼 헤매고 다녔다.[16] 매클레인과 너날리는 게들이 분해 중인 탄화수소에 끌린다는 가설을 세웠다. 탄화수소는 성호르몬의 화학 신호를 흉내 내기 때문이다. 일단 게들이 탄화수소에 끌려 유정까지 오면 유독한 환경 속에서 몸이 힘을 잃어 그곳을 떠날 수 없다. 매클레인은 이곳을 로스앤젤레스의 라 브레아 타르 웅덩이에 비유했다. 수백만 년 전 수많은 매머드와 땅늘보, 검치고양이가 빠져 죽은 곳이다.

이런 위험에도 불구하고 석유와 가스 산업은 전보다 더 깊은 물 속으로 들어가고 있다. 수심 100미터 아래에 있는 유정은 이미 흔하고, 1500미터 이하로 내려가는 심해 유정도 늘고 있다. 깊이 내려갈수록 사고와 기름 유출의 가능성은 더 커진다. 특히 미국에서는 딥워터 허라이즌 사건 이후에 도입된 규제가 다시 느슨해지면서 위험성이 증가했다. 참사 당시 버락 오바마 대통령은 유출 사고를 조사하는 행정명령에 서명했다. 그 결과 미국 수역에서 시추할 때는 새로운 안전 규칙과 책임 기준, 환경 규제를 지키도록 권고되었다. 하지만 이후 도널드 트럼프 행정부에서는 인간의 생명과 환경을 보호하고 또 다른 참사를 막는 것보다 해양 시추를 저렴하고 쉽게 만드는 것을 우선시했다.

심해가 비고의적 사고로 발생한 오염물을 흡수하는 동안 사람들은 심해의 거대한 공간에 원하지 않는 물건이나 처분하기 어려운 물질을 고의적으로 가라앉혔다. 바다에 갖다 버린다는 것은 영원히 잊고 싶다는 표현이다. 심해를 쓰레기장으로 사용하는 것이 값싸고 손쉬운 방법일지는 모르지만 결코 안전하다고는 볼 수 없다. 시대의 변화를 기록하는 온갖 희한한 물건이 바다 밑에 누워 있다.

한때 증기선이 오가던 분주한 뱃길 아래에 유리질의 클

링커(소괴)가 깔려 있다.[17] 클링커는 석탄을 태울 때 나오는 암석 같은 잔해인데 증기선 용광로에서 퍼낸 뒤 바다에 버려졌다. 어떤 지역에서는 심연의 암석 중 절반 이상이 이 인간의 잔해이며 녹아내린 화학 물질 덩어리도 개의치 않는 말미잘, 완족류 같은 동물이 들러붙어 산다.

비교적 최근에는 가축의 사체가 심해에 등장하기 시작했다. 세계적으로 저렴한 고기의 수요가 늘고 지역 도축장에 대한 문화적 요구 조건이 까다로워지면서 매년 20억 마리 이상의 살아 있는 가축이 배에 실려 바다를 건넌다. 그러다가 사고가 발생한다. 2019년, 루마니아에서 사우디아라비아로 가던 한 가축 운반선이 흑해에서 전복되어 180마리를 제외한 양 1만 4600마리가 모두 물에 빠져 죽었다.[18] 사고가 발생하고 몇 개월 후 더 많은 양이 불법 개조된 갑판에 실려 있었던 것으로 밝혀졌다.[19] 난파 사고가 아니더라도 열악한 환경과 열 스트레스로 죽는 동물이 부지기수다. 2002년 7월, 호주를 떠나 중동으로 가던 화물 컨테이너 네 개가 아라비아해에 던져졌다. 양 1만 5156마리가 더위를 견디지 못하고 죽은 것이다.[20] 아마도 뼈벌레가 유례없는 잔치를 벌였을 것이다.

심해의 일부는 미처리 하수의 형태로 폐수를 과도하게 받아왔다. 더는 그런 일이 일어나지 않지만 비교적 최근까지도 하수와 오니를 싣고 와서 앞바다에 버리는 폐기물 처리 시스템이 실제로 운영되었다. 뉴욕 연안의 심해 쓰레기 매립지 DWD-106은 1992년에 폐쇄될 때까지 20년 동안 4000만 톤의 오수를 받았고 그 더러운 물이 갈색 기둥의 형태로 수 킬로미터나 퍼졌다.

사람을 보호한다는 명목하에 훨씬 더 해로운 물질이 심해에 버려졌다. 과거 카리브해의 푸에르토리코는 제약 회사에 세금 혜택을 주었고 동시에 1970년대에는 수심 6400미터 아래의 푸에르토리코 해구에 수십만 톤의 유독성 폐기물을 버리도록 허가했다.

또한 심해에는 이례적인 일회성 탁송물도 폐기되었다. 1970년 4월, 아폴로 13호가 산소 탱크 폭발로 달에 착륙하는 세 번째 유인 임무에 실패했다. 우주 비행사 세 명이 달 착륙선을 타고 지구로 돌아오고 있을 때 관제 센터 직원들은 우주 비행사와 함께 돌아오는 물체에 대해 걱정하기 시작했다. 방사성 동위 원소 열전기 발전기였다. 이 발전기는 플루토늄 238이 붕괴할 때 나오는 열을 이용해 전기를 생산하는 장비로, 원래 달 표면에서 예정된 실험에 전원을 제공하기 위해 두고 올 계획이었다. 비록 이 발전기는 대기권 재진입을 견디고 플루토늄 반감기의 열 배인 800년 동안 온전하게 유지되도록 튼튼하게 설계된 안전용기에 들어 있었지만 만일을 대비해 미국 항공 우주국은 달 착륙선이 남태평양의 통가 해구 위로 떨어지도록 경로를 조정했다. 계획은 순조롭게 진행되어 우주 비행사는 안전하게 돌아왔고 방사성 물질이 든 용기는 세계에서 두 번째로 깊은 수심 1만 700미터의 초심해대 해구 어딘가에 누워 있게 되었다.

같은 해 8월의 어느 평온하고 맑은 날, 미국 플로리다주 케이프 커내버럴 앞바다에서 미국 해군 장교단은 군함 한 척이 하늘로 뱃머리를 향한 채 4900미터 물속으로 서서히 가라앉는 모습을 지켜보았다. 해군 전함 르바롱 러셀 브릭스호에는 문제의 소지가 있는 물건이 실려 있었다. 겨자탄과 신경가스 VX, 사린을 포함한 2만 4000톤 분량의 화학 무기였다. 이 냉전 시대 무기는 열차에 실려 시위대를 지나 해안으로 운송되었다. 르바롱 러셀 브릭스호는 1964년부터 '체이스 작전'이라 불린 국방부 극비 작전으로 고의로 바다에 가라앉은 13번째이자 마지막 배였다.*

바다에 정기적으로 화학 무기를 버린 것은 미국인만이 아니다. 20세기 중반, 구식이 되었거나 필요가 없어진 신경가스를 드럼통에 실어 갑판에서 밀어버리거나 선박을 통째로 침몰시키는 방식으로 처분하는 것은 전 세계 표준 군사 관행이었다. 제1차 세계 대전 이후 독일의 수포 작용제 루이사이트가 실린 컨테이너가 북태평양에 투하되었고 제2차 세계 대전 후 연합군은 30만 톤 이상의 나치 화학 무기를 바다에 던져버렸다. 1950년, 영국군은 아일랜드와 스코틀랜드 북부 앞바다에 신경가스를 잔뜩 실은 오래된 상선을 침몰시켰

* 체이스CHASE는 "Cut Holes and Sink 'Em", 다시 말해 '구멍을 뚫어서 가라앉혀라'의 약자다.

다. 약 100만 톤의 화학 무기가 바닷속으로 가라앉으며 사람들의 눈앞에서 멀리 사라졌다.[21]

체이스 작전은 어느 민주당 하원 의원에 의해 자세한 내막이 알려졌다. 이를 계기로 심해 폐기물 투기에 관한 관심이 커지면서 전국적으로 항의가 빗발쳤다. 13번째 체이스 침몰 작전은 보류되었고 그 이후에 열린 정부 청문회에서 미 해군 과학자들은 먼저 가라앉은 12척의 위치는 확인되지 않으며, 이 조치가 인간과 환경에 안전하다는 증거가 없다고 인정했다. 남아 있는 무기를 지하에서 핵폭발로 처리하는 것을 포함해 많은 대안이 제시되었으나 모두 채택되지 못했다.

결국 치명적인 화학 물질이 든 컨테이너가 부식하자 불안이 확산하면서 마땅한 방법을 찾지 못한 군은 결국 원래 계획대로 르바롱 러셀 브릭스호를 침몰시켰다. 대중의 분노는 계속되었고 이듬해인 1972년, 미국 해양 투기법이 발효되어 독성 폐기물을 바다에 버리는 것이 최초로 불법화되었다.* 그해 유엔이 런던 협약을 채택하면서 국제적으로도 금지령이 시행되었다.** 오늘날 바다와 심해를 보호하는 규제가 만들어지기까지 수십 년간 확인되지 않은 투기가 이루어

---

* 미국 해양 투기법US Ocean Dumping Act의 정식 명칭은 '해양 보호·연구 및 보전 구역에 관한 법률Marine Protection, Research, and Sanctuaries Act'이다.

** 런던 협약London Convention의 정식 명칭은 '폐기물 및 그 밖의 물질 투기로 인한 해양 오염 방지 협약Convention on the Prevention of Marine Pollution by Dumping of Wastes and Other Matter'이다.

진 셈이다.

50년이 지났지만 20세기 중반의 군수품은 핵폐기물과 함께 여전히 심해에 흩어져 있고 누구도 그 영향력의 규모를 정확히 파악하지 못하고 있다. 이어서 비극이 일어났다. 제2차 세계 대전 이후 미군이 일본 근해에 버린 화학 무기 때문에 최소 820건의 사고가 발생했다. 그중에는 바다에 가라앉은 대포를 그물로 건져내면서 어부 열 명이 사망한 사건도 있다. 1946년에서 1996년까지 이탈리아 아드리아해에서 저인망으로 건져낸 녹슨 폭탄에서 누출된 신경가스에 노출되어 입원한 어부가 200명이 넘는다.[22]

하지만 생태 연구는 거의 이루어지지 않았다. 수심 180~300미터의 이탈리아 앞바다 폐기 장소에 서식하는 홍감펭과 유럽붕장어를 조사해보니 체내의 비소 수치가 정상보다 높았다.[23] 비소는 신경가스 루이사이트의 잔류물이다. 하와이 진주만 부근에서는 무기 상자와 폭발하지 않은 폭탄이 가라앉은 수심 460미터 퇴적물에서 겨자탄 흔적이 발견되었다.[24] 심해에 누워 있는 화학 물질들은 응고되어 활성 물질을 밀봉하는 껍데기가 형성되었을지도 모르지만 그 밀봉이 얼마나 갈지 그리고 앞으로 얼마나 많은 오염물이 새어 나와 어디로 갈지는 아무도 알지 못한다.

미국의 해양 생물학자이자 작가인 레이첼 카슨은 베스트셀러 《우리를 둘러싼 바다》 1961년판 서문에서 "일은 지식이 해명하기 전에 먼저 처리되는 법이다"라고 썼다. "먼저 버리고 나중에 조사하는 것은 재앙을 불러들이는 행위다."
이는 현재도 진행 중인 재앙일 것이다. 오염물이 해양 생태계를 통해 어떻게 흐르는지, 역사적인 수십 년 투기의 결과가 무엇인지 알려진 것이 거의 없기 때문이다.

1975년에 발효된 최초의 런던 협약은 고준위 방사성 폐기물 및 화학 무기를 포함하는 블랙리스트와 바다에 방출할 때 주의를 요하는 그레이 리스트를 제공했다. 하지만 1996년에 블랙리스트와 그레이 리스트가 폐기되면서 협약 방향이 완전히 바뀌었다. 의정서를 개정하는 자리에서 참석자들은 예방적 원칙을 철저히 수용했다. 안전성이 정확히 입증되기 전에는 바다에 '무엇을' 버리든 문제가 될 수 있다고 가정하는 것이 개정된 의정서의 핵심이다. 어떤 것은 바다에 버려도 되고 어떤 것은 안 된다고 구분하는 대신에 이제는 엄격한 허가와 통제 속에 허용되는 소수를 제외하면 아무것도 버려서는 안 된다. 여기에는 물고기, 농업 폐기물, 석유 플랫폼이 모두 포함된다.

2013년, 엄청난 논란을 일으킨 새로운 종류의 해양 투기가 금지되었다. 지난 몇십 년 동안 과학자와 소수의 민간 기업으로 이루어진 연구팀이 수 톤이나 되는 철을 바다에 버렸다. 쓸모가 없어서 버렸다기보다는 이 세상에 너무 많이 있는 어떤 물질을 제거하기 위해서였다.

해양 비옥화 실험은 본질적으로 향유고래의 배변과 심해 열수구 효과를 모방하는 시도다.[25] 바다에 철을 쏟아부으면 플랑크톤의 번식을 촉발해 생물 펌프를 자극하고 더 많은 탄소를 심해로 끌어내려 수백, 수천 년 동안 대기에서 격리시킨다는 원리다. 하지만 이것은 어디까지나 이론에 불과하다. 지금까지 13개 연구에서 이 과정의 첫 단계가 실제로 확인되었다. 저렴한 농업 비료인 황산철의 형태로 바다에 철을 버리자 플랑크톤이 크게 번식했다. 하지만 그 결과가 그 다음 단계, 즉 실제로 측정할 수 있는 수준에서 탄소가 심해로 가라앉는 과정으로 이어진 것은 저 중에서 단 한 번뿐이었다.

이런 방법의 효과가 확실하지 않은데도 2000년대 초반, 다수 기업이 이 발상을 이용해 바다에 각종 비료를 버리는 것으로 탄소 배출권을 판매해 돈을 벌 계획을 세웠다. 고객은 돈을 지불하고 심해에 가라앉은 탄소량만큼 탄소를 배출할 수 있다. 하지만 학계는 철을 투하했을 때 발생할 알려지지 않은 부작용을 우려한다. 유독한 해조류가 확산하고 플랑크톤이 대량으로 분해될 때 산소가 부족해지는 상황이 이에 해당한다.

탄소 배출권이라는 속임수로 기업이 돈을 버는 사업에 대한 불확실성과 우려 가운데 런던 협약 참가국은 바다에 인위적으로 비료를 투하하는 기업에 모라토리엄을 선언했다. 유엔의 생물 다양성 협약 또한 세계는 아직 대규모 해양 비옥화에 준비되지 않았다고 선언했다. 논란이 있는 일부 실험에 의해 많이 미루어지기는 했지만 아직 합법적인 과학 연구는 허용된다. 이런 해양 비옥화의 대안은 심해에 이산화탄소를 직접 펌프질로 주입하는 것이다. 이는 아직 시험된 적이 없으며 견해가 크게 엇갈리는 방법이다. 이산화탄소를 심해의 아주 깊은 곳에 옮겨놓으면 엄청난 수압에 의해 바닷물보다 밀도가 높은 슬러시 형태로 압축된다. 결국 이론적으로는 이 원하지 않는 기체가 수심 3000미터 심연의 해저에서 액체 이산화탄소 호수로 정착한다. 해구를 탄소 배출을 위한 투기 장소로 사용하자고 제안한 이들도 있다. 어림잡아 계산해보면 V자 모양의 거대한 균열 지역 수십 군데가 탄소 투기 후보지로서 가능성이 보인다.[26] 인도네시아에서 가까운 자바 해구는 20조 톤의 액체 이산화탄소를 수용할 것으로 보이고 푸에르토리코 해구에서도 비슷한 양이 추정된다. 참고로 화석 연료와 시멘트 생산에서 나오는 연간 이산화탄소 추정 배출량은 약 400억 톤이다.[27]

현재로서 액체 이산화탄소를 해구에 들이붓는 것은 런던 협약하에서 허용되지 않는다. 하지만 언젠가는 협약이 개정되어 초심해대가 인간의 끔찍한 쓰레기를 숨기는 데 사용되는 섬뜩한 전망이 현실이 될 수 있다. 공기 중의 탄소를 빨아들이거나 발전소 굴뚝에서 방출한 탄소를 심해로 보내는 데 드는 비용과 실용성은 아직 계산기를 두드리기 전이다.

또한 심해 생물에 대한 영향도 알려지지 않았다.[28] 해구는 빈 창고가 아니라 단각류, 꼼치, 해삼, 고둥, 새우 등 고유한 동물이 풍부하게 뒤섞인 보금자리다. 이산화탄소 호수는 해구에 거주하는 생물과 미생물 군락에서 수많은 신약 물질과 인간 세계에 유용성이 판명 날 물질이 발견되기 전에 저 생물들을 초토화할 것이다. 그리고 수백 년 안에 이산화탄소가 용해되기 시작해 저 해저 호수에서 산성화된 물이 새어 나온다면 해양 산성화를 악화하는 것은 물론이고 바다가 원래 자연적으로 흡수해온 탄소의 양까지 억제할 수 있다.

심해는 이미 기후 위기에 의해 심각한 타격을 받고 있다. 이 세기가 끝날 무렵 심해에 저장될 내용물을 예상한 충격적인 2017년도 연구가 있다.[29] 박광층과 무광층의 온도는 현재 해류의 평균 온도인 섭씨 3.89도에서 무려 4도나 높아질 수 있다. 더 아래에서는 0.5~1도가 높아질 것으로 예상되는데 심연의 한결같은 추위에 적응한 생물에게는 크나큰 타격이다. 수심 200~3000미터의 모든 대양에서 산도의 급격한 증가가 예상된다. 그렇다면 그곳에서 심해 산호, 성게 등이 탄산칼슘 골격을 제대로 만들지 못해 애먹을 것이다. 어떤 곳에서는 얕은 바다의 플랑크톤이 감소하면서 바다 눈의 강설량이 절반으로 줄어들어 심해가 더욱 배를 곯게 될 것이다. 한편 수온이 올라가면서 심해의 많은 구역이 산소를 잃을 것이다. 밴쿠버섬에서 가까운 수심 3000미터 이상의 바다에서는 이미 징후가 나타나고 있다.[30] 지난 60년 동안 산소

수치가 15퍼센트나 떨어져 중층수 동물과 해저 산맥의 주민들을 위협한다.

인위적으로 심해에 탄소를 주입하는 것은 문제 해결이 아니라 그저 잠시 눈앞에서만 치우는 임시방편에 불과하다. 규모가 훨씬 크고 위험하다는 차이만 있을 뿐 화학 무기, 핵폐기물, 그 밖의 사람들이 처분하려는 다른 것들과 다를 바 없다. 저 탄소는 그대로 존재하며 단지 대기와 살아 있는 행성에 미칠 영향을 미래 세대가 처리하도록 눈 가리고 아웅하는 식으로 미루는 것이다.

인류는 과거의 실수에서 교훈을 배우는 데 익숙하지 않다. 하지만 적어도 수십 년 안에 유독 물질을 바다에 대놓고 버리는 행위를 금지하고 규제를 마련했다는 사실은 기념해도 좋을 것이다. 언젠가 미래에 인류가 처리해야 할 탄소가 너무 많아 심해에 갖다 버리고 요행을 바라는 것 말고는 방도가 없는 지경에 이른다면 그보다 가슴을 칠 일은 없을 것이다.

10장

심해 채굴

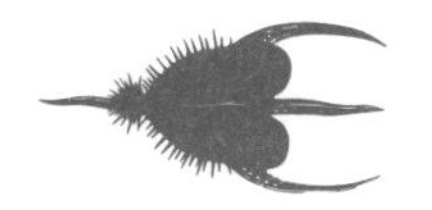

영국에서 두 번째로 큰 컨테이너 항구인 사우샘프턴 부두를 걸으면서 규모의 감각이 변형되고 왜곡되는 것을 느꼈다. 레고 블록처럼 차곡차곡 쌓인 선적 컨테이너를 배경으로 크레인이 마치 머리 없는 금속 기린처럼 서 있었다. 동쪽 선착장에 정박한 화물선은 움직이는 배가 아니라 거대한 절벽의 단면처럼 보였다. 타이타닉호가 항해한 44번 부두 건너편에 영국에서 가장 큰 해양 과학 기관인 국립 해양 연구 센터가 있다. 유리로 된 현관홀에 들어가 역사적인 챌린저호의 콧수염 기사 선수상(배의 앞머리에 붙이는 조각상—옮긴이) 아래를 지나서 복도를 따라 뒤뜰로 나와 창문이 없는 헛간에 들어갔다. 긴 형광등 불빛이 깜빡이며 선반과 유리 용기로 가득 찬 중간 크기의 방이 드러나자 표본용 알코올의 강한 냄새가 코를 찔렀다. 나는 한때 저 광활한 영역을 누비고 다닌 생물의 수집품을 보러 왔다. 선반 위에는 심연에서 온 각종 동물이 빼곡히 진열되어 있었다.

나를 안내한 심해 생물학자 대니얼 존스와 선반을 훑으며 병 속에 떠 있는 생물을 하나하나 살펴보았다. 발이 다섯 개인 불가사리, 나선형으로 감긴 고둥 껍데기, 가시 돋친 게, 멀쑥하게 긴 다리가 병 속에 꼭 맞게 접혀 들어간 바다거미 따위가 있었다.* 덤보문어dumbo octopus와 피글렛오징어piglet squid가 이 작은 바다에 억류되어 있었는데 둘 다 크기가 한 줌도 안 되어 생각보다 작았다. 병을 이리저리 옮기며 돌로 된 꽃처럼 생긴 커다란 산호 폴립, 가지가 가늘게 갈라진 해죽산호, 대형 따개비, 갓 구워진 듯 통통한 분홍색 새우, 그리고 각종 해삼을 보았다. '꿈속에 나타난 자'라는 뜻에서 오네이로판타*Oneirophanta*** 라고 명명된 해삼이 있었는데 길고 하얀 촉수가 몸을 뒤덮었고 젖꼭지처럼 뭉툭한 관 모양의 발 수십 개가 달려 있었다. 몸체가 커서 커다란 킬너 병을 혼자서 차지한 해삼도 있었고, 주먹만 한 애벌레처럼 생겨서 여러 마리가 한 병에 들어간 것도 있었다.

특히 그중 한 종은 심연에서의 매력적인 사진을 본 후 꼭 한번 실물로 보고 싶었던 생물이다. 별명은 구미청설모

---

* 거미 공포증이 있는 사람들을 위한 공지 사항: 진짜 거미가 아니라 바다거미목의 해양 생물이다.

** 그리스어로 '꿈'이라는 뜻의 'oneiro'와 '나타나다'라는 뜻의 'phainomai'에서 왔다.

gummy squirrel, 공식적으로는 프시크로포테스 롱기카우다*Psychropotes longicauda*라는 학명으로 불리는 이 해삼은 길이 15센티미터의 반투명한 레몬색 몸을 지녔고 항문 근처에서 청설모 꼬리를 닮은 범상치 않은 부속지가 뻗어 나왔다. "좋아하실 것 같아요." 존스가 선반에서 병을 꺼내 창백한 무정형의 덩어리를 보여주며 말했다. 병 속의 동물은 확실히 야생에서의 아름다움을 잃었으나 여전히 유용하기는 했다. 표본에서 채취한 DNA 덕분에 비슷한 겉모습과 달리 유전적으로 구별되는 여러 별개의 종이 있다는 사실이 밝혀졌다.[1]

존스의 사무실 위쪽에는 책장을 따라 심연에서 수집된 검은 돌덩어리가 진열되어 있었다. 크기와 질감이 커다란 브로콜리를 닮은 것도 있었고 어떤 것은 석탄 덩어리처럼 생겼고, 또 어떤 것은 원판 모양의 매끄러운 조약돌 같았다. 나는 존스가 건넨 주먹 크기의 덩어리를 받아 든 순간 무언가 잘못된 기분이 들었다. 크기와 비교해서 너무 무거웠기 때문이다. 오래전 우리 할머니가 정원에서 주워 오신 돌이 생각났다. 당시 식구들은 모두 그 돌이 운석이라고 믿었다. 하지만 존스의 돌은 우주에서 떨어진 것이 아니라 심해 바닥에서 자란 것이다. 돌멩이마다 수백만 년 전 상어가 떨어뜨린 이빨이나 고래의 귀뼈 조각 또는 그 밖의 작고 단단한 파편이 박혀 있었다. 영겁의 시간 동안 마치 진주가 만들어지듯 광물과 금속이 딱딱한 돌멩이 위에 얇은 층을 덧입히면서 더 크고 무거워졌다.

심해 평원에 깔린 이 단괴nodule에 관해 고등학교 과학 시간에 들은 기억이 난다. 언젠가는 심해에서 수거되어 그 안에 들어 있는 금속을 추출하게 될지도 모른다고 했다. 당시 나의 머릿속에는 꼬리 달린 샛노란 해삼 같은 진기한 생명체는커녕 질퍽한 진흙과 돌덩어리가 깔린 허허벌판만 떠올랐다.

처음으로 심해 암석이 심연에서 끌어올려진 것은 19세기 중반 챌린저호에 승선한 영국 과학자들이 지구를 돌며 한창 바다에 관해 배울 때였다. 심연의 단괴는 대중 앞에 전시되어 마치 우주에서 온 이국적인 물체처럼 진기하게 취급되었다. 훨씬 나중에야 사람들은 그 안에 들어 있는 무거운 금속의 가치를 생각하며 과연 저 단괴를 수집하러 심해로 돌아가는 일이 의미가 있을지 궁금해하기 시작했다.

이 책 《눈부신 심연》을 쓰는 2020년 중반 현재는 심해저에서 운영 중인 상업용 광산은 없다. 하지만 독자가 책을 읽을 무렵이면 최초의 해저 광산이 개장했거나 적어도 허가를 받았을 것이다.

지난 몇 년간 여러 채굴 회사가 수 킬로미터 아래에 펼쳐진 수천 제곱킬로미터의 심연에서 단괴를 캐낼 계획을 세웠다. 저들이 원하는 것은 그 돌덩어리 안에 들어 있는 금속이다. 그중 약 30퍼센트는 그다지 수요가 많지 않은 망간이지만 니켈, 구리, 코발트 같은 더 바람직한 원소의 흔적도 찾을 수 있었다.[2]

심연의 단괴 말고도 심해 광부가 되고 싶은 자들의 눈에 들어온 표적이 두 가지 더 있다. 어떤 사업체는 해산을 채굴할 계획을 세웠다. 단괴의 층이 발달한 것처럼 이 수중 산에는 금속이 풍부한 지층이 자리 잡고 있다. 수백만 년에 걸쳐 형성된 손가락 두께의 매장층을 채굴 기계가 긁어내 수면으로 이송하는 데는 몇 시간도 채 걸리지 않을 것이다. 심해 열수구의 굴뚝을 허물 계획을 세운 회사도 있다. 열수구의 뜨거운 유체가 차가운 바닷물에 닿으면 빠르게 식으면서 철, 납, 아연, 금과 같은 금속 혼합물이 침전되는 현상을 노린 것이다.*

제안된 채굴 사업은 자원 개발주의extractivism(추출주의)의 전형이다. 자원 개발주의는 1세기 전에 제안된 경제 모델로 흔히 식민주의, 그리고 이후에는 천연 원료를 추출해 수출하는 다국적 기업과 관련이 있다. 이들은 한 지역의 자원을 싹쓸이한 뒤에 다른 곳으로 옮겨가기를 반복한다. 보통 금광이나 보석, 석탄을 캐기 위해 산 정상을 폭파하거나 원시림을 벌채하는 행위가 수반된다. 이 모델의 중심에는 이른바 희생 구역이 있는데 경제적 이익을 추구한다는 명목하에 불가피하게 파괴되는 장소를 말한다. 매년 광산 하나당 수백

* 광산업계는 일반적으로 열수구 퇴적물을 '거대한 해저 황화물' 또는 '다금속 황화물'이라고 부르며 해산 매장층은 '코발트가 풍부한 망간-철 지층'이라고 부른다. 나는 그들을 원래의 이름인 '열수구'와 '해산'으로 부를 것이다.

제곱킬로미터에 이르는 거대한 심해 지역이 그런 희생 대상으로 선정되기 위해 줄 서 있다.

심해에 광물이 풍부한 것은 사실이고 많은 사람이 그것을 당장 현금화하는 데 찬성하지만 과학 저널에 실린 수많은 연구 논문이 그 위험성을 경고한다.[3] 이 시점에 과학은 심해 채굴 산업이 아직은 완전히 수치화하지 못했을 뿐 영구적인 재앙을 일으키는 규모와 강도로 생물 다양성과 환경에 위해를 가져올 것이라고 말한다.

전환점에 선 인류가 심해와 지구 앞에서 내려야 할 중요한 선택이 있다. 현재의 상태에 이르는 과정에는 사실과 거짓, 진실과 탐욕, 실수와 불행이 뒤섞여 있다. 심해 채굴에 관한 관심은 금속 가격의 변동과 함께 오르내리고 대중 소비주의의 팽창된 요구에 따라 움직인다. 이는 심해를 향한 갑작스러운 돌진이라기보다는 50년 이상 진행된 숙고의 절정이다.

1967년 11월 1일, 뉴욕의 유엔 본부에서 열린 총회에 참석한 사람들은 바다에 대해 길고 간절한 연설을 들었다.[4] "어두운 바다는 생명의 자궁입니다." 몰타 대표인 아르비드 파르도가 연설 중에 한 말이다. "바다의 비호 아래 생명이 탄생했습니다. 우리는 몸과 피와 짜고 쓴 눈물 속에 아직 이 먼 과거의 표식을 지니고 있습니다." 파르도가 본 것처럼 인간은 근래에 바다로 회귀하기 시작했고 이 거대한 영역에서 이익을 찾아 더 깊은 곳을 뒤지고 있었다. 파르도의 말처럼 이는 지구에서 탄생한 생명의 종말이 시작되었다는 징표일 수도 있지만 "모든 이를 위한 평화롭고 번영하는 미래의 토대를 마련하는 기회가 될 수도 있다".

원래는 이 주제로 토론이 예정되어 있었지만 결국 그날 아침에 입을 연 것은 파르도뿐이었다. 장장 세 시간에 걸쳐 그는 바다와 사람들이 바다를 사용하는 방식에 대해 강의나 다름없이 길고 자세하게 설명했다. 화학 물질 오염과 해산 꼭대기에 핵무기가 배치될 가능성을 언급했고 해양 탐사 발전을 이야기하며 7년 전 자크 피카르와 돈 월시가 바티스카프 트리에스테호를 타고 마리아나 해구 밑바닥까지 간 기억을 상기시켰다. 한편 파르도는 바다에서 수확할 수 있는 부에 관해서도 구체적으로 설명했다. 해양 식량 혁명은 얼마 전 처음으로 비인기 생선을 '생선 단백질 농축물'로 재탄생시킨 미국의 한 공장에서 시작할 것이다. 저 농축액은 오늘날 농장에서 동물 사료로 쓰이는 어분의 전신이다. 파르도에 따르면 이 비린내 나는 영양제 10그램이면 1센트도 되지 않는 비용으로 아기의 하루 영양 필요량이 충족된다. 그는 또한 1980년대가 되면 양식 기술의 발달로 바다에 농장이 세워질 것이라고 예측했다. 공기 방울 커튼이 물고기를 가두고 양치기 돌고래가 물고기 떼를 보살핀다고 말이다.

1967년의 파르도가 보기에 상업적 해양 농업은 아직 먼 미래였지만 해저 채굴은 임박한 현실이었다. 수심 1500~6000미터의 태평양 해저에 깔린 단괴에는 앞으로 전 세계에 수천 년을 공급하기에 충분한 금속이 매장되어 있다. 당시 세계 소비율로 따지면 해저는 6000년을 쓰고도 남을 구리, 15만 년어치의 니켈, 20만 년이나 사용할 수 있는 코발트가 묻혀 있었다. 육지의 매장량이 1세기 분량도 채 남지 않은 것과는 크게 비교되는 수치였다.

파르도는 미국의 광산 기술자 존 메로가 1965년에 쓴 책《바다의 광물 자원The Mineral Resources of the Sea》에서 이 숫자들을 가져왔다. 메로의 책은 해저 단괴를 보는 관점을 단순한 호기심에서 잠재적 자원으로 바꾼 책임이 있다. 유엔 총회에서 파르도는 이 돌덩어리가 감동적일 정도로 풍부할 뿐만 아니라 캐내도 캐내도 다시 자란다면서 생산량이 너무 많아 사람들이 그것을 들고 무엇을 해야 할지 모를 지경이 될 것이라고 주장했다.

파르도의 걱정은 오직 저 귀중한 해저 보물이 누구의 손에 맨 처음 들어가겠느냐에 있었다. 제2차 세계 대전이 끝나자 해안을 소유한 국가들은 제 땅에 인접한 바다를 자기 것이라고 주장하면서 지평선 너머로 영토를 확장했다. 1945년 미국 대통령 해리 트루먼이 주도한 이 야심 찬 움직임은 주로 해양 석유와 가스 매장층 개발이 주요 관심사였다.[5] 한 국가의 영해와 누구의 것도 아닌 공해 사이의 해상

전환점에 선 인류가
심해와 지구 앞에서 내려야 할
중요한 선택이 있다.
현재의 상태에 이르는 과정에는
사실과 거짓, 진실과 탐욕,
실수와 불행이 뒤섞여 있다

국경에 대한 명확한 정의가 부족한 탓에 이러한 영토 이동이 용이해졌다. 해저 채굴에 관한 관심이 증가하면서 연안국들은 경계의 가장자리를 바다로 꾸준히 넓혀나갔고 마침내 해저 전체를 자기들끼리 나누어 가졌다. 또한 기술이 발달한 나라가 다른 빈곤한 나라를 해저 잭폿에서 배재하면서 심해 채굴을 독점할 것은 불 보듯 뻔했다.

파르도는 연설이 절정에 이르자 공해 밑의 해저를 현재와 미래의 모든 인류에게 속한 공동 유산으로 지정하자고 부르짖었다. 해저에 묻힌 어마어마한 광물에 담긴 부가 '누구도 해치지 않고 모두에게 이익이 되는' 것으로 이용되어야 하며 특정 국가가 나머지 세계, 특히 빈곤국과 수익을 나누지 않고 해저 광산을 파고 들어가는 것은 절대 허락하지 말아야 한다고 주장했다. 몇 년 후 인터뷰에서 파르도는 이렇게 말했다. "저는 그것이 미래로 가는 교량 역할을 하고 후손을 위해 지구를 보존한다는 목표 아래 세계 공동체를 단결시킬 수 있을 것이라고 생각했습니다."[6]

유엔 총회에 앞선 이 연설에서 파르도는 예상대로 엇갈린 반응을 얻었다. 개발도상국들은 당연히 자신들도 심해의 부를 나누어 가질 제도를 반겼다. 파르도는 해저의 상황을 19세기 아프리카에서 지상 자원을 두고 벌어진 식민지 쟁탈전에 비유해 지지를 얻었다. 파르도의 주장은 해저에 대한 자본주의적 주장에 반대하는 동유럽 국가에도 어필했다. 몇몇 서유럽 국가도 파르도의 계획을 지지했다. 단, 산업화된 부유한 강대국은 시큰둥한 반응을 보였다. 하지만 그들은 수적으로 열세였고 결국 해저를 공동 유산으로 삼자는 발상은 유엔 의제로 단단하게 자리 잡았다.[7]

그 뒤를 따른 것은 저 개념하에 바다의 관리를 두고 벌어진 까다로운 협상이었다. 한편 반대편에서는 채굴 산업의 주요 기업들이 항해 중에 심해에 그득한 보물에 관해 알게 되면서 다른 쪽으로 진전이 있었다.

1970년대 초 원자재 호황으로 광석 가격이 치솟으면서 해저 광산에 관한 관심에 불이 붙었다. 산업화에 성공한 서구 국가는 남반구 국가에서 전적으로 원자재를 수입해야 하는 상황이 점차 불편해졌다. 바로 이때 심해저가 정치적으로 불안정한 나라와 상대하지 않고도 원료 공급을 확보할 가능성을 보여준 것이다.[8] 그리고 파르도가 개괄했듯 당시 법 체제에서는 공해 소유권과 규제가 모호했으므로 채굴 회사들은 심해로 눈을 돌리는 것에 엄청난 매력을 느꼈다. 그곳에서는 원하는 것을 대부분 할 수 있었다.

멀고 깊은 물 속에서의 작업에 수반되는 높은 비용과 위험을 고려해 브리티시 페트롤리엄BP, 리오 틴토, 록히드 마틴, 스탠더드 오일, 미쓰비시처럼 익숙한 이름들을 포함하는 세계적인 광산 기업 사이에 다국적 컨소시엄이 형성되었다. 컨소시엄은 수백만 달러를 들여 채굴 장비를 개발했다. 1970년대 말, 금속이 풍부한 태평양 해저의 단괴 지역에서 최초의 테스트가 성공적으로 마무리되었다. 이들은 수백 톤의 단괴를 들고 올라와 적어도 이론적으로는 해저 채굴이 가능함을 보였다.[9]

세계적인 관심은 냉전 은폐로 알려진 사건으로도 부추겨졌다. 1974년 미국 선박 글로마 익스플로러호가 캘리포니아에서 출발해 태평양 단괴를 거두어들이고 해저 채굴의 실용성을 조사했다.[10] 선체에는 문풀moon pool(특수 목적선의 갑판에서 바닥까지 뚫린 구멍—옮긴이)이 있었는데 이 문풀은 거대한 해치를 열고 잠수정을 내려보내 단괴를 찾고 해저를 조사하는 일종의 바다로 가는 문이었고 대중도 그렇게 믿었다. 하지만 사실 그 해치는 6년 전 잃어버린 소련 탄도 미사일 잠수함 K-129의 잔해를 수거하기 위한 장치였다. 미국 측은 하와이에서 북서쪽으로 2400킬로미터 떨어진 지역의 수심 4800미터 아래에서 난파 장소를 발견했다. 미국 중앙 정보국CIA은 아조리안 프로젝트라는 비밀 작전을 개시하고 5억 달러를 들여 소련 잠수함을 인양하고자 했다. 글로마 익스플로러호가 난파선 위에 도착해 문풀을 열고 대형 기계 발톱을 내려 망가진 잠수함을 붙들었으나 인양하는 도중 발톱이 부러지면서 잠수함은 두 동강이 났고 중요한 핵미사일과 비밀 암호가 담긴 책자가 모두 심해로 굴러떨어졌다. 그 후 미국은 인양 계획을 포기했지만 CIA는 광업 학회에 지질학자를 파견해 해저에서 건져낸 한 줌의 단괴를 보여주며 마치 자신들이 해저에서 합법적으로 채굴할 계획을 세우고 있는 것처럼 꾸며냈다.

1년 후 아조리안 프로젝트의 진실이 밝혀졌을 때는 이미 해저 채굴에 관한 관심이 줄어든 참이었다. 막상 뚜껑을 열어보니 원래의 약속과 크게 달랐기 때문이다. 존 메로의 책에 적힌 수치는 고작 단괴 표본 45개에 근거한 것이었다. 광범위한 연구 결과 단괴의 양은 메로가 제안한 것처럼 풍부할지 몰라도 그 안의 광물 농도가 균일하게 높지 않았다.[11] 결정적으로 단괴는 다시 자라지 않는다. 자라기는커녕 심연의 단괴는 지질학적 과정 중에서도 가장 형성 속도가 느린 축에 속했다.[12] 단괴 하나가 완두콩이나 골프공 크기로 자라는 데 1000만 년이 걸린다.

경제적·정치적 요인이 추가되면서 해저 채굴을 둘러싼 초기의 설렘이 더욱 사그라들었다. 금속 가격이 폭락했고 해저 소유권을 둘러싼 문제를 두고 유엔에서 협상이 지지부진한 가운데 불확실성이 커졌다. 채굴 컨소시엄이 이익에 확신을 가질 수 없다면 심해의 매력은 없다. 1980년대가 되면서 해저 채굴 프로젝트는 대부분 보류되었다.

심해의 부를 분배한다는 파르도의 발상은 해저 채굴에 관한 관심의 물결을 일으키고 또 멈추는 데 중심적인 역할을 했다. 이는 또한 누가 바다를 소유하고 사용하는지에 대한 유엔의 단계적 논의에 시발점이 되었다.

1982년 마침내 유엔은 해양법에 관한 유엔 협약을 채택했다. 이 행성의 푸른 구역에 관한 관할권을 확립하는 포괄적인 국제 협약이었다. 이제 연안국의 영해는 해안에서부터 12해리 이내의 지역이다.* 200해리까지는 국가가 해저의 생물과 광물 자원을 이용할 권리가 보장되는 배타적 경제 수역이다.** 그 이외의 지역은 공식적으로 공해로 지정된다. 공해는 지구의 절반 이상을 덮는 광활한 영역이다. 그 물 아래에 있는 심해저(유엔은 이곳을 'the Area'라고 표현했다)에서 파르도가 제안한 해저 공유가 결실을 보게 되었다. 해양법에 관한 유엔 협약 제136조는 이렇게 간단히 설명한다.

심해저와 그것의 자원은 인류의 공동 유산이다.

심해저의 공동 유산을 관리하기 위해 새로운 조직이 설립되었다. 국제 해저 기구ISA는 나머지 인류를 대표해 공해의 심해저에서 일어나는 모든 추출 및 채굴 활동을 감독할

---

* 1해리는 1852미터다.

** '아일랜드의 진짜 지도'에서 드러난 것처럼 대륙붕이 자연적으로 200해리 이상 확장되는 경우 해당 국가는 배타적 경제 수역의 확장을 요청할 수 있다.

의무가 있다.[13] 그리하여 ISA는 고유하고 강력한 위치에 섰다. 심해저는 지구에서 국제적인 단일 조직이 관할하는 가장 큰 영역이다.

해저 채굴이 세계적인 의제로 다시 부상하면서 ISA의 역할이 더욱 중요해졌다. 금속 가격 상승과 심해 채굴 기술 발달로 기업들은 다시 한 번 심해저 채굴의 가능성을 즐기기 시작했다.[14] 마침 이제는 채굴을 시작할 수 있는 프로토콜까지 준비되어 있었다. ISA 회원국이면 심해저에서 원하는 구역을 선택해 미화 50만 달러를 내고 채굴 탐사 허가를 신청할 수 있다. 이 허가는 계약 지역에서 금속 매장량을 탐사하고 채굴 장비를 시험하도록 허용한다. 하지만 ISA가 해저 광산의 계획과 운영, 수익 분배에 관한 규정인 심해 채굴법 Mining Code을 마무리짓고 발표할 때까지 상업적 채굴은 허락하지 않기로 했다.[15]

ISA는 2020년에 이 법을 공개할 예정이었지만 코로나 19 범유행 때문에 연기되었다.[16] 법안이 마무리되면 기업은 기존의 탐사 허가를 채굴 허가로 변경·신청하고 본격적인 채굴에 들어갈 수 있다. 그 일정표를 예상해 ISA는 선착순으로 탐사를 허가했다.* 2019년까지 중국은 가장 많은 다섯 개

* 이 책이 출간될 무렵, ISA는 총 150만 제곱킬로미터의 심해저에서 30개 광산 탐사 허가를 내주었다. 다음의 웹사이트를 참고하라. https://isa.org.jm/exploration-contracts/.

의 허가를 받았는데 대략 영국 크기의 심해저 24만 제곱킬로미터에 대한 접근이 허용된다.[17] 저 중에서도 기업 세 곳은 세 종류의 해저 광산에 관한 허가를 모두 획득해 인도양에서 열수구를, 서태평양에서 해산을, 중앙 태평양의 클라리온 클리퍼톤 해역CCZ에서 단괴를 조사하고 있다.

동쪽으로 멕시코, 서쪽으로 키리바시섬 사이에 수천 킬로미터에 걸쳐 펼쳐진 CCZ는 금속성 단괴가 여기저기 흩어진 심해 평원으로, 단괴가 밀집되어 자갈길처럼 보일 정도다. 이곳은 이런 금속성 암석이 박혀 있는 심연의 일부이며 상업적으로도 가장 가치 있는 광상의 하나로 여겨진다. 12개국 이상이 중국과 나란히 입성해 CCZ 탐사를 허가받았다. 탐사 허가 지역 지도는 요상한 모양의 기하학적 블록들이 서로 맞물려 복잡하게 배열된 대형 테트리스 게임판처럼 보인다. 대부분 개발 지역 표준 크기인 8만 제곱킬로미터 정도다. 블록을 요구한 국가는 프랑스, 한국, 일본, 러시아, 벨기에, 독일, 싱가포르, 영국이고, 한 블록은 불가리아, 러시아, 슬로바키아, 체코공화국, 쿠바가 합동으로 탐사하고 있다. 미국의 경우 이 목록에서 빠져 있는데 미국은 해양법에 관한 유엔 협약을 비준하지 않았고 ISA 회원국이 아니기 때문이다. 하지만 미국 대형 항공 우주 및 무기 제작 기업인 록히드 마틴의 영국 자회사 록히드 마틴 UK를 소유한 영국 기업 'UK 해저 자원'이 보유한 CCZ 채굴권이 있다.

요청된 블록 중에는 ISA가 직접 채굴하기 위해 남겨둔 지역이 있다. 엔터프라이즈는 ISA가 운영하는 채굴 기업이다. 채굴 국가의 기술을 사용해 심해의 혜택을 공유하고 거기에서 나오는 수익은 ISA 회원국과 나눈다는 것이 목표다. 그리하여 1994년 자메이카 킹스턴에서 ISA가 출범한 순간부터 이 기구가 존재하는 진짜 이유는 해저 채굴을 용이하게 하고 채굴 활동을 감독하고 종국에는 자기 광산을 여는 것에 있었다.

2021년 ISA의 현 사무총장인 마이클 로지는 채굴에 호의적인 태도를 충분히 보여주었다. 그는 해저 채굴 기업 딥 그린 메탈스의 홍보 비디오에 출연했다. 앞서 2018년에 출판된 한 잡지 기사에서도 로지는 해저 채굴의 진행에 대한 '실존주의적 논쟁'은 쓸모없고 비생산적이라고 썼다.[18] 로지에게 심해저 채굴은 기정사실이다.

하지만 채굴은 ISA에게 주어진 유일한 책무가 아니다. 해양법에 따르면 ISA에게는 해양 생태계를 보호할 법적 의무가 주어졌다. 협약 본문이 이 점을 강조한다. ISA가 해저 채굴의 해로운 영향으로부터 해양 환경을 효과적으로 보호하고 바다의 생태 균형을 어지럽히지 않게 지키며 해양 동물상과 식물상의 피해를 막기 위해 취해야 할 조치가 다양한 조항에 제시되고 있다. 희귀하고 연약한 생태계와 고갈되고 위협받고 멸종 위기에 처한 종의 서식지를 보호하도록 해양법 총칙에서도 촉구한다.

해양법 초안이 작성된 1970년대에는 환경에 관한 관심이 그다지 크지 않았다는 사실을 고려하면 이런 제안은 다소 놀랍다. 하지만 이 협약은 해산이나 열수구 채굴에 대한 언급 없이 전적으로 단괴에 대해서만 초점을 맞춘다. 해산이나 열수구에 관한 관심은 그 이후에 일어났다. 당시 단괴는 텅 빈 진흙밭에 흩어진 돌덩어리에 지나지 않았으며 이런 돌을 제거하는 작업은 최소한의 생태적 위해만 가한다고 생각되었다. 그다지 위태로울 일이 없다고 보았으므로 저렇게 강력한 문구가 협약에서 받아들여진 것이다. 환경 보호는 채굴과 무관하며 분명 채굴 산업을 훼방 놓을 정도는 아니었을 것이다. 하지만 이제 광물의 풍부함은 물론이고 그 복잡한 생태계까지 심해에 관해 훨씬 많은 것이 알려졌다.

ISA는 심해저의 개발자이자 보호자가 되었고 채굴을 진행하는 동시에 해양 환경을 보호하는 두 가지 임무를 모두 수행해야 한다.[19] 시간은 심해 채굴업의 감독관이 이 진정한 실존적 위기에 어떻게 대응할지 말해줄 것이다.

몇 년 전까지만 해도 CCZ에서 생물학적 탐사는 거의 이루어지지 않았다. 너무 멀고 거기까지 가는 비용이 너무 많이 들기 때문이다. 이제 채굴 업계에서 쏟아지는 관심과 돈의 결과로 이 지역이 주목받고 있다. 과학자들은 독립적으로 또는 채굴 기업과 협업해 본격적으로 채굴이 시작되기 전에

CCZ 해저 생태계의 모습을 파악하고 잠재적인 영향력을 예측하고 있다.* 초기 환경 평가는 ISA로부터 허가받기 위해 수행해야 하는 과정 중 하나다. 평가 결과 과학자들은 CCZ가 굶주린 심연의 땅에서 기대한 것 이상으로 훨씬 많은 생물이 살고 있는 매우 특별한 장소임을 깨닫게 되었다.

새우, 해삼, 거미불가사리, 불가사리가 단괴 주위를 배회하고 물고기와 문어가 헤엄쳐 다닌다. 특히 CCZ의 바닥에는 흙으로 빚은 공이 흔하게 있는데 최대 손바닥 너비이고 형태가 각양각색인 이 물체가 사실 크세노피오포어 xenophyophore라는 생물이다.** 크세노피오포어라는 이름은 그리스어로 '이국의 몸을 가진 것'이라는 뜻에서 왔으며 이 아메바 같은 생물이 침전물 알갱이를 이어 붙여 피난처를 짓는 방식에서 유래했다. 수십 종의 크세노피오포어가 CCZ에서 발견되었다.[20] 이 독특한 생김의 생물이 심연에서 중요한 생명의 오아시스를 만들고 환형동물과 갑각류 등 다른 생물에게 미세 서식지를 제공한다.

단괴 자체도 온갖 종류의 유기체가 살아가는 장소다.[21]

---

* 과학자들이 채굴 기업과 협업할 때는 학문적 자유를 보호하기 위해 매우 신중하게 계약을 협상한다. 영국 국립 해양 연구 센터 대니얼 존스의 말을 빌리면 다음의 조건이 들어간다. "상대는 출판 전에 우리의 연구 결과를 볼 수 있지만 토를 달거나 수정하거나 어떤 식으로든 출판을 중지시키려는 행위를 하면 안 됩니다."

** 해저의 흔한 미세 거주민인 유공충의 일종이지만 크세노피오포어는 지구상에서 가장 큰 단세포 생물의 하나로 손바닥 크기의 공이 하나의 단일 세포다.

CCZ에 서식하는 동물의 60~70퍼센트가 이 바위에 삶을 의탁하므로 단괴는 숲속의 나무처럼 심해 생태계의 필수 요소로 기능한다. 단괴의 구멍과 틈 안에는 선형동물이나 완보동물처럼 미세한 생물이 산다. 특히 '물곰'으로도 불리는 완보동물은 냉동 상태나 끓는 물, 진공의 우주에서도 살아남았고 물속 몇 킬로미터 아래의 엄청난 수압도 견딜 수 있다.

단괴는 말미잘, 해면, (장수하는 각산호를 포함해) 산호에 단단한 기반을 제공한다. 덕분에 이 생물들은 바닥보다 한 키 높은 곳에 올라서서 먹이를 걸러 먹는다. 심연의 단괴, 그리고 그곳에서 싹 트는 키 큰 해면은 두족류에게도 필수적인 환경임이 최근 밝혀졌다. 2016년까지만 해도 그렇게 깊은 물 속에 산다고 알려진 문어는 덤보문어가 유일했다. 덤보문어는 머리 양쪽에 귀처럼 생긴 지느러미를 부드럽게 펄럭이며 물속을 헤엄치고 다니는 부유성 생물이다. 이후 한 잠수정이 수심 4300미터에서 어느 비범한 문어가 앉아 있는 장면을 포착했다. 유령처럼 하얗고 반투명한 생명체가 구슬 같은 까만 눈으로 카메라를 들여다보는 것을 보고 사람들은 캐스퍼(미국 어린이 만화에 나오는 아기 유령의 이름—옮긴이)라는 별명을 붙여주었다. 덤보문어와 달리 펄럭이는 부속물이 없는 이 문어는 분명 저서성 생물임이 틀림없었다.

저서성 문어는 대부분 바닥에 앉아 있거나 기어다니고 과거에는 훨씬 얕은 물에서만 관찰되었다. 이 발견을 계기로 심연에서 더 많은 캐스퍼가 포착되었다. 심연에서 돌아다니는 창백하고 흥미로운 문어가 잠수정 영상 수십 건에서 포착되었다. 암컷으로 보이는 두 마리 문어가 죽은 해면 줄기에 낳은 알꾸러미를 다리로 에워싸는 장면이 있었는데 그 해면은 단괴에 부착되어 있었다.[22] 이제 우리는 단괴가 문어 유아원의 토대라는 것을 안다.

저 광활한 심연에서 야생 생물을 연구하기는 쉽지 않다. CCZ는 이쪽에서 저쪽 끝까지 4000킬로미터나 되며 전체적으로 유럽 크기에 맞먹는다. 자율 수중 로봇이 심연 위를 날아다니며 찍은 사진 수백만 장에서 눈에 띄는 모든 종의 목록을 작성했더니 로봇이 찍은 사진 두세 장마다 또는 당구대 넓이마다 하나꼴로 생물이 있었다. 단괴 지대가 상대적으로 생물이 드물게 나타난다고는 해도 심해 평원의 광활한 지역을 가로지르다 보면 그 수는 곧 늘어난다. CCZ에서 1.27센티미터보다 큰 동물로 이루어진 대형동물상의 다양성은 심해에서 가장 높은 축에 속한다.[23]

분명 생명은 심연의 단괴 지대에서 풍부하며 심해 채굴이 종과 생태계를 파괴하지 않고 이루어질 수 있다고 보기는 어렵다. 사실 해저 전문가들은 단괴 채굴이 가져올 명백한 영향을 대체로 인정하고 있다. 어느 논문에 나온 간결한 표현처럼 채굴은 단괴를 서식지로 의탁해 살아가는 "생물군을

싸그리 지워버릴 것이다".[24]

채굴 장비가 단괴 덩어리를 하나하나 조심해서 집어 든다고 하더라도(그럴 리도 없지만) 다시 자라려면 수백만 년이 걸릴 서식지를 제거한다는 사실에는 변함이 없다. 그리고 해저의 채굴 장비는 단괴를 제거하는 것 말고도 많은 일을 저지른다.

평소에 심연은 조용하고 정적인 장소다. 특히 CCZ 같은 곳은 물이 투명하고 맑다. 하지만 채굴이 시작되는 순간 삽시간에 모든 것이 달라진다. 채굴 업계는 조종사가 수면 위에서 원격으로 작동할 수 있는 다양한 단괴 수집 기계를 설계하고 있다. 이 장비는 과학자들이 사용하는 잠수정의 거대하고 파괴적인 버전으로 무시무시한 전기 불도저를 닮았다. 가장 흔한 무한궤도식 장비는 바퀴가 굴러다니며 미처 피하지 못한 동물을 짓밟고 뭉개버릴 것이다. 어떤 장비는 마치 감자 수확기처럼 금속 이빨을 부드러운 해저로 수 센티미터씩 밀어 넣어 단괴를 긁고 파낼 것이다. 또 어떤 것은 진공청소기처럼 유압 펌프가 일정 반경 안에 있는 단괴는 물론이고 물, 그리고 살아 있는 모든 생물을 빨아들인 다음 관을 따라 수면까지 수 킬로미터를 올려보낼 것이다.

채굴 기계가 해저에서 천둥처럼 울부짖으며 일으키는 진흙 구름은 그것을 분산시킬 강한 해류가 흐르지 않는 심해저 물속에서 한참을 머무를 것이다. 산호나 해면처럼 도망가지 못하는 섬세한 동물들은 그 구름에 붙잡힌 채 숨이 막히고 질식해 죽을 것이다.

해저 채굴이 미치는 영향력은 실질적으로 발생할 파괴의 규모 때문에 더욱 무서운 경고가 된다. 단괴 채굴은 해저의 거대한 영역을 수평으로 전진한다. 각 광산은 매년 심연에서 수백 제곱킬로미터를 개발할 것으로 예상되는데 영국의 와이트섬 또는 미국 맨해튼의 몇 배가 되는 면적이다. 10여 개 이상의 국가와 기업이 CCZ 채굴에 입찰하고 있으며 앞으로 30년 넘게 다수의 채굴 프로젝트가 승인되어 점점 더 많은 심연에서 작업이 이루어질 것이다.

해산이나 열수구 채굴의 영향 역시 살벌하기는 마찬가지다. 금속이 풍부한 저 매장층은 단괴처럼 해저에 느슨하게 펼쳐진 것이 아니므로 애써 자르고 파내야 한다. 부수고 구멍을 뚫는 거대한 로봇이 해산 꼭대기에서 지각을 긁어내고 열수구 굴뚝을 무너뜨릴 것이다. 그 소음은 거리에서 착암기로 보도블록을 부수는 소리에 맞먹으며 물속에서는 더 시끄럽고 멀리까지 들린다. 산란을 준비하는 물고기나 이주 중인 상어와 거북 등 소음에 놀란 해저 손님은 그 근처에 가지 않을 것이다. 유독한 먼지 폭풍이 거대한 기둥처럼 피어오른 다음 해저에 퍼지며 가라앉는다.

해산의 경우 전체가 파괴되는 것은 아니며 원래보다 고작 몇 미터 짧아지는 수준일 것이다. 하지만 그로 인해 한때 해면과 산호로 뒤덮인 숲이 발가벗겨진다. 그 효과는 채굴이 훨씬 체계적이고 철저하다는 차이가 있을 뿐 저인망 그물이

훑고 갈 때와 큰 차이가 없다. 저 비싼 기계가 위에서 조종한 대로 해산의 정상에 이르고 나면 손이 닿는 모든 것을 남김없이 추출할 것이다.

반면 열수구는 완전히 허물어져 그곳에서 사는 독특한 종들의 서식지를 송두리째 앗아간다. 스팽글로 뒤덮인 싸움꾼 벌레, 보라색 양말, 다리에 털 달린 게, 그리고 아직 알려지지 않은 수많은 종까지 모조리.

채굴 후 열수구의 생물 군집이 빠르게 회복할 것이라는 잘못된 믿음이 만연하다.[25] 열수구 내부의 금속을 캐내기 위해 굴뚝을 쓰러뜨리는 행위는 대단히 파괴적인 타격을 줄 것이다. 화산 지대가 폭발할 때와 마찬가지로 용암이 흐르며 주변의 생물이 전멸하고 높은 굴뚝은 흔적도 없이 사라질 것이다. 화산 활동이 빈번한 지역의 생태계는 근처 가까운 열수구에서 파견되어 사라진 개체군을 대신해 몇 년 안에 다시 번성할 종들이 주로 차지하므로 회복력이 높고 회복 속도가 빠르게 진화하는 경향이 있다. 모든 열수구가 이런 식으로 작동할 것이라는 가정은 위험하지만 이는 과학자들이 가장 많이 연구한 열수구의 특성을 바탕으로 한 가정이었다.

지난 40년 동안 주요 심해 연구 센터에서 가까이 있는 북반구 열수구를 중심으로 연구가 이루어졌다.[26] 수많은 탐험대가 매사추세츠의 우즈홀 해양 연구소, 그리고 프랑스 연구 기관인 브리타니의 프랑스 국립 해양 개발 연구소

IFREMER 사이에 있는 대서양 중앙 해령을 찾았다. 북서 태평양에 있는 열수구는 일본 해양 연구 개발 기구의 연구자들이 수시로 가서 들여다보며, 북아메리카 태평양 연안의 과학자들은 밴쿠버섬 서쪽의 후안데푸카 해령 또는 에콰도르의 갈라파고스 열곡을 주로 방문한다. 연구가 가장 많이 된 북반구 열수구는 마침 바다에서 가장 불안한 지역으로 지각판이 무섭게 끌어당기는 중앙 해령에 자리 잡고 있다.

이렇게 과학자들이 북쪽 열수구를 탐험하는 동안 채굴 기업들은 남반구를 보고 있었다. 2019년, 기존에 탐사가 승인된 열수구 지대 중에서 영해와 공해를 모두 포함해 아홉 개는 북반구에, 36개는 남반구에 있다.[27] 남반구의 열수구 대부분은 중앙 해령이 아니라 섭입대와 연관되어 있는데 그곳은 채굴 기업들이 개발하고 싶어 몸살이 난 매장층이 형성되어 있다. 그곳의 열수구는 오랜 기간 장수하면서 안에서부터 흘러나온 액체로 상당한 금속을 쌓아왔다.

이에 더해서 섭입대의 열수구는 지각판이 충돌하고 금속이 풍부한 거대한 해양 지각이 맨틀 아래로 가라앉으며 녹을 때 유입된 금속이 풍부하다. 또한 중앙 해령에 위치한 북반구 열수구에 비해 훨씬 안정적이다. 이는 과학자들이 영해 내의 해저 탐사를 허가한 남태평양에서 통가를 여러 차례 방문하면서 남반구 열수구 지대에 관해 연구한 귀한 결과로 밝혀낸 사실이다. 10년에 걸친 연구 기간 내내 열수구 지대에서 지질 및 생물학적 변화는 거의 일어나지 않았고 폭발이나 용암류의 흔적도 없었다.[28] 열수구 굴뚝은 우뚝 선 자세를 유지하고 있었으며 같은 지하관을 통해 동일한 온도의 뜨거운 액체가 쏟아져나왔다. 화학 합성을 하는 홍합과 야구공 크기의 고둥이 이룬 빽빽한 개체군은 여전히 같은 장소에서 번성하고 있었다.

이렇게 안정적인 환경은 생태학자가 *K*-전략가라고 부르는 수명이 길고 번식이 느린 종에게 유리한 조건이다. 이들은 수시로 찾아오는 폭발(또는 채굴)에 잘 견디지 못한다. 그동안 열수구는 *r*-전략가들이 주로 차지한다고 추측되어왔다. 이 종들은 잡초 같은 생명력으로 빨리 자라고 새끼를 많이 낳고 일찍 죽기 때문에 변화무쌍한 환경에 더 잘 대처한다. 통가 열수구의 안정성은 열수구가 대단히 변덕스럽고 회복성이 내장된 *r*-전략가들이 장악했다는 일반적인 이론과는 상반된다. 불안정한 북반구 열수구들도 채굴의 영향에서 생태계가 금세 회복할지는 확실하지 않다. 구체적인 채굴 방식과 유생의 지속적인 외부 유입을 보장할 수 있는 온전한 열수구가 주위에 얼마나 있는지에 따라 상황이 크게 달라지기 때문이다. 하지만 조용한 남쪽 열수구의 생태계가 받는 타격이 더 크고, 또 설령 회복되더라도 훨씬 오래 걸릴 것이라는 사실은 분명하다.

멸종은 특히 해저 채굴이 열수구에서 야기할 확실한 위험이다.[29] 비늘발고둥은 2019년에 해저 채굴의 위협으로 말미암아 맨 처음 공식적인 멸종 위기종으로 분류되었다.[30] 이

고둥의 위기 상태는 3년 전 인도양 연구 선박에 탑승한 심해 연체동물학자 줄리아 시그와트와 동료들이 카이레이 열수구 지대로 잠수하면서 처음 알려졌다. 카이레이 열수구 지대는 미식축구장 면적의 절반인 가로 30미터에 세로 80미터 정도의 지역으로 비늘발고둥이 많이 분포한다고 알려진 곳이었다. 하지만 과학자들은 반짝이는 검은 껍데기와 무장한 발이 달린 이 복족류를 한 마리도 찾지 못했다. 두 번째 잠수에서 외로운 고둥 두 마리를 겨우 발견했는데 원래는 수천 마리가 있던 장소였다. 나중에 조금 더 눈에 띄기는 했으나 이 일을 계기로 시그와트는 카이레이 열수구처럼 아직 채굴되지 않은 지역에서조차 고둥을 찾는 것이 얼마나 어려운지, 따라서 채굴 작업이 이 희귀한 생물의 개체군 전체를 아무도 모르는 사이에 얼마나 쉽게 절멸시킬 수 있는지를 깨달았다.[31]

인도양에서 돌아온 시그와트는 이 상황을 사람들이 쉽게 인지할 수 있는 방법을 찾아 나섰다. 시그와트는 세계 자연 보전 연맹IUCN 전문가들을 만났다. IUCN의 적색 목록은 전 세계 생물을 멸종의 위험성에 따라 분류한 것으로, 종의 멸종 위험도를 판단하는 가장 권위 있는 기준이다. 저울의 한쪽 끝에는 유럽두꺼비, 유럽오소리, 코요테, 미국지빠귀처럼 문제없이 잘 지내는 종이 있다. 이들은 최소 관심 단계로 분류된다. 여기에서 시작해 취약에서 절멸 위기를 거쳐 절멸 위급까지 위험성이 증가한다. 이 범주 안에 호랑이, 북극곰,

슈가풋나방파리sugarfoot moth fly, 식충 식물인 사라세니아 푸르푸레아, 베르트부인쥐여우원숭이, 카타리나송사리 등이 포함된다. 그 뒤에는 한 가지 범주만 남아 있다. 멸종이다.

IUCN이 비늘발고둥의 위기 상태를 평가할 정보가 수집되었다. 전체 개체군의 크기는 추정되지 않았지만 서식지의 총면적은 미식축구 경기장 네 개에 해당하는 5에이커이고, 마다가스카르에서 동남쪽으로 1900킬로미터 떨어진 롱카이 열수구 지대, 모리셔스 영해 안에 있는 솔리테어 열수구 지대, 그리고 남쪽으로 760킬로미터 지점에 있는 카이레이 열수구 지대의 세 개 지역으로 나뉘어 있었다. 수천 킬로미터씩 떨어진 세 개체군 사이를 떠도는 유생이 거의 없다는 유전자 분석 결과가 말하듯 이 종은 채굴에 의해 파괴되었을 경우 회복 능력이 거의 없었다. 채굴로 한 개체군이 절멸하더라도 그들을 구하러 올 고둥 유생 함대가 없다는 말이다.

결정적으로 ISA는 이미 공해에 위치한 카이레이 열수구와 롱카이 열수구의 채굴 탐사 허가를 각각 독일과 중국에 내주었다. 이런 근거가 비늘발고둥을 적색 목록의 절멸위기 범주에 넣기 충분했다. 이후 시그와트와 동료들의 평가로 수십 종의 다른 열수구 연체동물이 일부는 취약, 일부는 위기, 일부는 위급 범주로 등록되었다.[32] 연체동물은 시작에 불과하다. 열수구의 다른 고유종은 물론이고 해산과 심해 평원에 사는 종들도 이처럼 채굴에 의한 위협 정도를 평가받을 수 있다.

멸종 위기종이라는 이름표가 붙었다고 해서 자동으로 법적 보호를 받는 것은 아니다. 하지만 IUCN의 적색 목록은 가장 곤란에 처하고 가장 고통받고 있으며 가장 관심이 필요한 종이 관심을 끌 수 있는 강력한 도구이며 보호 조치와 국제 정책의 길잡이가 된다.* 앞에서 언급한 것처럼 해양법은 멸종 위기에 처한 종의 서식지 보호를 의무로 정했다. IUCN의 열수구 종에 대한 평가는 단순하지만 중요한 진실을 드러낸다. 비늘발고둥 같은 동물을 멸종 위기종 목록에 올리는 것은 상대적으로 간단한 문제다.

중요한 것은 결국 저 열수구에서 채굴하지 않게 하는 것이다. 채굴은 열수구에 닥친 가장 긴급한 위협이며 사실상 언제든 중지할 수 있다. 일부 열수구는 이미 보호되어 해저 채굴이 허락되지 않는다.[33] 하지만 캐나다 영해의 엔데버 열수구 지대를 포함해 어차피 광산업계가 관심을 가지지 않는 북반구에 있는 것들이다. 드물지만 호프게가 사는 남극 열수구처럼 남반구에서도 일부는 보호되고 있다. 이런 곳에서는 위기종으로 등록된 생물이 거의 없는데 이미 충분히 보호받

---

* 비늘발고둥의 멸종 위기 등급이 처음 발표되었을 때 이 종의 이미지를 깎아내리려는 시도가 있었다. “사람들이 비늘이라는 말을 별로 좋아하지 않더라고요.” 줄리아 시그와트의 말이다. 마침 이 고둥이 솔방울을 닮은 것에 착안해, 비늘 달린 포유류이자 역시 멸종 위기에 처해 있고 사랑받는 한 동물의 이름을 따서 ‘바다 천산갑’이라고 재명명되었다. 하지만 사람들이 육지의 천산갑도 잘 알지 못하는 형편이라 결국 이 별명은 거두어졌다.

고 있기 때문이다. 다른 지역의 종도 그렇게 될 수 있다.

열수구 채굴은 또한 근본적으로 지구에서 생명의 기원에 대한 관점을 바꾼 생태계까지 파괴할 위험이 있다. 2017년 ISA는 한 폴란드 광산 회사에 대서양 횡단 지오트래버스와 브로큰 스퍼 열수구 지대를 포함하는 대서양 중앙 해령 지역에 대한 15년짜리 탐사 허가를 내주었는데 그곳은 이미 수십 년간 연구가 진행되어온 지역이었다. 로스트 시티도 채굴 대상 지역에 들어갔다. 로스트 시티는 최초로 세포에 생명이 점화된 과거 환경과 가장 유사하다고 여겨지는 독특한 화이트 스모커다. 문화적인 측면은 말할 것도 없고 과학적으로도 심해에서 가장 중요한 지역으로서 유네스코가 정한 뛰어난 보편적 가치라는 기준을 충족시켜 로스트 시티를 유네스코 세계 유산으로 지정하자는 제안이 올려졌다.[34]

채굴 활동이 심연에 남길 즉각적인 발자취 외에도 위쪽의 선박에서 광석을 가공할 때 발생하는 폐기물에 대한 우려도 크다. 선광 부스러기는 채굴된 지역까지 도로 내려보내 이미 교란된 장소에 섞이거나, 비용이 너무 많이 들면 900미터 아래의 심해 지역에 흘려보내 거기에서 또 다른 문제를 일으킬 수 있다. 보통 바다의 박광층과 무광층에 떠다니는 입자는 바다 눈이 유일하다. 여기에 선광 부스러기를 내려보내면

투명한 바다 한가운데 먼지 폭풍을 주입하는 셈이다. 거기에는 몇 년이나 부유하며 해류를 따라 수백 킬로미터를 운반될 고운 침전물이 들어 있다. 유즐동물, 관해파리, 거미줄벌레, 폭탄 투척자, 유형류, 해파리 등 섬세한 동물이 그 안에서 질식하고 입자에 눌려 끌려 내려오고 아가미와 여과 장치가 막혀 숨을 쉬지도 먹지도 못하게 될 것이다. 게다가 먼지구름은 몸에서 빛을 내는 동물이 소통에 가장 흔히 사용하는 푸른색을 흡수해 차단한다. 유인과 경고를 위해 깜빡이는 빛과 메시지가 저 탁한 물속에서 소거된다는 뜻이다.

또한 채굴 기계가 일으키는 모래 구름에는 해저 광석이 깨지면서 방출되는 독성 금속이 포함되었다. 사방이 뚫린 물속에서 오염물은 심해와 표층을 연결하는 복잡한 먹이 그물에 쉽게 스며들 수 있다.[35] 바다 눈을 받아먹고 사는 동물성 플랑크톤과 해파리는 오염된 입자를 먹고 먹이 그물을 통해 윗단계 생물의 몸에 들어간 뒤 밤의 대이동을 거쳐 더 얕은 바다로 옮겨진다.

추적 결과 고래상어는 태평양을 가로질러 이동하는 동안 CCZ 지역을 직접 통과한다.[36] 단괴 광산이 채굴된다면 수명이 긴 저 상어들은 저곳을 지나며 오염된 플랑크톤을 먹고 유독성 물질을 축적할 것이다. 장수거북 역시 비슷한 경로로 대양을 횡단하며 해파리를 잡아먹기 위해 채굴 지역 한복판으로 900미터를 잠수한다.[37] 현재로서는 저 독성 물질이 거북과 상어, 바닷새와 고래, 그 밖에 그곳을 지나는 동물들에게 얼마나 고약한 짓을 할지 알지 못한다. 하지만 틀림없이 어떤 식으로든 해를 입힐 것이다.

채굴로 인한 독성 물질이 어장을 얼마나 오염시킬지는 조금 더 차원이 큰 미지의 우려다. 전 세계에 공급되는 참치의 절반이 CCZ 지역과 그 주변 지역을 포함하는 태평양에서 잡힌다. 참치류는 이동을 많이 하는 종이며 오염된 지역을 지나갈 가능성이 크다. 눈다랑어와 황다랑어는 먹이를 찾아 박광층으로 오래 잠수하는데 그러다가 장수거북처럼 채굴 폐기물에 직접 노출될 수 있다. 어업은 수많은 일자리를 창출하며 특히 태평양 섬 국가의 중요한 수입원이다. 해저 채굴로 발생한 오염물이 참치 샌드위치나 샐러드 안에 들어간다면 크게 곤란해질 것이다. 심해 채굴의 영향을 직접 목격하는 사람은 극소수이지만 저 유해 물질의 영향력이 바다 전체에 퍼져 인간의 먹이 사슬까지 들어가면 그때는 무시할 수 없을 것이다.

육지에서의 채굴 규제는 대개 생물 다양성 소실을 피하거나 최소화하도록 요구한다. 잃어버린 개체군은 어떤 식으로든 이후에 대체되거나 다른 곳에서 보충되어야 한다. 하지만 심해에서는 해저 채굴이 종과 서식지를 직접 파괴하므로 생물 다양성의 소실이 불가피하다.[38] 채굴 현장에서 일어나는 소실은 채굴 장비 주변에 일종의 방벽을 설치하거나 해저를 덜 짓밟는 기계를 설계해서 침전물이 표류하는 곳을 통제함으로써 최소화할 수 있을지도 모른다. 또한 심해의 많은 구역을 채굴 금지 지역으로 지정해서 영향력을 줄일 수 있다. CCZ에도 ISA가 채굴 불가 지역으로 설정한 곳이 있지만 단괴의 밀도가 낮고 어차피 기업의 관심이 미치지 않는 가장자리 지대가 대부분이다. 단괴가 많지 않은 지역은 심해 종의 풍부도도 당연히 떨어진다. 따라서 이런 곳을 보호 지역으로 설정한다고 해서 생물 다양성 보호에 큰 효과를 볼 수는 없다. 흡사 열대 우림의 빽빽하고 풍요로운 심장이 아니라 주변부만 보호하는 꼴이다.

심해에서 사라진 종을 대체하는 것은 불가능한 일이나 마찬가지다.[39] 환경 복원 이론에 따르면 채굴 작업이 마무리된 후 그 자리에 동식물을 재도입해서 생태계의 회복을 촉진할 수 있다. 벌목된 숲에 다른 지역에서 자란 묘목을 가져다가 심는 것처럼 말이다. 하지만 심해에서의 환경 복원은 비용도 천문학적일뿐더러 이익보다는 해가 될 수 있다.[40] 1000년 된 산호를 원래 살던 건강한 해저 생태계에서 뽑아다가 채굴된 해산의 산비탈에 심는다고 해서 과연 살아남을 수 있을지, 열수구 유체가 쏟아지는 해저에서 어떻게 수천 마리의 관벌레를 하나하나 심을지 상상하기도 어렵다.

단괴가 채굴된 후 인공 단괴를 제작해 동물이 발판으로 삼을 수 있는 토대를 돌려주자는 제안이 나왔다. 하지만 바위당 10센트라고 치고(거기에 해안에서 심해저까지 실어 나르는 비용까지 추가해야 한다) 계산하면 CCZ에서 채굴된 단일 지역을 재건하는 데 미화 200억 달러 이상이 든다.[41] 이는 30년 동안 예상되는 채굴 수입 600억 달러의 3분의 1이나 되는 비용이다. 과연 주변의 온전한 지역에서 살던 생물과 그 유생이 저 대체된 바위를 받아들여 이주할지도 알 수 없다.

심해에서는 상쇄의 전략도 문제가 된다. 망가진 지역 대신 다른 유사한 생태계를 보호하고 복원해서 해당 생태계의 파괴를 만회하겠다는 전략이다. 하지만 이런 눈속임식 돌려막기와 회피는 심해를 위한 신뢰할 만한 선택이 아니다. 예를 들어 어떤 열수구 생태계도 똑같지 않고 나름의 지질학적·화학적 조건의 조합에 따라 고유한 종들이 모여 있다.[42] 따라서 한 곳의 열수구 지대를 보호한다고 해서 다른 곳의 열수구에서 파괴된 종을 구할 수 있다고 보장할 수 없다.

지구에 바치는 생태학적 속죄의 방식으로 얕은 물에서 산호초를 복원하여 심해의 파괴를 상쇄한다는 제안도 있다. 하지만 이 방식은 이를테면 이리도고르기아속 심해 산호를 열대의 아크로포라속*Acropora* 산호와 바꾸는 것으로 어디까지나 두 종이 동등한 가치가 있다는 전제에서만 효과가 있다. 게다가 이 접근으로 지구 생물 다양성의 순이익을 설명하기는 너무 모호하며 과학적으로도 의미가 없다.[43]

자연적으로 활동을 멈춘 비활성 상태 또는 휴면 상태의 열수구만 채굴하자는 이야기도 있다.[44] 하지만 덜 알려졌을 뿐 그곳에도 생명체가 없지 아니하고 나름의 생태계가 형성되어 있다.

해저 채굴 과정에 불가피하게 동반하는 생물 다양성 손실을 생각하면 과연 심해를 지속 가능하게 채굴한다는 것 자체가 가능한지를 다시 따져볼 수밖에 없다. 인간이 전반적으로 지구에 미친 영향을 놓고 보았을 때 그 위험은 더 커진다. 해저 채굴 계획이 가속화되는 가운데 심해가 지구의 생명을 부양하는 시스템에서 맡은 중요한 역할에 대한 인식도 커지고 있다.

수많은 심해 전문가는 해저 채굴이 기후 위기를 악화할 것이라고 조언한다.[45] 채굴 활동으로 인해 수백만 년 동안 진화하며 탄소 순환에 필수적인 요소가 된 미생물 군집이 교란되면 심연에 탄소를 저장하는 일에 지장이 생길 수 있다.[46] 또한 열수구 채굴이 해저에서 메탄을 제거하는 화학 합성 미생물을 어떤 식으로 건드릴지 알 수 없다. 메탄이 대기에 방출되면 이산화탄소보다 25배는 더 강력한 온실가스가 된다. 채굴로 파헤쳐진 열수구가 얼마나 많은 메탄을 내뱉을지 역시 아직 답을 알 수 없다.

이 모든 점을 고려했을 때 심해 채굴의 영향과 파급 효과가 제대로 이해되기 전에 ISA가 상업적인 채굴을 허가하고 심해를 개방하면 심연에서 생명을 지켜야 한다는 임무는 처참하게 실패할 것이다. 지구의 나머지까지 위험에 빠트리는 것은 말할 것도 없고.

심해 채굴의 영향과 관련해서 결코 두고 볼 수만은 없는 문제에 답하려는 노력이 진행 중이다. 일부는 광산 회사의 후원을 받아 채굴 지역을 연구하는 과학자들의 손에서 이루어진다. 심연에서 소규모 시뮬레이션 채굴 실험이 진행되어 앞으로 벌어질 일에 대한 약간의 단서를 주고 있다. 가장 주목할 실험은 1989년에 독일 연구팀이 남아메리카 태평양 해안의 페루 해저 분지에서 수행한 것으로서 10제곱킬로미터 크기(미래의 광산에 비하면 크기가 작은)의 심해 단괴 평원을 골라 너비 약 8미터짜리 써레를 총 78번 끌고 다녔다. 써레는 단괴를 제거하지 않고 단지 옆으로 밀어 부드러운 퇴적물에 묻었다. 과학자들이 주기적으로 돌아와 현장을 조사했고 2015년에는 자율 잠수정이 지역 전체의 사진을 찍었다. 모자이크 사진에는 30년이 지난 후에도 여전히 해저를 이리저리 가르는 써레 자국이 선명했다. 퇴적층에서 일어난 이런 미미한 교란 이후, 조용하고 고요한 심연에서는 내내 변화가 일어나지 않았다. 게나 해삼 같은 이동성 동물이 다시 돌아다니기 시작했지만 산호나 해면, 말미잘 같은 고착 생물은

여전히 사라진 상태였다.[47]

심연을 긁어내는 바람에 생긴 문제는 눈에 보이는 동물 이상으로 확대된다. 또 다른 연구팀이 페루 분지를 방문해 수십 년 된 흉터와 비교할 새로운 흔적을 남겼다. 심연의 그 지역에서 해저는 미생물이 돌아다니며 정교한 구조를 이루고 마치 살아 있는 피부처럼 기능하는 얇은 퇴적층으로 덮여 있었다. 이 미세한 군집은 위에서 바다 눈의 형태로 떨어지는 날것의 유기물을 처리해서 해저 생태계에 탄소를 추가한다. 실험으로 이 섬세한 피부를 뒤집어놓았더니 미생물은 이내 혼란에 빠져 절반이 사라졌다. 30년 된 써레 자국에서 미생물 풍부도는 교란되지 않은 지역보다 최소 30퍼센트 낮았다. 2020년에 발표된 한 연구에서는 해저에서 미생물과 탄소 흐름이 정상으로 돌아오는 데 최소 50년이 걸린다고 예측해 해저 채굴이 기후에 미치는 영향에 대한 우려를 심화시켰다.[48]

생물 다양성에 대한 이 모든 걱정스러운 결과와 함께 몇몇 다른 채굴 시뮬레이션이 수행되었다.[49] 하지만 이 시도에는 똑같이 중요한 단점이 한 가지 있다. 저것들은 어디까지나 학문적 시도로서 실제 채굴의 규모와 비교할 수 없다는 것이다. 본격적인 채굴이 시작되었을 때는 그 결과가 지금까지 본 그 어떤 것보다 나쁠 것이다. 2022년과 2023년에 과학자와 광부 들이 CCZ로 돌아와 대규모 채굴에 사용될 장비의 시제품으로 실험할 예정이다.[50] 하지만 개발과 좋은 과학의 일정이 늘 일치하는 것은 아니다. 과학자들에게는 결론에 도달하기까지 시간이 필요하다. 또한 ISA 관계자들이 과학의 제대로 된 평가를 인내심 있게 기다렸다가 채굴 여부를 결정할지는 두고 보아야 한다. 과학계는 학자들이 맞설 수 없는 강력한 로비가 뒷받침하는 산업의 추진력과 힘을 감지하고 있다.

"심해저에 유니콘이 산다고 해도 채굴을 멈추지 않을 것이다."[51] 영국 국립 해양 연구 센터의 대니얼 존스가 한 말이다.

4부

보존

11장

푸른 바다 대 초록 숲

심해 채굴에 관해 새로운 주장이 나오고 있다. 해저 광산이 지구를 구할 것이라고 말이다.

2018년 4월, 90미터 길이의 머스크 해양 지원선이 캘리포니아주 샌디에이고 항구를 떠나 서쪽으로 향했다. 출항 기념 행사에는 미크로네시아의 작은 섬나라 나우루의 대통령 바론 와카와 ISA 사무총장 마이클 로지가 참석했다. 두 사람은 선박의 다리 위에서 '딥그린 메탈스'라는 로고가 새겨진 안전모를 쓴 채 버튼과 레버로 둘러싸인 큰 의자에 번갈아 앉았다.[1] 최근 심해 채광에 쏟아지는 관심을 대표하는 광경이었다.

머스크 해양 지원선은 총 다섯 번으로 계획된 장거리 연구를 위해 CCZ를 향하고 있었다. 그곳은 딥그린 메탈스가 탐사를 허락받은 단괴 지대였다. 다른 독립 법인 기업과 마찬가지로 딥그린 메탈스(현 메탈스 컴퍼니) 역시 ISA와 직접 협업할 수 없었고 국영 회사를 통해서만 심해 활동을 할 수 있었다. 나우루 대통령이 저 자리에 참석한 이유도 그래서였다.*

CCZ 서쪽, 태평양에 자리 잡은 총면적 21제곱킬로미터의 이 나라는 이미 육지에서 비극적인 채굴의 역사가 있다.[2] 열대의 전원 지대였던 그곳이 20세기 말 황량한 달이나 다름없는 불모지로 바뀌었다. 노천 광산이 인 매장층을 벗겨냈다. 그곳의 인광석 퇴적물은 구아노라고도 하는 바닷새 배설물의 화석화된 잔해로 저렴한 농업용 비료가 되었다. 나우루의 땅은 이 섬을 형성한 고대 산호의 석회암 봉우리만 남은 채 사람이 살 수 없게 되었다. 1968년에 독립한 후 나우루는 인광석 채굴로 엄청난 로열티를 벌어들였고 한동안 나우루는 세계에서 1인당 소득이 가장 높은 부유한 나라의 하나였다. 하지만 1990년대에 들어서면서 구아노가 바닥나고 부패한 정치인들이 줄줄이 투자에 실패하면서(가령 레오나르도 다빈치와 모나리자의 사랑을 다룬 뮤지컬 1993년 〈웨스트 엔드〉)** 나우루는 러시아 마피아와 알카에다가 연관된 돈 세탁지이자 호주의 악명 높은 난민 수용소가 되었다. 해저 채굴은 재정 문제에서 벗어나기 위한 궁여지책이었다.

---

* 해양법에 관한 유엔 협약의 모든 가입국(따라서 미국은 제외)이 그렇게 한다.

** 레오나르도 뮤지컬은 한 달 만에 실패하고 막을 내렸다.

공해상의 어디서든 심해 채굴이 시작되면 채굴 기업을 후원하든 안 하든 상관없이 나우루는 큰 액수는 아니더라도 수익 일부를 얻게 된다. 2018년에 ISA는 매사추세츠 공과대학교MIT 연구팀과 계약을 맺고 단괴 채굴의 경제성을 조사했다. 한 해저 광산에서 대략 330만 톤의 단괴를 수집하면 매년 약 20억 달러의 이익을 얻을 수 있다는 계산이 나왔다.[3] 심해저가 인류 공동 유산이라는 모토에 따라 ISA는 공해의 모든 광산에 로열티 세금을 매기고 수익을 회원국 간에 동등하게 나눌 것이다. 로열티를 10퍼센트라고 가정했을 때(최근 ISA 협상 최고치) 총 2억 달러, 즉 168개 ISA 회원국에 각각 100만 달러의 로열티가 지급된다. 나머지는 ISA가 운영비 및 규제비로 사용한다. 여러 광산이 운영되더라도 각 회원국이 받는 수입은 그리 많지 않다는 계산이다.[4]

하지만 채굴 기업을 후원하기로 한 나우루 같은 나라에서는 그 수치가 달라진다. 창출되는 수입에 정부가 양도 소득세를 부과할 수 있기 때문이다. MIT 연구 결과에 따르면 해저 광산 한 곳에 대해 운영비, 자본비, ISA에 대한 로열티 일체를 지불한 뒤에 남는 수익이 연간 5억~10억 달러로 추정되는데 정부가 거기에 20~25퍼센트의 법인세를 부과하면 1억~2억 5000만 달러의 연간 세수가 보장된다. 이것이 바로 나우루 정부가 이 어려운 시기에 부를 되찾을 방법이었다.

1967년 아비드 파르도가 유엔에서 연설했을 때 그는 저소득 국가가 세금을 통해 해저라는 공동 유산에서 상당한

몫을 취하게 되리라고는 생각하지 못했다. 그렇게 되면 모든 저소득 국가가 자국 영해의 해저 광산을 후원할 것이고 그 이후 빈곤하든 부유하든 모든 ISA 회원국이 그렇게 하기로 결정하면 더 많은 채굴을 유도하게 될 것이다.

딥그린 메탈스로서는 나우루 같은 빈곤국과 일을 함으로써 자신들의 계획에 약간의 합법성을 더해서 해저의 부가 필요한 이들에게 공유된다는 일종의 증거를 확보할 수 있었다. 그리고 나우루는 그 과정에 특별한 도움을 주었다. 나우루 정부의 지원으로 딥그린 메탈스는 ISA에서 목소리를 높여 심해 채굴법 공개를 밀어붙였고 그렇게 상업용 광산 개방의 길을 닦았다. ISA는 채굴에 우호적인 국가와 딥그린 메탈스 같은 회사로부터 엄청난 압박을 받고 있다. 이들은 당장 채굴을 허용하지 않으면 아예 채굴이 시작되지도 못할 것이라고 다그친다.

개발 허가를 유지하려는 이런 집요함은 단지 채굴을 시작해야 하는 필요성에서 오는 것이 아니다. 개발의 청신호는 추가 투자를 자극해 해당 기업은 주식 시장에서 날아오를 수 있고 임원을 비롯한 소수의 관계자는 해저 광산이 개장하기도 전에 돈을 벌게 된다.[5]

나우루와 ISA에 관여하면서 딥그린 메탈스 대표인 제라드 배런은 몇몇 주목할 플랫폼을 제공받았다. 그리고 2019년 2월, 배런은 ISA 위원회에서 연설을 허락받았다. 오로지 회원국을 위해 마련된 자리에서 전례 없는 등장이었다.

배런은 나우루 정부의 자리에 앉아서 해저 채굴의 당위성과 긴급함을 호소했다.*

"개인적으로 저는 사람들이 우리를 심해 광부라고 부르는 것이 탐탁지 않습니다."[6] ISA에서 배런이 연설 중에 한 말이다. "우리가 하는 일은 단순한 채굴 사업이 아닙니다. 우리는 전환을 주도하고 있습니다. 세계가 화석 연료에서 벗어나게 돕고 있다는 말입니다."

배런은 잠재적 투자자를 대상으로 한 마케팅 자료에서 미래의 금속 수요를 가장 지속 가능하게 충족시킬 방법은 CCZ에서 단괴를 수집하는 일이라는 메시지를 반복해서 전달한다.[7] 그는 단괴 수확이 지상의 광산 활동보다 타격이 덜하다고 주장한다. 육지의 광산에서는 질 좋은 광석이 고갈되어갈 뿐만 아니라 환경에 훨씬 많은 해를 끼친다. 반면에 해저에서 얌전히 대기 중인 단괴는 저탄소 미래에 필요한 풍력 터빈, 태양 전지판, 전기 자동차 제작에 필요한 금속이 모두 들어 있다는 것이 그의 주장이다. 우리 앞에는 그린이냐 블루냐의 선택이 놓여 있다. 푸른 바다의 건강과 온전함, 아니면 세계 경제의 녹지화.

단괴 채굴의 장기적이고 포괄적인 영향력은 이제 막 파

---

* 벨기에 기업 DEME의 대표인 알랭 베르나르 역시 2019년의 동일한 ISA 협의회에서 연설했다. 그는 자회사인 글로벌 해양 광물 자원GSR의 비전과 자체 개발한 단괴 수집 장비 파타니아 II를 시험한 결과와 진전을 설명했다.

악되기 시작했으므로 육지와 심해에서 채굴의 영향력을 의미 있게 비교할 수 있다는 주장은 터무니없다. 게다가 단괴에 들어 있는 금속 함량은 예상했던 원소를 포함할지 모르지만, 화석 연료가 없는 세상에서 어떤 것이 가장 필요한 금속이 될지는 전혀 다른 문제다.

기후 위기에 대한 가장 치명적인 예측을 피하려면 식량과 에너지 생산, 운송 수단, 건축, 냉난방 등 세계 경제를 운영하는 전반적인 방식에 변화가 일어나야 한다. 석탄, 석유, 가스를 태우는 발전소를 전환하고 액체 화석 연료를 사용하는 내연 기관도 과거의 것이 되어야 한다.

화석 연료를 포기하고 온실가스 배출을 막으려면 엄청난 양의 금속이 필요하다. 풍력 발전용 터빈, 태양 전지판, 전기 자동차와 트럭용 배터리(언젠가는 전기 화물선이나 비행기까지)가 모두 금속 원소의 혼합으로 만들어지며, 경우에 따라 필요한 양이 다르다. 이렇게 화석 연료의 필요는 금속의 필요로 대체되겠지만 딥그린 메탈스와 기타 채굴 기업의 주장대로 그 금속이 반드시 심해저에서 와야 하는지는 따져볼 문제다.

앞으로 몇 년 동안 어떤 원자재가 사용되고 또 그것의 공급원이 무엇일지 예측하는 일은 상상 이상으로 복잡하다.[8]

금속의 경우 단순히 매장량을 계산한다고 되는 것이 아니다. 실제 무엇이 채굴되고 가공되는지는 물론이고 가격과 가용성에도 정치적·경제적 요인이 영향을 미치기 때문이다. 게다가 전 세계 경제가 저탄소 또는 제로 탄소의 미래로 가는 정해진 단일 경로가 있는 것도 아니다. 미래의 금속 수요는 사람들의 일상을 탈탄소화할 기술과 기계에 달렸다.[9] 재생에너지를 생산하고 저장하며 사용하는 방법은 이미 다양하게 개발되었고 각각 주기율표의 다른 항목에서 재료를 끌어다 사용했다.

풍력 에너지를 활용하는 방법에는 크게 두 가지가 있다. 내륙 풍력 발전과 해상 풍력 발전이다. 내륙에서 사용되는 터빈은 대개 날개(블레이드)의 우아한 회전을 기어 박스를 통해 훨씬 빠른 속력으로 가속해서 발전기를 구동한다. 이때 발전기 코일을 제작하는 핵심 금속이 구리인데 심해 단괴와 해산에서 채굴할 수 있다.

수상 풍력 발전의 경우 대개 바람이 많이 부는 지역에 건설되는데 터빈 기어 박스의 가동 부위는 회전이 빠른 날개의 마모와 응력에 적합하지 않으므로 해양 터빈에는 기어 박스가 없다. 그 대신 직접 구동 방식을 사용한다. 여기에는 희토류 금속이 들어가는 복잡한 발전기가 적용된다. 희토류 원소는 이름에 희귀하다는 뜻이 들어 있지만 사실 이 그룹에 속한 17개 원소 대다수가 상대적으로 지구에 풍부하게 분포한다. 다만 집중된 매장층에서 발견되지 않아 다른 금속보다 채굴이나 추출이 어렵고 비싸기 때문에 희귀하다는 인식이 생겼다. 이 원소들은 스마트폰에서 플라스마 스크린, 야간 투시 고글, 레이더, 정밀 유도 병기까지 다양한 기술에서 미량으로 쓰이며 세라믹과 유리 제조, 자동차의 촉매 변환기에도 대량으로 사용된다.[10] 해양 터빈에서는 네오디뮴과 디스프로슘의 합금이 강력한 자석을 제작하는 데 쓰인다.

희토류의 가장 큰 생산국인 중국은 이 물질을 논쟁의 중심에 올려놓았다. 2010년 영토 분쟁 이후 중국은 일본에 희토류 수출을 중단했고 그러는 바람에 세계 금속 가격이 급등했다.[11] 2019년에는 중국이 미국에 대한 수출 제한을 시사하면서 희토류가 미국과 중국의 무역 전쟁에 휘말렸다.[12] 공급 확보에 대한 지정학적 우려와 함께 중국을 비롯한 여러 국가의 채굴 기업이 태평양 바닥에 깔린 단괴를 포함해 심해 퇴적물에 들어 있는 희토류에 자연스럽게 관심을 보이고 있다.

다른 금속을 사용한 새로운 터빈 설계도 곧 가능할 것으로 보인다. 2019년, 덴마크가 주축인 한 컨소시엄이 초전도체로 네오디뮴을 대체한 직접 구동 터빈을 제작해 현장에서 성공적으로 시험을 마쳤다.[13] 기존 장치와 비교해 초전도체 터빈은 제작과 운영에 비용이 덜 들고 더 가볍고 효율적이며 희토류 금속을 덜 사용한다. 이 터빈에는 희토류 가돌리늄이 900그램 들어간다. 하지만 교체된 원래의 자석에는 대략 1톤의 네오디뮴이 포함되어 있었다.

그러므로 재생 에너지 시장에서는 미래가 내륙 터빈이냐 해양 터빈이냐, 또 어떤 설계 방식을 사용할 것이냐를 중요하게 고려한다. 현재는 기어를 사용하는 내륙 풍력 터빈이 세계 시장의 70퍼센트를 차지한다. 정부 지원, 지역 개발 규제 등 많은 요인이 향후 몇 년간 내륙 풍력 발전과 수상 풍력 발전 중 어떤 것이 더 많이 건설되며 그에 따라 어떤 금속의 수요가 커질지를 좌우할 것이다.

이와 대조적으로 태양광 발전 사업은 60여 년 전에 시작된 단일 기술이 여전히 주도한다. 실리콘 기반 광기전력 전지는 태양광 기술의 1세대로, 얇은 실리콘 조각으로 제작한 전지판을 사용한다. 여기에 광자가 부딪히면 전자를 방출하고 실리콘 와퍼에 실린 은 페이스트가 전자를 회로로 전도한다. 가장 잘 알려진 전기 전도체는 은이다. 최근 분석에 따르면 태양 전지판의 수요 증가와 은의 가격 상승이 맞물려서 일어났다.[14] 은은 열수구에서 일부 추출될 수 있지만 태평양 단괴의 대규모 채굴로 얻어질 수 있는 원소는 아니다.

텔루르화 카드뮴 전지를 포함한 2세대 태양 전지가 이미 사용 중인데 이 전지판은 은을 덜 사용하는 대신 텔루륨을 필요로 한다. 텔루륨은 해산에서 캐낼 가능성이 있는 금속이다. 현재까지 텔루르화 카드뮴 전지를 비롯한 다른 태양광 전지는 원조를 넘어서지 못해 세계 시장에서 크게 자리 잡지 못한 형편이다. 실리콘 기반 태양 전지는 1950년대 발명된 이후 효율이 6퍼센트에서 20퍼센트 이상으로 향상되었다.* 그리고 1990년대 가격의 5분의 1도 되지 않는다. 이와 경쟁하려면 가격을 엄청나게 조정하거나 전혀 새로운 방식의 태양 전지를 개발해야 한다.

3세대 태양광 기술이 재생 시장의 판도를 바꿀 잠재력을 보유한다. 페로브스카이트perovskite라는 광물로 만들어진 태양 전지가 특별히 유망하다.[15] 2019년, 전 세계 10여 개 회사가 이 기술을 상용화하려고 작업 중이다. 페로브스카이트 태양 전지는 1세대 실리콘 태양 전지와 비슷한 방식이지만 고작 우표 크기로도 작동해서 효율이 크다. 앞으로 규모를 늘리고 기술이 안정되면 페로브스카이트는 일종의 분무식 솔라 잉크가 되어 벽이나 창문, 자동차 지붕이나 비행기 날개, 심지어 옷 같은 비전형적인 장소에서도 전기를 만들 수 있게 될 것이다. 또한 이 전지는 싸고 풍부한 여러 재료로 만들어진다. 일반적으로 페로브스카이트는 탄소와 수소, 질소로 만들어진 유기 분자와 할로겐(아이오딘 또는 염소) 원소, 그리고 납(공급이 부족하지 않고 심해 채굴의 주요 대상이 아닌 금속)을 포함한다.

* 태양 전지의 효율은 태양 에너지가 전기로 변환되는 비율을 말한다. 예를 들어 런던이나 뉴욕의 맑은 날에 태양은 지상의 1제곱미터당 3.36킬로와트의 에너지를 전달한다. 효율이 20퍼센트인 태양 전지판은 하루에 672와트의 태양 에너지를 활용하는 셈이다.

해저 채굴에 찬성하는 쪽은 세계 자동차와 트럭에 전기를 공급할 필요성을 강조한다. 화석 연료를 사용하는 차량을 포기하는 것은 환경 측면에서 많은 의미가 있다. 표준 내연 기관은 고작 30퍼센트의 효율밖에 내지 못하는 일련의 폭발을 통해 움직인다. 고속도로의 굉음과 자동차 라디에이터의 뜨거운 열기는 모두 공기 중으로 사라지면서 낭비되는 열과 소리 에너지다. 전기차는 훨씬 시원하고 조용하며 통상 효율이 90퍼센트 이상이다. 재생 가능한 전기 공급원으로 자동차를 충전한다면 휘발유나 경유로 채워진 탱크보다 전반적인 탄소 배출량이 훨씬 낮아질 것이다. 그리고 전기가 생산되는 과정을 고려하지 않는다면 전기 자동차는 배기가스 배출이 전혀 없으므로 도시의 공기 오염 문제를 해결한다.

하지만 현재 사용되는 충전식 배터리는 대부분 코발트를 대량으로 사용한다. 전기 자동차 한 대에 사용되는 배터리 전극에 약 9킬로그램의 코발트가 들어간다. 이 말 많은 금속이 심해에 존재한다.

현재 전 세계 코발트 공급량의 절반 이상이 중앙아프리카의 콩고 민주 공화국DRC에서 추출된다. DRC는 세계에서 가장 빈곤하고 정치적으로 불안정한 국가의 하나다. 이곳의 코발트 산업은 대규모 노천광이 차지하며 이 광산은 개인이 수작업으로 파내는 무허가 광산 20만 개와 경쟁한다.[16] 사람들은 뒷마당이나 집터 아래 또는 코발트가 풍부한 다른 지층을 찾아 끌과 망치로 흙을 긁어내고 구덩이와 터널을 파고 들어간다. 이렇게 개인이 파낸 터널은 지지대가 없어 붕괴되기 쉽지만 광부들은 안전 장비는커녕 마스크, 장갑, 심지어 부츠도 착용하지 않은 채 작업하므로 붕괴로 인한 사망 사고가 빈번하다. 2019년 6월, 대규모 상업용 광산 가장자리에서 불법으로 작업하던 터널이 무너지는 바람에 안에 있던 광부 43명이 사망했다.

한편 국제 앰네스티는 DRC의 광산에서 만연한 아동 착취를 보고했다.[17] 일곱 살도 되지 않은 아이들을 포함해 어린이들이 거대한 돌 주머니를 들고 다니며 해로운 코발트 먼지를 들이마신다. 한 소년은 열두 살이었을 때 24시간 연달아 광산에 머문 적도 있다고 했다. 육지에 기반한 광산의 이런 극악무도한 인권 유린이 해저 코발트 채굴을 정당화하는 하나의 유인책이다. 이에 더하여 세계 시장에서 코발트의 변덕스러운 가격 변동 또한 해저 채굴을 부추기는 추가 요인이다.

2000년대 중반 스마트폰과 노트북용 충전지 수요가 늘면서 코발트 가격이 급등했으나 2008년 이후 세계 경기가 침체하면서 가격이 폭락했다. 그러다가 2017년과 2018년에 전 세계 수십 개 나라와 도시가 화석 연료 차량을 단계적으로 폐기하겠다고 선언하면서 전기 자동차에 대한 관심이 폭증했고 동시에 코발트 가격도 천정부지로 뛰었다.[18] 고작 2년 사이에 가격이 세 배 이상 급등해 1톤당 미화 3만 달러도 되지 않던 것이 9만 5000달러 이상으로 솟구쳤다. 이런 가격 상승은 DRC의 대형 코발트 광산 14개 중 여덟 개를 소유하고 세계 공급량의 80퍼센트에 해당하는 코발트의 정제를 맡은 중국이 자동차 분야에서 코발트 수요 급증을 예상하고 따로 비축한 것도 요인 중 하나였다. 심해 채굴 회사들이 이렇게 문제 많은 코발트 공급을 해저에서 추출해야 한다고 밀어붙이기에 적절한 상황이었다. 하지만 예측과 달리 2019년까지 코발트 수요는 증가할 기미가 보이지 않고, 전기 자동차 대량 생산도 지지부진해졌다. 결국 중국이 그동안 보유했던 분량을 시장에 내놓으면서 2020년 초 코발트 가격은 폭락했다.

충전용 배터리의 기본 디자인은 1970년대에 처음 개발된 이후로 크게 달라지지 않았다. 충전이 가능한 리튬-이온 배터리는 1991년 소니사가 휴대용 비디오카메라에 처음 상업적으로 사용했다. 같은 배터리 기술이 오늘날 디지털 시대 전체에 동력을 주고 있다. 이는 사람들이 스마트폰의 충전 중 표시를 통해 소통하는 블랙박스다. 스마트폰의 전원을 켜면 전자가 두 전극 사이의 회로를 따라 음극에서 양극으로 흐르면서 전류를 방전하고, 동시에 양이온이 액체 전해질을 통과해 전극 사이를 흐른다. 반대로, 충전기 플러그를 꽂으면 배터리로 들어가던 전기가 이 과정을 역행해 이온을 다시 음극으로 옮기고 전하를 축적한다.

초기에는 배터리의 음극은 리튬, 양극은 이황화 타이타늄으로 만들어졌는데 이 배터리는 폭발의 위험성이 있었다. 그러다가 양극이 산화코발트로 대체되면서 배터리의 충전량이 늘고 화재 가능성은 줄었다. 이 충전지로 작은 전자 제품은 문제없이 작동했지만 이제는 너무 크지도 않고 무겁지도 않으며 충전소까지 가는 동안 방전되지 않을 차세대 전기 자동차 배터리를 개발하는 경쟁이 시작되었다. 변덕스러운 가격과 비윤리적인 채굴에 대한 우려가 증가하면서 코발트 함량을 줄이거나 아예 사용하지 않는 방법이 고려되고 있다.

이미 리튬-이온 배터리는 코발트 함량을 줄이도록 개조되었다. 전기 자동차 제조사 테슬라에 배터리를 공급하는 파나소닉은 다른 자동차 배터리보다 코발트의 양을 절반 이하로 줄인 양극재를 생산한다.

코발트 양극재가 아예 다른 것으로 대체될 수도 있지만 현재로서는 그 대안이 썩 훌륭하지 못하다. 예를 들어 중국에서 운영되는 전기 버스는 대부분 철을 양극재로 사용한다. 하지만 충전량이 적기 때문에 한 번의 충전으로 더 장거리를 뛰어야 하는 자가용에는 적합하지 않다.

코발트를 사용하는 기존 방식에 대한 유망한 대안으로 전고체 전지가 많은 관심을 받고 있다. 전고체 전지 연구에 투자하는 자동차 제조 회사에 토요타, 미쓰비시, BMW, 메르세데스-벤츠가 있으며 액체 전해질을 코발트 없이 작동하는 불연성 고체 물질로 대체하는 것이 목표다. 수소 연료 전지와 정전기로 에너지를 저장하는 초고용량 축전지를 포함해 무배출 차량이라는 새로운 해결책을 탐색하는 개척적인 연구도 진행 중이다. 모두 코발트를 많이 쓰지 않는다.

심해 코발트가 전기 자동차 배터리, 풍력 터빈용 네오디뮴, 태양 전지판용 텔루륨을 만드는 데 필수 불가결이라는 주장은 기술이 혁신될 수 있고 또 허용되어야 한다는 사실을 무시하는 것이다. 이는 첨단 우주 탐사정을 만들어 태양계 가장자리와 그 너머로 보낸 천문학자들을 떠올리게 한다. 그들은 탐사정에 실어 보낸 카메라와 센서 등 장비의 기술이 금세 구식이 되더라도 저 우주에서 하드웨어를 업그레이드하는 것이 불가능하다는 것을 잘 알고 있다.* 이곳 지구에서의 기술에는 강한 모멘텀이 있으며 그중 대부분은 자신의 방식을 방어하고 이윤을 유지하려는 강력한 산업 로비 단체에 의해 강요되고 있다. 하지만 그 공장은 은하계를 가로지르며 다시는 닿을 수 없는 곳으로 질주하는 탐사정에 붙어 있지 않다. 산업은 혁신에 여지를 주어야 하고 인간과 비인간 세계의 다른 부분을 위험에 빠트리지 않으면서 모두에게 필요한 것을 만들고 또 현재 가용한 자원에 재빨리 적응해야 한다.

* 조금 더 빠른 탐사정이 개발되어 그들을 따라잡지 않는 한.

기술의 발전이 인류의 모든 문제를 해결하고 현재 지구와의 격동의 관계를 완전히 치유하지는 못할 것이다. 하지만 기술은 경제가 화석 연료에 의존하지 않고 새로운 방식으로 지구 자원을 사용하는 데 도움을 줄 수 있다.

전기 자동차, 태양 전지판, 풍력 터빈에 필요한 금속의 매장량은 이것들이 대체할 화석 연료처럼 유한하다. 하지만 한 번 사용하고 마는 화석 연료와 다르게 금속은 재활용하거나 계속 사용할 수 있다. 이 금속은 또 한 번 뻔한 실수를 하느라 낭비해서는 안 되는 귀중한 자원이다.

금속 사용을 예측하기 위해 복잡하고 불확실한 연구가 많이 수행되었다.[19] 연구 결과에 따르면 앞으로 다가올 수십 년 동안 몇몇 원소는 육지에서 귀하고 비싸고 채굴이 어려워질 것으로 예상된다. 예측의 결과는 가정에 따라 달라지며 매번 소위 핵심 물질이라 불리는 것의 목록이 다르다. 하지만 모두 적어도 한 가지 사실에는 동의한다. 회수해서 재활용해야 한다는 점이다.

제조사들이 핵심 금속을 계속해서 재사용한다면 육지 매장량을 고갈시키지 않아도 되고 따라서 심해 채굴 명분도 사라진다. 하지만 재활용이 그리 간단한 문제는 아니다.

현재 구형 전화나 노트북 등 휴대용 기기의 충전지에서 금속을 추출하는 방식은 용광로에 던져서 녹인 다음 합금으로 만들고 황산 등의 물질로 반응시켜 개별 금속을 추출하는 것이다. 이는 비용도 많이 들고 매우 유독하다.

아직 요원하기는 하지만 조금 더 세련된 방식은 장치를 각각의 구성 요소로 분리해서 재활용하는 자동화 프로세스를 구축하는 것이다. 2018년, 거대 기술 기업 애플은 그런 자동화를 향한 한 단계로서 로봇 분해 라인을 자랑스럽게 공개했다. 여기에서는 수십 번의 조작을 통해 몇 초 만에 아이폰의 주요 부품을 분해할 수 있다. 단, 아직 최신 아이폰 모델 외에는 적용할 수 없다.

전기차 배터리의 재활용은 케이스를 여는 일조차 치명적인 충격을 줄 수 있는 매우 복잡하고 위험한 과정이 될 것이다.[20] 대단히 주의 깊고 전문적인 처리가 필요하며 이는 새로운 녹색 경제의 일부로서 일자리를 창출한다. 자동차 배터리에도 다양한 종류의 전지 팩과 화학 물질이 있으며 각기 다른 분해 방식이 요구된다. 따라서 많은 스타트업과 연구팀이 새로운 충전지를 만드는 방법을 연구하는 동안 다른 쪽에서는 그것을 분해하는 방법을 모색하기 시작했다. 그중에는 배터리의 양극에서 금속 산화물을 선택적으로 씹어 먹고 순수한 금속 나노 입자로 전환하는 세균을 활용한 획기적인 아이디어가 포함된다.

자동차 산업이 전기 자동차 생산을 확대할 무렵이면 1세대 전기차가 수명을 다할 것이고 그 배터리가 재활용되면서 새로운 재료에 대한 수요가 줄어들기 시작할 것이다.

이 발상을 채택한 것이 딥그린 메탈스로, 자동차 배터리, 풍력 터빈, 그 밖에 당장 세계가 필요로 하는 만큼만 캐내고 멈추겠다는 것이 이들의 주장이다.[21]

얼핏 훌륭한 발상처럼 보일지 모르지만 이제 충분하니 그만하라는 말을 누가 할 것인가? 광산이 본격적으로 가동하고 돈이 들어오고 주주들이 이익을 요구하는 상황에서 회사가 생산을 멈추는 것이 현실적으로 가능할까?* 설령 딥그린 메탈스가 채굴을 멈춘다고 하더라도 다른 회사가 똑같이 생산을 중단할 것이라는 기대는 금물이다. 그때까지 딥그린은 다른 광산 기업들이 이어갈 새로운 산업을 자극할 것이다. 결국 세계 경제와 기술은 풍부하고 값싼 심해 광물에 쉽게 의존할 것이다. 이는 아직 한 번도 사용되지 않은 새 금속을 향한 포기하기 힘든 중독을 전 세계에 퍼트릴 위험이 있다. 하지만 그 중독성도 처음부터 막는다면 얼마든지 피할 수 있다.

---

* 코로나19 팬데믹 절정기에 딥그린 메탈스 대표 배런이 2023년 딥그린 광산의 개장을 선언하면서 필요하면 심해 채굴법이 공개되기 전이라도 탐사 허가 후 2년이면 채굴을 허용한다는 ISA 규제의 허점을 이용해 개장을 강행하겠다고 장담했을 때, 그는 이미 투자자의 요구에 회사가 얼마나 절대적으로 순응하는지를 보여주었다.

열수구 채굴 계획에 기후 위기를 멈추거나 '녹색' 경제를 돕겠다는 웅대한 약속 같은 것은 없다. 이들이 채굴하려는 금속은 아연이나 금 같은 귀한 원소이며 그것이 화석 연료를 포기하려는 세계적인 노력에 얼마나 일조할지는 누구도 예상하지 못한다. 게다가 열수구 채굴이 육지에서의 비인간적이고 오염을 일으키는 채굴을 대체할 것이라는 주장은 솔직하지 못하다. 어차피 채굴은 양쪽에서 계속될 것이다. 열수구 채굴에서 얻어질 유일한 실질 혜택은 경제적 이득이지만 그렇다고 상당한 이익을 얻을 것 같지도 않다.

지난 2010년, 파푸아뉴기니에서 세계 최초로 심해 광산이 열릴 뻔한 적이 있었다. 비스마르크해의 솔와라 1이라는 곳의 열수구가 그 대상이었다. 2011년, 캐나다 회사 노틸러스 미네랄스가 파푸아뉴기니 영해 안에서 맨 처음 심해저 탐사 허가를 받았다. 2018년, 영국 공장에서 출발한 대형 채굴 기계 3종 세트가 파푸아뉴기니에 도착했다. 시험 가동 중 얕은 물에서 돌아가는 이빨과 강침 박힌 거대한 롤러가 번쩍이는 순간 열수구 채굴의 오싹한 결과가 실감 나면서 채굴은 정말로 임박해 보였다. 하지만 그 무렵 건강한 바다로 먹고사는 나라에 채굴이 가져올 광범위한 환경적 영향을 두고 두려움이 커지는 가운데 이 프로젝트에 대한 파푸아뉴기니 국민의 지지는 이미 줄어들고 있었다. 결국 2019년, 감당할 수 없는 비용과 자금 조달 문제로 노틸러스 채굴 계획은 중단되었고, 회사가 파산을 선언하면서 열수구는 온전하게 살아남았다.[22] 파푸아뉴기니 정부는 전체 보건 예산 3분의 1에 해당하는 미화 1억 2500만 달러의 빚은 둘째 치고 이 회사에 투자한 지분 15퍼센트로 무엇을 얻었는지 전혀 알 수 없었다.

노틸러스 미네랄스가 심해 채굴의 새 시대를 여는 데 실패하고 열수구 채굴이 수익을 창출한다는 것을 증명하지 못했는데도 나머지 세계는 아직 포기하지 않았다. 여러 나라가 자신의 영해에서 열수구 탐사 허가를 팔아왔다. 일본 영해에서는 열수구는 물론이고 해산에서도 시험 채굴이 이미 실시되었고 프랑스와 한국, 러시아, 중국을 포함하는 여러 국가가 공해에서 열수구를 탐색하고 있다.[23] 열수구 채굴은 현장이 너무 멀고 깊으며 기술을 개발하기 힘들어서 수익성이 전혀 없을 수도 있다.[24] 그런데도 열수구 채굴은 강행될지 모른다. 권력과 돈과 이기심을 가진 어떤 정부나 회사가 스스로 첫 스타트를 끊었다고 자랑하고 싶다면 말이다.

12장

심해의 성역

심해는 마지막 변경 지대이자 최후의 미개척지다. 심해 개척은 수 세기에 걸친 자원 추출 역사의 반복이 될 것이다. 그것이 금광이든 유정이든 절멸을 앞둔 북아메리카 대평원의 바이슨이든 또는 해산에서 고대 생태계를 파괴하는 심해 저인망 어선이든 이야기의 본질은 같다. 자원이 바닥나면 새로운 미개척지를 찾아가서 씨가 마를 때까지 가져다 쓰는 것이다. 하나의 변경 지대가 닫히면 다음 것이 열린다. 마침내 더는 갈 곳이 남아 있지 않을 때까지. 변경 지대의 역사는 언제나 파괴와 상실의 이야기였으며 이제는 정말 얼마 남지 않은 것을 취해야 하는 절망적인 경주가 되어가고 있다. 심해에서는 다를 것이라는 가정은 순진한 생각이다.

지금까지 심해에 관해 밝혀진 모든 정보는 그곳에서 지속 가능한 개발 자체가 불가능하다고 말한다. 육지에서의 채굴 사업도 통제와 관리가 어려운데, 접근도 어려운 멀고 먼 해저에서 어찌 더 잘할 수 있다는 말인가? 심해 어장은 이미 통제와 관리라는 바로 그 문제와 씨름하고 있다. 이론적으로는 얕은 물에서도 지속 가능한 어업이 가능하지만 실상은 정치적이고 경제적인 이유로 거의 실행되지 않는다. 저 암울한 행적이 어떻게 깊은 물 속의 어장에서는 기적처럼 바뀔 수 있다는 것일까? 강제적인 실시는 큰 문제를 일으킬 것이다. 게다가 근본적으로 심해 생태계는 얕은 바다와는 전혀 다른 방식으로 돌아간다. 심해의 물고기는 수백 년을 살고 번식률이 낮다. 심해 종의 서식지는 천년을 사는 산호와 해면이 일군 것이다. 심해의 느리고 굶주린 세계는 개발과 착취에 안타까울 정도로 취약하므로 어떻게든 지속할 수 있다는 허울 좋은 주장에도 불구하고 결국 고갈되고 말 것이다.

인류는 지구와 그 천연자원을 보호하고 진정으로 지속 가능하게 인구를 부양할 기회를 몇 번이고 놓쳐왔다. 심해는 인류가 정말 달라질 기회, 그리고 역사의 페이지에 새롭고 대담한 이야기를 쓸 귀한 기회를 제공한다. 산업과 정치가 최후의 보루까지 밀어붙이며 경쟁적으로 심해를 착취할 명분은 없다. 대신 심해 전체에 출입 금지, 채굴 금지, 어업 금지, 시추 금지, 그리고 박광층에서 가장 깊은 해구까지 어떤 종류의 추출도 금지한다는 선언을 추진할 합리적 동기는 충분하다.

그렇다고 누구도 심해에 들어가면 안 된다는 말은 아니

다. 개발과 추출이 중단되면 과학자들이 그곳에 찾아가 심해 거주자를 찾아 등록하고 이 복잡한 생명 시스템이 작동하는 방식을 상세히 조사하게 될 것이다. 생물 활성 물질의 탐색과 신약에 대한 아이디어가 함께 진행되는 과정이다. 만약 인간이 어떤 식으로든 심해를 사용할 요량이라면 이 방법은 어떻겠는가? 어업이나 시추, 채굴 대신에 지구의 건강을 크게 위협하는 일 없이 인류의 고통을 줄이고 생명을 구할 진짜 잠재력이 있는 분자를 찾아 복제하는 것 말이다. 어차피 심해 개발은 제로섬 게임이며 둘 다 가질 수는 없다. 추출 산업은 저 다양한 생태계와 그곳에 포함된 모든 의학적 부까지 함께 파괴할 것이다.

그렇다면 어떻게 심해를 효과적으로 보존할 수 있을까? 이런 야심에 가장 가까운 선례가 남극 조약이다. 남극 조약은 평화와 과학을 위해 남극 대륙의 동토를 자연 보호 지역으로 선언한 국제 협약이다. 심해처럼 남극에도 토착 인구는 없으며 많은 나라가 원유와 가스, 광물을 포함해 이곳에 매장된 자원에 눈독을 들이고 있다. 하지만 냉전 충돌 중에도 최초 12개국은 영토 주장을 포기하고 모든 군사 활동과 채굴을 금지한다는 조약에 합의할 수 있었다. 적어도 지금은. 그때 이후로 수십 개국이 더 가입하면서 협약에 금이 가기 시작했고 많은 국가가 언젠가 손에 들어올 자원에 눈을 돌리고 있다. 2048년에 협약이 재검토될 것으로 예상되는데, 그때가 되면 반反채굴 정책이 끝을 맺을지도 모른다.[1]

남극을 둘러싼 바다에서 어업이 허락되면 펭귄을 굶어 죽게 만들 크릴잡이까지 허용될 것이다.[2] 하지만 아직 남극 대륙은 가장 덜 개발된 바다로 둘러싸인 청정한 대륙으로 남아 있으며 심해와 마찬가지로 독특하고 민감하며 지구 기후에 매우 중요한 역할을 한다. 남극 보호에서 손을 떼는 것은 곧 지구의 미래에 대한 암울한 선언이 될 것이다.

심해는 단호하고 무조건적인 보호가 필요하며 심해 어업과 채굴에 관여한 국가에서 시작되어야 한다. 만약 독자가 그런 나라에 살고 있다면 심해 추출 사업에서 손을 떼도록 정부를 압박할 수 있다.* 예를 들어 유럽 연합을 포함해 국제 해저 기구 168개 회원국 중 한 나라의 국민이라면 해양법에 따른 심해저 환경 보호를 철저히 이행하도록 정부에 요구할 수 있다.** 심해 보호와 해저 채굴 및 심해 저인망 어업의 금지를 위해 싸우는 비정부 단체를 후원하는 것도 한 가지 방법이다. 소비자는 해산물의 원산지를 확인해서 어디에 사는 동물이 어떻게 잡혀 왔는지를 따지고 심해 어종이라면 거부한다. 또한 심해와 심해에 감추어진 경이로움을 배우고 관심을 쏟고 다른 사람들에게 알리고 다른 친숙한 동물이나

---

* 이 책의 출판 당시 심해 추출 산업에 관련된 나라는 다음과 같다. 쿡 제도, 쿠바, 체코 공화국, 덴마크, 에스토니아, 페로 제도, 프랑스, 독일, 아일랜드, 일본, 키리바시, 라트비아, 리투아니아, 나우루, 뉴질랜드, 노르웨이, 폴란드, 포르투갈, 싱가포르, 슬로바키아, 솔로몬 제도, 한국, 스페인, 통가, 영국, 미국.

** ISA 회원국은 다음의 웹사이트에서 확인할 수 있다. https://www.isa.org.jm/member-states/.

야생 지역처럼 사랑받고 소중히 여겨지도록 나서야 한다.

심해 보존은 심해 안에서만 이루어지지 않는다. 얕은 바다에서도 다음과 같이 지속 가능한 방식으로 해산물을 수확할 수 있다. 번식이 빠르고 개체 수가 많은 어종을 타깃으로 삼고, 생태계를 파괴하지 않는 어업 기술을 사용하고, 혼획을 금지하고, 바람직하지 않은 보조금을 없애고, 조개류와 갑각류, 해조류처럼 영향력이 낮고 대기에서 탄소를 포획하는 서비스까지 딸려 오는 해산물을 양식하는 방식을 사용한다면 말이다. 햇빛이 닿는 곳 안에서 지속 가능한 어업과 해산물 양식에 제대로 성공한다면 굳이 심해가 세계를 먹일 수 있느니 없느니 따질 필요조차 없지 않겠는가. 심해가 일구어낸 온전한 먹이 그물과의 연결, 수백 미터, 수 킬로미터 아래의 건강한 물에서 솟아오르는 영양분에 의해 지탱되는 얕은 바다로도 충분하기 때문이다.

탄소에서 폴리염화 비페닐까지 심해에 가라앉은 오염물은 육지와 해수면에서 인간이 활동한 결과물이며 그 수준은 명확하고 분명하다. 플라스틱과 다른 형태의 화학적 오염물 원인은 식별되어야 하고 환경으로 배출되는 양을 최소화하고 가능하면 완전히 중단해야 한다. 또한 이산화탄소와 다른 온실가스의 배출을 과감히 줄여야 한다. 우리가 저탄소 세계 경제의 목표를 달성하지 못하는 것은 터빈, 태양 전지판, 전기 자동차에 들어가는 금속이 부족해서가 아니라 변화를 실천하려는 정치적 의지가 부족해서다. 대규모 정부 지출에 긴급한 조치가 필요하다. 혁신적인 제로 방출 차량을 실험실에서 고속도로로 옮기고 물질을 재사용하고 재활용하는 순환 경제를 개발하고 새로운 변경 지대를 여는 대신 이미 접근할 수 있는 자원의 효율성을 개선하는 등 해저 금속에 의존하지 않는 재활용 기술에 투자해야 한다. 2020년대는 이런 변화가 일어나야 하는 10년이다. 그렇지 않으면 인류는 최악의 기후 위기 버전 앞에서 굴복할 것이다.

새로운 삶의 태도와 일 처리 방식을 통해 우리는 모두 심해 착취와 생태계 및 기후의 급속한 붕괴로 이어지지 않는 미래를 위한 적극적인 일부가 될 수 있다. 자신이 뽑은 대표에게 더 많은 것을 요구하고 필요하면 항의하라. 할 수 있는 어떤 방식으로든 가능한 것을 보여주어라. 일회용 플라스틱(그리고 어떤 일회용품이든)을 쓰지 않고 망가진 물건을 고쳐서 쓰는 열망과 수단이 있는 사회로 바꾸는 데 동참하라. 비행기를 덜 타고, 더 작은 차를 몰고, 또는 아예 차가 없이 대중교통을 이용하고, 대량 소비주의의 끝없는 쳇바퀴에서 벗어나는 삶을 선택하라. 당신이 원하는 더 나은 윤리적 옵션을 찾을 수 없다면 그 이유를 묻고 기업을 다그쳐라.

이것들은 단순히 심해를 보호하는 것 이상의 일이며, 그래서 그 잠재력은 크다. 우리 눈에 보이고 또 그 안에 사는 지구의 일부를 보호하려는 바로 그 노력을 통해 심해의 쓸모를 없앨 수 있다면 그로 말미암아 이 보이지 않는 곳을 보호하게 될 것이기 때문이다.

심해에서의 꿈들이 사라지지 않기를

호텔 꼭대기 층에 도착해 북적거리는 대형 리셉션장에 들어갔다. 바닥에서 천장까지 이어진 커다란 창문으로 캘리포니아주 해안 도시 몬터레이의 전경이 펼쳐졌다. 오른쪽으로 돌아가면 아침에 달렸던 해변이 보인다. 그곳에서 나는 거대한 벼룩처럼 나타나 곧 바닷새들에게 잡아먹힐 모래게 틈에서 달렸다. 왼쪽은 항구로 황혼 무렵이면 해달이 활개를 친다. 그 너머로 캐너리 로우가 보이는데 1945년 존 스타인벡의 장편 소설 《캐너리 로우Cannery Row》(한국어판 제목은 '통조림공장 골목'이다—옮긴이)를 기리기 위해 개칭된 정어리 가공 공장이다. 1940년 스타인벡과 책의 주인공 닥의 실존 모델이라고 알려진 에드 리케츠는 오늘날 칼리포르니아만으로 더 익숙한 코르테스해의 해양 생물을 연구하기 위해 정어리 어선 웨스턴 플라이어를 타고 6400킬로미터 항해를 시작했다. 스타인벡은 이 원정을 연대순으로 기록하고 인간과 바다의 연관성을 새기며 《코르테스해 항해 일지The Log From the Sea of Cortez》를 썼다. 책에는 이런 구절이 있다. "인간에게는 바다에 괴물이 살게 해놓고 그것들이 있나 없나 궁금해하는 습성이 있다." 몬터레이만으로 돌아온 리케츠는 바다뱀이 파도에 쓸려 해안에 올라왔다는 소식을 듣고 사진을 찍으러 달려갔다가 사악한 냄새를 풍기는 괴물에 붙어 있는 쪽지를 발견한 한 기자의 이야기를 들려주었다.

걱정하지 마세요. 이놈은 돌묵상어입니다.

진실이 적힌 이 쪽지를 읽고 몬터레이 주민들은 크게 실망했다. 스타인벡이 책에 이렇게 썼다. "사람들은 그것이 바다뱀이기를 간절히 바랐다. 언젠가 온전하고 썩지 않은 상태로 진짜 바다뱀이 발견되거나 잡혀 오면 사람들이 내지르는 승리의 함성에 천지가 진동할 것이다. 그것을 보고 '저거 보게, 있을 줄 알았다니까. 어쩐지 꼭 있을 것 같더라니'라고들 말할 테지."

나는 심해에서 스타인벡이 상상한 어떤 바다뱀보다 더 특별한 동물을 발견하고 연구한 사람들에 둘러싸인 채 수평선까지 길게 뻗은 몬터레이만의 반짝이는 푸른 바다를 내려다보았다. 2년마다 1주일 일정으로 전 세계에서 수백 명의 생물학자가 모여 심해에서 찾아낸 최신 결과를 나눈다.[1] 그중 많은 사람이 이곳 몬터레이만에서 살아 있는 경이를 발견했다. 몬터레이만은 캐너리 로우에 아직도 남아 있는 에드 리케츠의 태평양 생물학 연구소에서 배로 멀지 않은 곳으로, 대륙붕이 주저앉고 협곡이 심연을 깎아 내려가는 지점에 있다. 나는 리케츠와 스타인벡이 이 심해의 생물들을 보았다면 무슨 생각을 했을지 무척 궁금하다.

이곳 학회 리셉션장에는 20년 전 몬터레이만 바닥에서 뼈를 먹는 붉은 벌레에 에워싸인 채 누워 있던 죽은 고래를 발견한 사람들이 있다. 심해에서 바다 눈 뭉치를 만들어 먹는 흡혈오징어를 관찰한 과학자들도 참석했다. 먹다 만 해파리를 팔에 들고 있는 문어를 본 연구팀과 초록빛 폭탄을 투척하고 무광층의 영원한 밤으로 도망친 벌레를 찾아낸 팀이 있다. 다리에 털이 달린 설인게의 막춤을 처음으로 진지하게 바라보았던 생물학자도 보이고, 아무도 예상하지 못한 곳에서 설인게를 발견한 연구팀도 보인다.

앞으로 며칠간 심해에서 가장 최근에 건져낸 이야기들이 오갈 것이다. 과학자들은 그들이 발견한 종과 새롭게 이해한 심해 생물의 삶, 그리고 생태계의 감추어진 부분을 연결하는 고리에 관해 발표한다. 심해의 새로운 광경이 드러난다.

최근 인도양에서 발견된 열수구가 수천 장의 사진을 이

어 붙여서 만든 복잡한 3차원 컴퓨터 모델로 전시된다.[2] 버튼을 누르면 이 가상의 열수구 주위를 헤엄쳐 다니며 그곳에 사는 게, 말미잘, 홍합, 고둥 들을 가까이 확대해서 볼 수 있다. 이런 상세한 지도는 단지 이 순간 열수구의 모습에 대한 기록이 아니다. 심해 생물이 사는 곳과 서로 어울리는 방식을 정확히 담아냄으로써 저런 극단적인 생태계에서 어떻게 생물들이 모여 사는지를 보여준다.

이곳에서는 커다란 의문과 궁금증도 해소된다. 가령 사람만큼 큰 훔볼트오징어 무리는 박광층 안에서 어떻게 서로 먹이를 두고 다투거나 부딪히지 않고 샛비늘치를 뒤쫓을까? 심해에서 촬영한 오징어 영상을 분석해보니 측면의 진한 줄무늬, 창백한 눈과 어두운 몸, 짙은 줄무늬 팔과 연한 촉수 등 최소한 12개의 구절로 이루어진 일종의 언어 패턴이 반복해서 나타났다.[3] 또한 오징어는 피부에서 빛을 내어 어둠 속에서 메시지를 밝히는 역광 조명을 비춘다. 각 패턴의 의미를 해석할 두족류판 로제타 스톤은 아직 발견되지 않았으나 그중에는 "이봐, 저 물고기는 내 거야!"라는 말도 있지 않을까.

단각류의 결정 같은 눈을 덮는 32개 망막과 뇌를 연결하는 광섬유 케이블(덕분에 이 생물은 희끄무레한 어둠 속에서도 볼 수 있다), 거미줄벌레가 꺼칠한 다리를 움직여 물속에서 우아한 피루엣을 도는 방식, 처음에는 먹이를 먹고 소화하며 살다가 어느 시점에 자신의 위를 버리고 거대한 미생물 주머니를 키워 화학 합성으로 식단을 바꾸는 어느 열수구 고둥의 생활사(그 변형 과정이 바깥에서는 보이지 않는다),[4] 심연에서 해삼 한 마리를 집어 살살 흔들면 몸을 따라 반짝이며 퍼지는 색깔들까지[5] 심해의 면면이 속속들이 밝혀지고 있다.[6]

얼마 전까지만 해도, 심해는 신화, 전설, 영원히 알 수 없는 미지의 세계가 담긴 거대하고 텅 빈 공간이었다. 오늘 우리는 많은 것을 알게 되었고 내일은 더 많이 알게 될 것이다. 언제 어느 곳을 탐험하든 살아 있는 심해를 향한 창문이 조금씩 열릴 때마다 많은 세세한 것들이 눈에 들어온다. 하지만 지금까지 축적된 지식도 앞으로 이 엄청난 공간에서 배우고 발견해야 할 것들에 비하면 새 발의 피다. 아마 존 스타인벡도 심해의 그런 면을 좋아했을 것이다. “정체 모를 괴물이 없는 바다는 꿈꾸지 않는 잠과 같다.” 그가 《코르테스해 항해 일지》에 적은 말이다.

심해에서 우리가 꿈꿀 수 있는 것들은 절대 바닥나지 않을 것이다. 언제까지나 보이지 않고 발 들이지 못할 장소, 끝내 놓쳐버릴 찰나의 순간, 누구도 짐작할 수 없고 인간의 시야에서 한사코 벗어난 민첩한 생물까지. 정녕 저것들을 지키고 싶다면 온 힘을 기울여 지금 할 수 있는 것들을 해야만 한다.

감사의 말

심해 생물학자들은 긴밀한 관계를 유지하며 서로에게 영감을 주는 과학자 커뮤니티를 형성한다. 또한 이들은 대부분 탐험가이자 이 멀고도 소중한 세계를 앞장서서 옹호하는 사람들이다. 그들 중에서도 특별히 크레이그 매클레인, 클리프 너날리, 섀나 고프리디, 그레그 라우스, 로버트 브라이언 후크, 아닐라 초이, 앨리스 올드리지, 캐런 오스본, 스티븐 해덕, 줄리아 시그워트, 앤드루 서버, 니콜라이 로터만, 메켄지 게링거, 마르셀 제스파스, 케리 호월, 맷 업튼, 루이스 올콕, 마리아 베이커, 맬컴 클라크, 케빈 젤니오, 앤드루 탈레르, 대니얼 존스, 에릭 사이먼 레도, 프레데릭 르 마너크, 앨런 제이미슨, 토머스 린리, 닐스 피에쇼, 에이드리언 글로버, 디바 에이먼, 매기 게오르기에바, 미셸 테일러에게 고맙다고 말하고 싶다.

또한 연구 선박 펠리컨 호의 선장님과 승무원들, 그리고 LUMCON 직원들에게도 감사하다. 특히 버지니아 슈트, 어맨다 로드리게스, 티파니 르뵈프는 LUMCON 단기 방문 프로그램으로 코코드리에 머무는 동안에 나에게 너무 잘해주었다. 멕시코만 한복판에 떠 있는 내내 너무나도 좋은 벗이 되어준 에밀리 영, 리버 딕슨, 존 화이트만, 그레인저 행스, 맥 윈터, 카타리나 루비아노, 새라 포스터에게 인사와 고마움을 전한다. 심해의 미래에 관해 함께 머리를 맞대고 이야기 나눈 애나 히스, 싱크로니시티 어스의 짐 페티워드, 심해 보전 연합의 매튜 잔니에게도 감사를 전한다.

수년간 나의 에이전트였던 엠마 스위니. 나는 엠마 덕분에 글을 쓰게 되었고 성장했다. 이 책 《눈부신 심연》도 엠마의 무한한 지지와 열정, 창의력과 함께 시작했으나 내가 이 책을 집필하는 중에 엠마가 은퇴한 것은 아쉽고 서운한 일이다. 하지만 엠마를 대신해 에이전트 자리를 맡아준 마거릿 서덜랜드 브라운이 이 책을 마감할 때까지 나를 훌륭하게 지원해주었다. 그로브 애틀란틱의 조지 깁슨은 나와 함께 심해로 뛰어들어 이 책에 생명을 불어넣었다. 블룸스버리의 애나 맥디아미드, 앤절리크 뉴먼, 짐 마틴에게도 고마움을 전한다. 내 글에 어울리는 멋진 예술 작품을 만들어준 에런 존

그레고리에게 감사와 고마움을 동시에 전하고 싶다.

이 책 《눈부신 심연》은 대부분 메리엘이라는 이름의 바닷가 작은 석조 건물에서 썼다. 언젠가는 이 집에 대해서도 글을 써볼 생각이다. 우리 가족, 그리고 친구들, 언제나 고마운 이들이다. 이들은 이제 내가 손가락을 꼽으며 몇 권인지 세어야 할 정도로 수많은 책을 써오는 동안 나를 지켜보아주었다. 그리고 그 시간을 돌아보며 나는 특별히 에이나 보그다노바와 도리안 갤글로프에게 그들이 보여준 동료애와 지지, 함께 나눈 파도, 그리고 가장 필요한 순간에 우리 집 문 앞에 가져다 놓아준 간식들에 대해 진심 어린 고마움을 표하고 싶다. 나의 글이 더 나아지도록 도와준 리암 드루에게도 감사하다. 케이트, 너는 해양학의 닌자이고, 그 이상이야. 그리고 이반, 책으로 둘러싸인 삶을 나와 공유해준 당신에게 감사와 사랑을 전합니다.

To all my dear readers in Korea,
My deepest thanks for reading my book.
I hope you enjoy my words about the deep ocean and they inspire to care for this amazing place and join the fight to protect it.

Save the Deep!
With my very best wishes,

Helen

October 2023, Cambridge UK

미주

1부 탐험

1장 심해에 오신 것을 환영합니다

1 수심 200미터가 넘는 해저의 면적은 약 3억 6000만 제곱킬로미터다. 달의 표면적은 대략 3800만 제곱킬로미터다.

2 Eivind O. Straume, Carmen Gaina, Sergei Medvedev, Katharina Hochmuth, Karsten Gohl, Joanne M. Whittaker, Rader Abdul Fattah, Hans Doornenbal, and John R. Hopper, "GlobSed: Updated Total Sediment Thickness in the World's Oceans", *Geochemistry, Geophysics, Geosystems* 20, no. 4 (April 2019): 1756~1772, doi: 10.1029/2018GC008115.

3 27개의 초심해대 해구뿐만 아니라 심해 평원에 13개 비지진성 해구, 그리고 능선 축에 수직으로 뻗은 중앙 해령의 균열로 형성된 일곱 개 해구 단층이 있다. Heather A. Stewart and Alan J. Jamieson, "Habitat Heterogeneity of Hadal Trenches: Considerations and Implications for Future Studies", *Progress in Oceanography* 161 (2018): 47~65, doi: 10.1016/j.pocean.2018.01.007.

4 "M9 Quake and 30-Meter Tsunami Could Hit Northern Japan, Panel Says", *Japan Times*, April 21, 2020, https://www.japantimes.co.jp/news/2020/04/21/national/m9-quake-30-meter-tsunami-hit-northern-japan-government-panel/.

5 심해에는 약 10억 세제곱킬로미터의 물이 들어 있다. 아마존강은 1초에 21만 세제곱미터의 물을 방류한다.

6 Ziliang Jin and Maitrayee Bose, "New Clues to Ancient Water on Itokawa", *Science Advances* 5, no. 5 (2019): eaav8106, doi: 10.1126/sciadv.aav8106.

7 Jun Wu, Steven J. Desch, Laura Schaefer, Linda T. Elkins, Tanton Kaveh Pahlevan, and Peter R. Buseck, 2019. "Origin of Earth's Water: Chondritic Inheritance Plus Nebular Ingassing and Storage of Hydrogen in the Core", *JGR Planets* 123, no. 10 (2019): 2691~2712, doi: 10.1029/2018JE005698.

8 Bruce Dorminey, "Earth Oceans Were Homegrown", *Science*, November 29, 2010, https://www.sciencemag.org/news/2010/11/earth-oceans-were-homegrown/.

9 Benjamin W. Johnson and Boswell A. Wing, "Limited Archaean Continental Emergence Reflected in an Early Archaean 18 O-Enriched Ocean", *Nature Geoscience* 13 (2020): 243~248, doi: 10.1038/s41561-020-0538-9.

10 Andrew R. Thurber, Andrew K. Sweetman, Bhavani E. Narayanaswamy, Daniel. O. B. Jones, Jeroen Ingels, and Roberta L. Hansman, "Ecosystem Function and Services Provided by the Deep Sea", *Biogeosciences* 11 (2014): 3941~3963, doi: 10.5194/bg-11-3941-2014.

11 떨어지는 구슬의 속도는 2020년 1월 12일 저자가 도리안 갱글로프로부터 들은 것이다.

12 J. Frederick Grassle and Nancy J. Maciolek, "Deep-Sea Species Richness: Regional and Local Diversity Estimates from Quantitative Bottom Samples", *American Naturalist* 139, no. 2 (1992): 313~341.

13 Brian R. C. Kennedy, Kasey Cantwell, Mashkoor Malik, Christopher Kelley, Jeremy Potter, Kelley Elliott, Elizabeth Lobecker, Lindsay McKenna Gray, Derek Sowers, Michael P. White, Scott C. France, Steven Auscavitch, Christopher Mah, Virginia Moriwake, Sarah R. D. Bingo, Meagan Putts, and Randi D. Rotjan, "The Unknown and the Unexplored: Insights into the Pacific Deep-Sea Following NOAA CAPSTONE Expeditions", *Frontiers in Marine Science* 6 (2019): 480, doi: 10.3389/fmars.2019.00480.

14 Adrian G. Glover, Nicholas Higgs, and Tammy Horton, World Register of Deep-Sea Species (WoRDSS), 2020, accessed October 21, 2020, http://www.marinespecies.org/deepsea, doi: 10.14284/352.

15 원래 이사벨라호 원정에서는 800패덤에서 환형동물과 삼천발이가 잡혔다고 보고되었으나 200패덤 과장된 것임이 150년 후에 밝혀졌다.

16 Thomas R. Anderson and Tony Rice, "Deserts on the Sea Floor: Edward Forbes and His Azoic Hypothesis for a Lifeless Deep Ocean", *Endeavour* 30, no. 4 (2006): 131~137, doi: 10.1016/j.endeavour. 2006.10.003.

17 Noboru Susuki and Kenji Kato, "Studies on Suspended Materials Marine Snow in the Sea. Part I. Sources of Marine Snow", *Bulletin of the Faculty of Fisheries*

Science Hokkaido University 4, no. 2 (1953): 132~137.

18 Hendrik J. T. Hoving and Bruce H. Robison, "Vampire Squid: Detritivores in the Oxygen Minimum Zone", *Proceedings of the Royal Society B* 279, no. 1747 (2012): 4559~4567, doi: 10.1098/rspb.2012.1357; Alexey V. Golikov, Filipe R. Ceia, Rushan M. Sabirov, Jonathan D. Ablett, Ian G. Gleadall, Gudmundur Gudmundsson, Hendrik J. Hoving, Heather Judkins, Jónbjörn Pálsson, Amanda L. Reid, Rigoberto Rosas-Luis, Elizabeth K. Shea, Richard Schwarz, and José C. Xavier, "The First Global Deep-Sea Stable Isotope Assessment Reveals the Unique Trophic Ecology of Vampire Squid Vampyroteuthis infernalis (Cephalopoda)", *Scientific Reports* 9 (2019): 19099, doi: 10.1038/s41598-019-55719-1.

19 The Five Deeps Expedition, accessed September 7, 2020, https://fivedeeps.com/.

2장 고래와 뼈벌레

1 Craig McClain and James Barry, "Beta-Diversity on Deep-Sea Wood Falls Reflects Gradients in Energy Availability", *Biology Letters* 10 (2015): 20140129, doi: 10.1098/rsbl.2014.0129.

2 Hal Whitehead, *Sperm Whale Societies: Social Evolution in the Ocean* (Chicago, IL: University of Chicago Press, 2003).

3 Helena M. Rozwadowski, *Fathoming the Ocean: The Discovery and Exploration of the Deep Sea* (Cambridge, MA: Harvard University Press, 2008), 44.

4 George C. Wallich, *The North-Atlantic Seabed: Comprising a Diary of the Voyage on Board* H.M.S. Bulldog, *in 1860* (London: Jan Van Voorst, 1862), 110.

5 George J. Race, W. L. Jack Edwards, E. R. Halden, Hugh E. Wilson, and Francis J. Luibel, "A Large Whale Heart", *Circulation* 19 (1959): 928~932.

6 Scott Mirceta, Anthony V. Signore, Jennifer M. Burns, Andrew R. Cossins, Kevin L. Campbell, and Michael Berenbrink, "Evolution of Mammalian Diving Capacity Traced by Myoglobin Net Surface Charge", *Science* 340 (2013): 1303~1311, doi: 10.1126/science.1234192.

7 Malcom R. Clarke, "Cephalopoda in the Diet of Sperm Whales of the Southern Hemisphere and Their Bearing on Sperm Whale Biology", *Discovery Reports* 37 (1980), 1~324.

8 Stephanie L. Watwood, Patrick J. O. Miller, Mark Johnson, Peter T. Madsen, and Peter L. Tyack, "Deep-Diving Foraging Behaviour of Sperm Whales (*Physeter macrocephalus*)", *Journal of Animal Ecology* 75 (2006): 814~825.

9 Patrick J. O. Miller, Mark P. Johnson, and Peter L. Tyack, "Sperm Whale Behaviour Indicates the Use of Echolocation Click Buzzes 'Creaks' in Prey Capture", *Proceedings of the Royal Society B* 271 (2004): 2239~2247, doi: 10.1098/rspb.2004.2863.

10 Andrea Fais, Mark Johnson, Maria Wilson, Natacha Aguilar Soto, and Peter T. Madsen, "Sperm Whale Predator-Prey Interactions Involve Chasing and Buzzing, but No Acoustic Stunning", *Scientific Reports* 6 (2016): 28562, doi: 10.1038/srep28562.

11 Watwood et al., "Deep-Diving Foraging Behaviour".

12 R. C. Rocha, Phillip J. Clapham, and Yulia V. Ivashchenko, "Emptying the Oceans: A Summary of Industrial Whaling Catches in the 20th Century", *Marine Fisheries Review* 76, no. 4 (2015): 37~48, doi: 10.7755/MFR.76.4.3.

13 Hal Whitehead, "Estimates of the Current Global Population Size and Historical Trajectory for Sperm Whales", *Marine Ecology Progress Series* 242 (2002): 295~304, doi: 10.3354/meps242295.

14 Keith P. Bland and Andrew C. Kitchener, "The Anatomy of the Penis of a Sperm Whale (*Physeter catodon* L., 1758)", *Mammal Review* 3, no. 304 (2008): 239~244, doi: 10.1111/j.1365-2907.2001.00087.x.

15 "Whale That Died off Thailand Had Eaten 80 Plastic Bags", *BBC News*, June 2, 2018, https://www.bbc.co.uk/news/worldasia-44344468/.

16 Klaus H. Vanselow, Sven Jacobsen, Chris Hall, and Stefan Garthe, "Solar Storms May Trigger Sperm Whale Strandings: Explanation Approaches for Multiple Strandings in the North Sea in 2016", *International Journal of Astrobiology* 17, no. 4 (2018): 336~344, doi: 10.1017/S147355041700026X.

17 Matt McGrath, "Northern Lights Linked to North Sea Whale Strandings", *BBC News*, September 5, 2017, https://www.bbc.co.uk/news/science-environment-41110082/.

18 Klaus H. Vanselow and Klaus Ricklefs, "Are Solar Activity and Sperm Whale *Physeter macrocephalus* Strandings around the North Sea Related?", *Journal of Sea Research* 53 (2005): 319~327, doi: 10.1016/j.seares.2004.07.006.

19 로버트 브리엔훅과 저자의 대화(2019년 1월 22일).

20 섀나 고프레디와 저자의 대화(2019년 2월 9일).

21 Greg W. Rouse, Shana Goffredi, and Robert C. Vrijenhoek, "Osedax: Bone-Eating Marine Worms with Dwarf Males", *Science* 305, no. 5684 (2004): 668~671, doi: 10.1126/science.1098650.

22 그레그 라우스와 저자의 대화(2019년 3월 6일).

23 Craig R. Smith, Adrian G. Glover, Tina Treude, Nicholas D. Higgs, and Diva J. Amon, "Whale-Fall Ecosystems: Recent Insights into Ecology, Paleoecology, and Evolution", *Annual Review of Marine Science* 7 (2015): 571~596, doi: 10.1146/annurev-marine-010213-135144.

24 Craig R. Smith and Amy R. Baco, "Ecology of Whale Falls on the Deep-Sea Floor", *Oceanography and Marine Biology* 41 (2003): 311~354.

25 로버트 브리엔훅과 저자의 대화(2019년 1월 22일).

26 Greg W. Rouse, Shana Goffredi, Shannon B. Johnson, and Robert C. Vrijenhoek, "An Inordinate Fondness for *Osedax* (Siboglinidae: Annelida): Fourteen New Species of Bone Worms from California", *Zootaxa* 4377, no. 4 (2018): 451~489, doi: 10.11646/zootaxa.4377.4.1; 발견되었지만 아직 공식적으로 명명되지 않은 오세닥스종이 더 많이 있다. 그레그 라우스와 저자와의 대화(2019년 3월 6일).

27 Martin Tresguerres, Sigrid Katz, and Greg W. Rouse, "How to Get into Bones: Proton Pump and Carbonic Anhydrase in Osedax Boneworms", *Proceedings of the Royal Society B* 280 (2013): 20130625, doi: 10.1098/rspb.2013.0625.

28 섀나 고프레디와 저자의 대화(2019년 2월 9일).

29 어류(fish)라는 말의 어원과 정의에 관해서는 다음 책에서 자세한 내용을 참조하라. Helen Scales, *The Eye of the Shoal* (London: Bloomsbury, 2018).

30 Riley Black, "How Did Whales Evolve?", *Smithsonian Magazine*, December 1, 2010, https://www.smithsonianmag.com/science-nature/how-did-whales-evolve-73276956/.

31 Robert C. Vrijenhoek, Shannon B. Johnson, and Greg W. Rouse, "A Remarkable Diversity of Bone-eating Worms (*Osedax*; Siboglinidae; Annelida), *BMC Biology* 7 (2009): 74, doi: 10.1186/1741-7007-7-74.

32 로버트 브리엔훅과 저자의 대화(2019년 1월 22일).

33 Silvia Danise and Nicholas D. Higgs, "Bone-eating Osedax Worms Lived on Mesozoic Marine Reptile Deadfalls", *Biology Letters* 11 (2015): 20150072, doi: 10.1098/rsbl.2015.0072.

34 클리프턴 너날리와 저자의 대화(2019년 6월 30일).

35 이 상어는 일반적인 활동 영역인 북극에서 먼 멕시코만에 갑작스럽게 나타났다. Jeffrey Marlow, "What Is a Greenland Shark Doing in the Gulf of Mexico?", *Wired*, August 27, 2013, https://www.wired.com/2013/08/what-is-a-greenland-shark-doing-in-the-gulf-of-mexico/.

36 Craig Robert McClain, Clifton Nunnally, River Dixon, Greg W. Rouse, and Mark Benfield, "Alligators in the Abyss: The First Experimental Reptilian Food Fall

in the Deep Ocean", *PLoS One* 14, no. 12 (2019): e0225345, doi: 10.1371/journal.pone.0225345.

37 클리프턴 너날리와 저자의 대화(2019년 6월 30일).

3장 젤리가 만든 먹이 그물

1 Ernst Haeckel, *Monographie der Medusen* (Jena: G. Fischer, 1879~1881), 15, translated in Olaf Breidbach, Irenaeus Eibl-Eibesfeldt, and Richard Hartmann, *Art Forms in Nature: Prints of Ernst Haeckel* (Munich: Prestel, 1998).

2 Steven H. D. Haddock, "A Golden Age of Gelata: Past and Future Research on Planktonic Ctenophores and Cnidarians", *Hydrobiologia* 530/531 (2004): 549~556.

3 William M. Hamner, "Underwater Observations of Blue-water Plankton: Logistics, Techniques, and Safety Procedures for Divers at Sea", *Limnology and Oceanography* 20 (1975): 1045~1051.

4 앨리스 올드리지와 저자의 대화(2019년 4월 22일).

5 Alice L. Alldredge, "Abandoned Larvacean Houses: A Unique Source of Food in the Pelagic Environment", *Science* 177, no. 4052 (1972): 885~887, doi: 10.1126/science.177.4052.885.

6 C. Anela Choy, Steven H. D. Haddock, and Bruce H. Robison, "Deep Pelagic Food Web Structure as Revealed by in Situ Feeding Observations", *Proceedings of the Royal Society B* 284 (2017): 20172116, doi: 10.1098/rspb.2017.2116.

7 아넬라 초이와 저자의 대화(2019년 4월 16일).

8 캐런 오즈번과 저자의 대화(2019년 4월 22일).

9 Karen J. Osborn, Laurence P. Madin, and Greg W. Rouse, "The Remarkable Squidworm Is an Example of Discoveries That Await in Deep-Pelagic Habitats", *Biology Letters* 7, no. 3 (2010), doi: 10.1098/rsbl.2010.0923.

10 Karen J. Osborn, Greg W. Rouse, Shana K. Goffredi, and Bruce Robison, "Description and Relationships of *Chaetopterus pugaporcinus*, an Unusual Pelagic Polychaete (Annelida, Chaetopteridae)", *Biological Bulletin* 212 (2007): 40~54.

11 Karen J. Osborn, Steven H. D. Haddock, Fredrik Pleijel, Laurence P. Madin, and Greg W. Rouse, "Deep-Sea, Swimming Worms with Luminescent 'Bombs'", *Science* 325 (2009): 964, doi: 10.1126/science.1172488.

12 Séverine Martini and Steven H. D. Haddock, "Quantification of Bioluminescence from the Surface to the Deep Sea Demonstrates Its Predominance as an Ecological Trait", *Scientific Reports* 7 (2017): 45750, doi: 10.1038/srep45750. 개방된 중층수에서만큼 흔하지는 않지만 심해저에서도 생물 발광이 일어난다. 마티니와 해

덕은 바닥에 사는 동물에 대해서도 이 연구를 수행했는데 최대 41퍼센트가 빛을 냈다. Séverine Martini, Linda Kuhnz, Jérôme Mallefet, and Steven H. D. Haddock, "Distribution and Quantification of Bioluminescence as an Ecological Trait in the Deep-Sea Benthos", *Scientific Reports* 9 (2019): 14654, doi: 10.1038/s41598-019-50961-z.

13 스티븐 해덕과 저자의 대화(2020년 5월 8일).

14 같은 글. 화살벌레는 모악동물문이라는 독립적인 분류군에 속해 있다.

15 Zuzana Musilova, Fabio Cortesi, Michael Matschiner, Wayne I. L. Davies, Jagdish Suresh Patel, Sara M. Stieb, Fanny de Busserolles, Martin Malmstrøm, Ole K. Tørresen, Celeste J. Brown, Jessica K. Mountford, Reinhold Hanel, Deborah L. Stenkamp, Kjetill S. Jakobsen, Karen L. Carleton, Sissel Jentoft, Justin Marshall, and Walter Salzburger, "Vision Using Multiple Distinct Rod Opsins in Deep-Sea Fishes", *Science* 364, no. 6440 (2019): 588~592, doi: 10.1126/science.aav4632.

16 Alexander L. Davis, Kate N. Thomas, Freya E. Goetz, Bruce H. Robison, Sönke Johnsen, and Karen J. Osborn, "Ultra-Black Camouflage in Deep-Sea Fishes", *Current Biology* 30 (2020): 1~7, doi: 10.1016/j.cub.2020.06.044. Melanin granules in deep-sea fish skin also have the added benefit of forming an antifungal and antibacterial layer, Karen Osborn, in conversation with the author, May 7, 2019.

4장 화학이 지배하는 세계에서

1 Eric MacPherson, William Jones, and Michel Segonzac, "A New Squat Lobster Family of Galatheoidea (Crustacea, Decapoda, Anomura) from the Hydrothermal Vents of the Pacific-Antarctic Ridge", *Zoosystema* 27, no. 4 (2005): 709~723.

2 "Discovering Hydrothermal Vents", Woods Hole Oceanographic Institution, accessed August 21, 2020, https://www.whoi.edu/feature/history-hydrothermal-vents/discovery/1977.html/.

3 Andrew D. Thaler and Diva Amon, "262 Voyages beneath the Sea: A Global Assessment of Macro- and Megafaunal Biodiversity and Research Effort at Deep-Sea Hydrothermal Vents", *PeerJ* 7 (2019): e7397, doi: 10.7717/peerj.7397.

4 "Discovering Hydrothermal Vents", Woods Hole Oceanographic Institution.

5 David A. Clague, Julie F. Martin, Jennifer B. Paduan, David A. Butterfield, John W. Jamieson, Morgane Le Saout, David W. Caress, Hans Thomas, James F. Holden, and Deborah S. Kelley, "Hydrothermal Chimney Distribution on the Endeavour Segment, Juan de Fuca Ridge", *Geochemistry, Geophysics, Geosystems* 21, no. 6 (2020): e2020GC008917, doi: 10.1029/2020GC008917.

6 Shana K. Goffredi, Shannon Johnson, Verena Tunnicliffe, David Caress, David Clague, Elva Escobar, Lonny Lundsten, Jennifer B. Paduan, Greg Rouse, Diana L. Salcedo, Luis A. Soto, Ronald Spelz-Madero, Robert Zierenberg, and Robert Vrijenhoek, "Hydrothermal Vent Fields Discovered in the Southern Gulf of California Clarify Role of Habitat in Augmenting Regional Diversity", *Proceedings of the Royal Society B* 284 (2017): 20170817, doi: 10.1098/rspb.2017.0817.

7 리터당 3000마리라는 밀도는 대서양 중앙 해령에서 측정되었다. Eva Ramirez Llodra, Timothy M. Shank, and Christopher R. German, "Biodiversity and Biogeography of Hydrothermal Vent Species", *Oceanography* 20, no. 1 (2007): 30~41.

8 Avery S. Hatch, Haebin Liew, Stéphane Hourdez, and Greg W. Rouse, "Hungry Scale Worms: Phylogenetics of Peinaleopolynoe (Polynoidae, Annelida), with Four New Species. *ZooKeys* 932 (2020): 27~74, doi: 10.3897/zookeys.932.48532.

9 Christopher R. German, Eva Ramirez-Llodra, Maria C. Baker, Paul A. Tyler, and the ChEss Scientific Steering Committee, "Deep-Water Chemosynthetic Ecosystem Research during the Census of Marine Life Decade and Beyond: A Proposed Deep-Ocean Road Map", *PLoS One* 6, no. 8 (2011): e23259, doi: 10.1371/journal.pone.0023259.

10 Pelayo Salinas-de-León, Brennan Phillips, David Ebert, Mahmood Shivji, Florencia Cerutti-Pereyra, Cassandra Ruck, Charles R. Fisher, and Leigh Marsh, "Deep-Sea Hydrothermal Vents as Natural Egg-Case Incubators at the Galapagos Rift", *Scientific Reports* 8 (2018): 1788, doi: 10.1038/s41598-018-20046-4.

11 Colleen M. Cavanaugh, Stephen L. Gardiner, Meredith L. Jones, Holger W. Jannasch, and John B. Waterbury, "Prokaryotic Cells in the Hydrothermal Vent Tube Worm *Riftia pachyptila* Jones: Possible Chemoautotrophic Symbionts", *Science* 213, no. 4505 (1981): 340~342.

12 Chong Chen, Jonathan T. Copley, Katrin Linse, Alex D. Rogers, and Julia D. Sigwart, "The Heart of a Dragon: 3D Anatomical Reconstruction of the 'Scaly-Foot Gastropod' (Mollusca: Gastropoda: Neomphalina) Reveals Its Extraordinary Circulatory System", *Frontiers in Zoology* 12 (2015): 13, doi: 10.1186/s12983-015-0105-1.

13 Satoshi Okada, Chong Chenb, Tomo-o Watsuji, Manabu Nishizawa, Yohey Suzuki, Yuji Sanoe, Dass Bissessur, Shigeru Deguchi, and Ken Takai, "The Making of Natural Iron Sulfide Nanoparticles in a Hot Vent Snail", *Proceedings of the National Academy of Sciences* (US) 116, no. 41 (2019), doi: 10.1073/pnas.1908533116.

14 Nadine Le Bris and François Gaill, "How Does the Annelid *Alvinella pompejana* Deal with an Extreme Hydrothermal Environment?", *Reviews of Environmental*

Science and Biotechnology 6 (2007): 197~221, doi: 10.1007/s11157-006-9112-1.

15 Aurélie Tasiemski, Sascha Jung, Céline Boidin-Wichlacz, Didier Jollivet, Virginie Cuvillier-Hot, Florence Pradillon, Costantino Vetriani, Oliver Hecht, Frank D. Sönnichsen, Christoph Gelhaus, Chien-Wen Hung, Andreas Tholey, Matthias Leippe, Joachim Grötzinger, and Françoise Gaill, "Characterization and Function of the First Antibiotic Isolated from a Vent Organism: The Extremophile Metazoan *Alvinella pompejana*", *PLoS One* 9, no. 4 (2014): e95737, doi: 10.1371/journal.pone.0095737.

16 Juliette Ravaux, Gérard Hamel, Magali Zbinden, Aurélie A. Tasiemski, Isabelle Boutet, Nelly Léger, Arnaud Tanguy, Didier Jollivet, and Bruce Shillito, "Thermal Limit for Metazoan Life in Question: In Vivo Heat Tolerance of the Pompeii Worm", *PLoS One* 8, no. 5 (2013): e64074, doi: 10.1371/journal.pone.0064074.

17 Kazem Kashefi and Derek R. Lovley, "Extending the Upper Limit For Life", *Science* 301, no. 5635 (2003): 934, doi: 10.1126/science.1086823.

18 Sara Teixeira, Ester A. Serrão, and Sophie Arnaud-Haond, "Panmixia in a Fragmented and Unstable Environment: The Hydrothermal Shrimp *Rimicaris exoculata* Disperses Extensively along the Mid-Atlantic Ridge", *PLoS One* 7, no. 6 (2012): e38521, doi: 10.1371/journal.pone.0038521.

19 Chong Chen, Jonathan T. Copley, Katrin Linse, and Alex D. Rogers, "Low Connectivity between 'Scaly-Foot Gastropod' (Mollusca: Peltospiridae) Populations at Hydrothermal Vents on the Southwest Indian Ridge and the Central Indian Ridge", *Organisms Diversity and Evolution* 15, no. 4 (2015): 663~670, doi: 10.1007/s13127-015-0224-8.

20 Surveys of the Pescadero Basin vents counted between 407 and 2423 *Oasisia* worms per square meter. Goffredi et al., "Hydrothermal Vent Fields Discovered".

21 Nicole Dubilier, Claudia Bergin, and Christian Lott, "Symbiotic Diversity in Marine Animals: The Art of Harnessing Chemosynthesis", *Nature Reviews Microbiology* 6 (2008): 725~740, doi: 10.1038/nrmicro1992.

22 Paul R. Dando, Alan F. Southward, Eve C. Southward, D. R. Dixon, Alec Crawford, and Moya Crawford, "Shipwrecked Tube Worms", *Nature* 356 (1992): 667.

23 David J. Hughes and Moya Crawford, "A New Record of the Vestimentiferan *Lamellibrachia* sp. (Polychaeta: Siboglinidae) from a Deep Shipwreck in the Eastern Mediterranean", *Marine Biodiversity Records* 1 (2008): e21, doi: 10.1017/S1755267206001989.

24 Mahlon C. Kennicutt II, James M. Brooks, Robert R. Bidigare, Roger R. Fay,

Terry L. Wade, and Thomas J. McDonald, "Vent-Type Taxa in a Hydrocarbon Seep Region on the Louisiana Slope", *Nature* 317 (1985): 351~353, doi: 10.1038/317351a0.

25 Jean-Paul Foucher, Graham K. Westbrook, Antje Boetius, Silvia Ceramico, Stéphanie Dupré, Jean Mascle, Jürgen Mienert, Olaf Pfannkuche, Catherine Pierre, and Daniel Praeg, "Structure and Drivers of Cold Seep Ecosystems", *Oceanography* 22, no. 1 (2009): 92~109.

26 Andrew R. Thurber, William J. Jones, and Kareen Schnabe, "Dancing for Food in the Deep Sea: Bacterial Farming by a New Species of Yeti Crab", *PLoS One* 6, no. 11 (2011): e26243, doi: 10.1371/journal .pone.0026243.

27 앤드루 서버와 저자의 대화(2019년 5월 21일).

28 Leigh Marsh, Jonathan T. Copley, Paul A. Tyler, and Sven Thatje, "In Hot and Cold Water: Differential Life-History Traits Are Key to Success in Contrasting Thermal Deep-Sea Environments", *Journal of Animal Ecology* 84 (2015): 898~913, doi: 10.1111/1365-2656.12337.

29 Florence Pradillon, Bruce Shillito, Craig M. Young, and Françoise Gaill, "Developmental Arrest in Vent Worm Embryos", *Nature* 413 (2018): 698~699.

30 Christopher N. Roterman, Won-Kyung Lee, Xinming Liu, Rongcheng Lin, Xinzheng Li, and Yong-Jin Won, "A New Yeti Crab Phylogeny: Vent Origins with Indications of Regional Extinction in the East Pacific", *PLoS One* 13, no. 3 (2018): e0194696, doi: 10.1371/journal.pone.0194696.

31 크리스토퍼 니콜라이 로터먼과 저자의 대화(2019년 5월 28일).

32 Sang-Hui Lee, Won-Kyung Lee, and Yong-Jin Won, "A New Species of Yeti Crab, Genus *Kiwa* MacPherson, Jones and Segonzac, 2005 (Decapoda: Anomura: Kiwaidae), from a Hydrothermal Vent on the Australian-Antarctic Ridge", *Journal of Crustacean Biology* 36, no. 2 (2016): 238~247, doi: 10.1163/1937240X-00002418.

33 Roterman et al., "A New Yeti Crab Phylogeny".

5장 해산과 해구

1 "Massive Aggregations of Octopus Brooding near Shimmering Seeps", Nautilus Live, Ocean Exploration Trust, accessed August 18, 2020, https://nautiluslive.org/video/2018/10/24/massive-aggregations-octopus-brooding-near-shimmering-seeps/.

2 Bruce Robison, Brad Seibel, and Jeffrey Drazen, "Deep-Sea Octopus (*Graneledone boreopacifica*) Conducts the Longest-Known Egg-Brooding Period of Any Animal",

PLoS One 9, no. 7 (2014): e103437, doi: 10.1371/journal.pone.0103437.

3 "Return to the Octopus Garden in Monterey Bay National Marine Sanctuary", Nautilus Live, Ocean Exploration Trust, accessed August 18, 2020, https://nautiluslive.org/blog/2019/10/13/return-octopus-garden-monterey-bay-national-marine-sanctuary/.

4 Malcom R. Clark, David A. Bowden, "Seamount Biodiversity: High Variability Both within and between Seamounts in the Ross Sea Region of Antarctica", *Hydrobiologia* 761 (2015): 161~180, doi: 10.1007/s10750-015-2327-9.

5 Albert E. Theberge, "Mountains in the Sea", *Hydro International*, May 19, 2016, https://www.hydro-international.com/content/article/mountains-in-the-sea/.

6 Herbert Laws Webb, "With a Cable Expedition", *Scribner's Magazine*, October 1890.

7 Peter J. Etnoyer, John Wood, and Thomas C. Shirley, "How Large Is the Seamount Biome?", *Oceanography* 23, no. 1 (2010): 206~209.

8 "Hot Spots", National Geographic Society Resource Library, accessed April 5, 2019, https://www.nationalgeographic.org/encyclopedia/hot-spots/.

9 Paul Wessel, David T. Sandwell, and Seung-Sep Kim, "The Global Seamount Census", *Oceanography* 23, no. 1 (2010): 24~33.

10 심해 산호에 대한 배경지식은 다음을 참조하라. J. Murray Roberts, Andrew J. Wheeler, Andrew Freiwald, and Stephen D. Cairns, *Cold Water Corals: The Biology and Geology of Deep-Sea Coral Habitats* (Cambridge: Cambridge University Press, 2019).

11 심해 산호는 일반적으로 수심 50미터 이하의 햇빛이 약하고 광합성이 일어나기 어려운 물속에 사는 종을 말한다. Stephen Cairns, "Deep-Water Corals: An Overview with Special Reference to Diversity and Distribution of Deep-Water Scleractinian Corals", *Bulletin of Marine Science* 81, no. 3 (2007): 311~322. This book considers the corals growing in the twilight zone and deeper, but there are distinct coral-associated ecosystems shallower than this: the mesophotic (between 100 and 490 feet) and the more recently identified rariphotic (400 to 1,000 feet). Carole C. Baldwin, Luke Tornabene, and D. Ross Robertson, "Below the Mesophotic", *Scientific Reports* 8 (2018): 4920, doi: 10.1038/s41598-018-23067-1.

12 Anna Maria Addamo, Agostina Vertino, Jaroslaw Stolarski, Ricardo García-Jiménez, Marco Taviani, and Annie Machordom, "Merging Scleractinian Genera: The Overwhelming Genetic Similarity Between Solitary *Desmophyllum* and Colonial *Lophelia*", *BMC Evolutionary Biology* 16 (2012): 108, doi: 10.1186/s12862-

016-0654-8; Stephen Cairns, "WoRMS Note Details", accessed October 14, 2020, http://www.marinespecies.org/aphia.php?p=notes&id=307194/.

13 Nils Piechaud on Twitter (@NPiechaud), October 14, 2020.

14 Caitlin Adams, "The Significance of Finding a Previously Undetected Coral Reef", NOAA, Ocean Exploration and Research, August 24, 2018, https://oceanexplorer.noaa.gov/explorations/18deepsearch/logs/aug24/aug24.html/.

15 Andrea Schröder-Ritzrau, André Freiwald, and Augusto Mangini, "U/Th-Dating of Deep-Water Corals from the Eastern North Atlantic and the Western Mediterranean Sea", in *Cold-Water Corals and Ecosystems*, ed. André Freiwald and Murray J. Roberts (Heidelberg: Springer, 2005), 157~172.

16 Alberto Lindner, Stephen D. Cairns, and Clifford W. Cunningham, "From Offshore to Onshore: Multiple Origins of Shallow-Water Corals from Deep-Sea Ancestors", *PLoS One* 3, no. 6 (2008): e2429, doi: 10.1371/journal.pone.0002429.

17 Amanda S. Kahn, Clark W. Pennelly, Paul R. McGill, Sally P. Leys, "Behaviors of Sessile Benthic Animals in the Abyssal Northeast Pacific Ocean", *Deep Sea Research Part II: Topical Studies in Oceanography* 173 (2020): 104729, doi: 10.1016/j.dsr2.2019.104729.

18 '기묘한 자들의 숲'으로의 잠수는 2017년 NOAA 롤리마 오 카 모아나 원정 기간에 태평양 낙도 해양 기념물 안에서 진행되었다. "Dive 11: Forest of the Weird", NOAA, accessed October 21, 2020 https://oceanexplorer.noaa.gov/okeanos/explorations/ex1706/logs/photolog/welcome.html#cbpi=/okeanos/explorations/ex1706/dailyupdates/media/video/dive11-forest/forest.html/.

19 Alex D. Rogers, Amy Baco, Huw Griffiths, Thomas Hart, and Jason M. Hall-Spencer, "Corals on Seamounts", in *Seamounts: Ecology, Fisheries and Conservation*, ed. Tony Pitcher et al. (Oxford: Blackwell, 2007), 141~169.

20 Sarah Samadi, Thomas A. Schlacher, and Bertrand Richer de Forges, "Seamount Benthos", in *Seamounts: Ecology, Fisheries and Conservation*, ed. Tony Pitcher et al. (Oxford: Blackwell, 2007), 119~140.

21 같은 책.

22 황금산호속과 각산호류의 나이는 2004년 하와이의 수심 400~500미터 사이에서 수집된 표본에서 측정했다. E. Brendan Roark, Thomas Guilderson, Robert B. Dunbara, Stewart J. Fallon, and David A. Mucciarone, "Extreme Longevity in Proteinaceous Deep-Sea Corals", *Proceedings of the National Academy of Sciences (US)* 106, no. 13 (2009): 5204~5208, doi: 10.1073/pnas.0810875106.

23 Laura F. Robinson, Jess F. Adkins, Norbert Frank, Alexander C. Gagnon, Nancy G.

Prouty, E. Brendan Roark, and Tina van de Flierdt, "The Geochemistry of Deep-Sea Coral Skeletons: A Review of Vital Effects and Applications for Palaeoceanography", *Deep-Sea Research II* 99 (2014): 184~198, doi: 10.1016/j.dsr2.2013.06.005.

24 Owen A. Sherwood, Moritz F. Lehmann, Carsten J. Schubert, David B. Scott, and Matthew D. McCarthy, "Nutrient Regime Shift in the Western North Atlantic Indicated by Compound-Specific δ15N of Deep-Sea Gorgonian Corals", *Proceedings of the National Academy of Sciences* (*US*) 108, no. 3 (2011): 1011~1015, doi: 10.1073/pnas.1004904108.

25 Alessandro Cau, Maria Cristina Follesa, Davide Moccia, Andrea Bellodi, Antonello Mulas, Marzia Bo, Simonepietro Canese, Michela Angiolillo, and Rita Cannas, "*Leiopathes glaberrima* Millennial Forest from SW Sardinia as Nursery Ground for the Small Spotted Catshark *Scyliorhinus canicula*", *Aquatic Conservation: Marine and Freshwater Ecosystems* 27 (2016): 731~735, doi: 10.1002/aqc.2717.

26 Telmo Morato, Divya Alice Varkey, Carla Damaso, Miguel Machete, Marco Santos, Rui Prieto, Ricardo S. Santos, and Tony J. Pitcher, "Evidence of a Seamount Effect on Aggregating Visitors", *Marine Ecology Progress Series* 357 (2008): 23~32, doi: 10.3354/meps07269.

27 Katsumi Tsukamoto, "Spawning Eels near a Seamount", *Nature* 439 (2006): 929, doi: 10.1038/439929a.

28 Solène Derville, Leigh G. Torres, Alexandre N. Zerbini, Marc Oremus, and Claire Garrigue, "Horizontal and Vertical Movements of Humpback Whales Inform the Use of Critical Pelagic Habitats in the Western South Pacific", *Scientific Reports* 10 (2020): 4871, doi: 10.1038/s41598-020-61771-z.

29 Simone Cesca, Jean Letort, Hoby N. T. Razafindrakoto, Sebastian Heimann, Eleonora Rivalta, Marius P. Isken, Mehdi Nikkhoo, Luigi Passarelli, Gesa M. Petersen, Fabrice Cotton, and Torsten Dahm, "Drainage of a Deep Magma Reservoir near Mayotte Inferred from Seismicity and Deformation", *Nature Geoscience* 13 (2020): 87~93, doi: 10.1038/s41561-019-0505-5.

30 Jacob Geersen, César R. Ranero, Udo Barckhausen, and Christian Reichert, "Subducting Seamounts Control Interplate Coupling and Seismic Rupture in the 2014 Iquique Earthquake Area", *Nature Communications* 6 (2015): 8267, doi: 10.1038/ncomms9267.

31 Anthony B. Watts, Anthony A. P. Kopper, and David P. Robinson, "Seamount Subduction and Earthquakes", *Oceanography* 23, no. 1 (2010): 166~173.

32 James V. Gardner and Andrew A. Armstrong, "The Mariana Trench: A New View Based on Multibeam Echosounding", American Geophysical Union, fall meeting 2011, abstract no. OS13B-1517, https://abstractsearch.agu.org/meetings/2011/FM/OS13B-1517.html/.

33 매킨지 게링거와 저자의 대화(2020년 2월 19일).

34 앨런 제이미슨이 저자에게 보낸 이메일(2020년 9월 24일); Mackenzie E. Gerringer, "On the Success of the Hadal Snailfishes", *Integral Organismal Biology* 1, no. 1 (2019): 1~18, doi: 10.1093/iob/obz004.

35 앨런 제이미슨이 저자에게 보낸 이메일(2020년 9월 24일).

36 Paul H. Yancey, Mackenzie E. Gerringer, Jeffrey C. Drazen, Ashley A. Rowden, and Alan Jamieson, "Marine Fish May Be Biochemically Constrained from Inhabiting the Deepest Ocean Depths", *Proceedings of the National Academy of Sciences (US)* 111, no. 12 (2014): 4461~4465, doi: 10.1073/pnas.132200311.

37 매킨지 게링거와 저자의 대화(2020년 2월 19일).

38 Kun Wang, Yanjun Shen, Yongzhi Yang, Xiaoni Gan, Guichun Liu, Kuang Hu, Yongxin Li, Zhaoming Gao, Li Zhu, Guoyong Yan, Lisheng He, Xiujuan Shan, Liandong Yang, Suxiang Lu, Honghui Zeng, Xiangyu Pan, Chang Liu, Yuan Yuan, Chenguang Feng, Wenjie Xu, Chenglong Zhu, Wuhan Xiao, Yang Dong, Wen Wang, Qiang Qiu, and Shunping He, "Morphology and Genome of a Snailfish from the Mariana Trench Provide Insights into Deep-sea Adaptation", *Nature Ecology and Evolution* 3 (2019): 823~833, doi: 10.1038/s41559-019-0864-8.

39 Hideki Kobayashi, Hirokazu Shimoshige, Yoshikata Nakajima, Wataru Arai, and Hideto Takami, "An Aluminum Shield Enables the Amphipod Hirondellea gigas to Inhabit Deep-Sea Environments", *PLoS One* 14, no. 4 (2019): e0206710, doi: 10.1371/journal.pone.0206710.

40 토머스 린리가 저자에게 보낸 이메일(2020년 9월 23일).

41 스캔된 꼼치는 워싱턴대학교 프라이데이 하버 연구소 해양 연구 기지에서 운영하는 '스캔 올 피시 프로젝트'에서 조사된 것이다. https://www.adamsummers.org/scanallfish/.

42 Mackenzie E. Gerringer, Jeffrey C. Drazen, Thomas D. Linley, Adam P. Summers, Alan J. Jamieson, and Paul H. Yancey, "Distribution, Composition and Functions of Gelatinous Tissues in Deep-Sea Fishes", *Royal Society Open Science* 4 (2017): 171063, doi: 10.1098/rsos.171063.

43 앨런 제이미슨이 저자에게 보낸 이메일(2020년 9월 24일).

44 Jennifer Frazer, "Playing in a Deep-Sea Brine Pool Is Fun, as Long as You're an

ROV", *Scientific American*, June 18, 2015, blogs.scientificamerican.com/artful-amoeba/playing-in-a-deep-sea-brine-pool-is-fun-as-long-as-you-re-an-rov-video/.

2부 의존

6장 심해의 기능

1 Callum Roberts, *Reef Life* (London: Profile Books, 2019), 267.

2 Lijing Cheng, John Abraham, Jiang Zhui, Kevin E. Trenberth, John Fasullo, Tim Boyer, Ricardo Locarnini, Bin Zhang, Fujiang Yu, Liying Wan, Xingrong Chen, Xiangzhou Song, Yulong Liu, and Michael E. Mann, "Record-Setting Ocean Warmth Continued in 2019", *Advances in Atmospheric Sciences* 37 (2020): 137~142, doi: 10.1007/s00376-020-9283-7.

3 아르고 웹사이트(https://argo.ucsd.edu/). 아르고라는 이름은 이 장비와 협업하는 인공위성 이름이 이아손(제이슨)인 것에서 유래했다. 이아손은 아르고호를 타고 황금 양모를 찾기 위한 원정에 나선 그리스 신화 속 인물이다. 인공위성 제이슨은 해수면의 높이를 측정하는 위성이다.

4 Lynne D. Talley et al., "Changes in Ocean Heat, Carbon Content, and Ventilation: A Review of the First Decade of GO-SHIP Global Repeat Hydrography", *Annual Review of Marine Science* 8 (2016): 185~215, doi: 10.1146/annurev-marine-052915-100829; Sarah G. Purkey and Gregory C. Johnson, "Warming of Global Abyssal and Deep Southern Ocean Waters between the 1990s and 2000s: Contributions to Global Heat and Sea Level Rise Budgets", *Journal of Climate* 23 (2010): 6336~6351, doi: 10.1175/2010JCLI3682.1.

5 Sarah G. Purkey, Gregory C. Johnson, Lynne D. Talley, Bernadette M. Sloyan, Susan E. Wijffels, William Smethie, Sabine Mecking, and Katsuro Katsumata, "Unabated Bottom Water Warming and Freshening in the South Pacific Ocean", *JGR Oceans* 124, no. 3 (2019): 1778~1794, doi: 10.1029/2018JC014775.

6 Viviane V. Menezes, Alison M. Macdonald, and Courtney Schatzman, "Accelerated Freshening of Antarctic Bottom Water over the Last Decade in the Southern Indian Ocean", *Science Advances* 3 (2017): e1601426, doi: 10.1126/sciadv.1601426.

7 Daniele Castellana, Sven Baars, Fred W. Wubs, and Henk A. Dijkstra, "Transition Probabilities of Noise-Induced Transitions of the Atlantic Ocean Circulation", *Scientific Reports* 9 (2019): 20284, doi: 10.1038/s41598-019-56435-6. 세계 해양 컨베이어 벨트의 이 구역은 대서양 자오선 역전 순환류(AMOC)라고 부른다. 미국 동부 해안을 따라 흐르는 멕시코 만류가 AMOC로 흘러 들어간다.

8 Delia. W. Oppo and William B. Curry, "Deep Atlantic Circulation during the Last Glacial Maximum and Deglaciation", *Nature Education Knowledge* 3, no. 10 (2012): 1.

9 Giulia Bonino, Emanuele Di Lorenzo, Simona Masina, and Doroteaciro Iovino, "Interannual to Decadal Variability within and across the Major Eastern Boundary Upwelling Systems", *Scientific Reports* 9 (2019): 19949, doi: 10.1038/s41598-019-56514-8.

10 Kirsty J. Morris, Brian J. Bett, Jennifer M. Durden, Noelie M. A. Benoist, Veerle A. I. Huvenne, Daniel O. B. Jones, Katleen Robert, Matteo C. Ichino, George A. Wolff, and Henry A. Ruhl, "Landscape-Scale Spatial Heterogeneity in Phytodetrital Cover and Megafauna Biomass in the Abyss Links to Modest Topographic Variation", *Scientific Reports* 6 (2016): 34080, doi: 10.1038/srep34080.

11 Laurenz Thomsen, Jacopo Aguzzi, Corrado Costa, Fabio De Leo, Andrea Ogston, and Autun Purser, "The Oceanic Biological Pump: Rapid Carbon Transfer to Depth at Continental Margins during Winter", *Scientific Reports* 7 (2017): 10763, doi: 10.1038/s41598-017-11075-6.

12 Mathieu Ardyna, Léo Lacour, Sara Sergi, Francesco d'Ovidio, Jean-Baptiste Sallée, Mathieu Rembauville, Stéphane Blain, Alessandro Tagliabue, Reiner Schlitzer, Catherine Jeandel, Kevin Robert Arrigo, and Hervé Claustre, "Hydrothermal Vents Trigger Massive Phytoplankton Blooms in the Southern Ocean", *Nature Communications* 20 (2019): 2451, doi: 10.1038/s41467-019-09973-6.

13 Trish J. Lavery, Ben Roudnew, Peter Gill, Justin Seymour, Laurent Seuront, Genevieve Johnson, James G. Mitchell, and Victor Smetacek, "Iron Defecation by Sperm Whales Stimulates Carbon Export in the Southern Ocean", *Proceedings of the Royal Society B* 277 (2010): 3527~3531, doi: 10.1098/rspb.2010.0863.

14 Stephanie A. Henson, Richard Sanders, Esben Madsen, Paul J. Morris, Frédéric Le Moigne, and Graham D. Quartly, "A Reduced Estimate of the Strength of the Ocean's Biological Carbon Pump", *Geophysical Research Letters* 38, no. 4 (2011): L04606, doi: 10.1029/2011GL046735; Craig McClain, "An Empire Lacking Food", *Scientific American* 98, no. 6 (2010): 470, doi: 10.1511/2010.87.470. 해양 생물 펌프의 규모는 18기가톤에서 약 60기가톤의 이산화탄소로 추정된다(탄소 1톤이 이산화탄소 3.67톤에 해당한다).

15 Philip W. Boyd, Hervé Claustre, Marina Levy, David A. Siegel, and Thomas Weber, "Multi-faceted Particle Pumps Drive Carbon Sequestration in the Ocean", *Nature* 568 (2019): 327~335, doi: 10.1038/s41586-019-1098-2.

16 Nicolas Gruber, Dominic Clement, Brendan R. Carter, Richard A. Feely, Steven

van Heuven, Mario Hoppema, Masao Ishii, Robert M. Key, Alex Kozyr, Siv K. Lauvset, Claire Lo Monaco, Jeremy T. Mathis, Akihiko Murata, Are Olsen, Fiz F. Perez, Christopher L. Sabine, Toste Tanhua, and Rik Wanninkhof, "The Oceanic Sink for Anthropogenic CO2 from 1994 to 2007", *Science* 363, no. 6432 (2019): 1193~1199, doi: 10.1126/science.aau5153.

17 Ken O. Buesselera, Philip W. Boyd, Erin E. Black, and David A. Siegel, "Metrics That Matter for Assessing the Ocean Biological Carbon Pump", *Proceedings of the National Academy of Sciences* (*US*) 117, no. 18 (2020): 9679~9687, doi: 10.1073/pnas.1918114117.

18 Michael J. Russell, Roy M. Daniel, and Allan J. Hall, "On the Emergence of Life via Catalytic Iron-Sulphide Membranes", *Terra Nova* 5 (1993): 343, doi: 10.1111/j.1365-3121.1993.tb00267.x; updated in: William Martin and Michael J. Russell, "On the Origins of Cells: A Hypothesis for the Evolutionary Transitions from Abiotic Geochemistry to Chemoautotrophic Prokaryotes, and from Prokaryotes to Nucleated Cells", *Philosophical Transactions of the Royal Society B* 358 (2003): 59, doi: 10.1098/rstb.2002.1183.

19 Karen L. Von Damm, "Lost City Found", *Nature* 412 (2001): 127~128, doi: 10.1038/35084297.

20 Alden R. Denny, Deborah S. Kelley, and Gretchen L. Früh-Green. "Geologic Evolution of the Lost City Hydrothermal Field", *Geochemistry, Geophysics, Geosystems* 17, no. 2 (2015): 375~395, doi: 10.1002/2015GC005869.

21 열수구를 생명이 기원한 장소로 보는 이론의 핵심 전제는 열수구 유체가 로스트 시티에서처럼 알칼리성을 띠어야 한다는 점이다. 이는 오늘날 모든 세포의 에너지 생성에 필수 조건인 양성자 기울기를 조성하는 데 필요하기 때문이다. 이 이론에 대한 자세한 논의는 다음 문헌을 참조하라. Nick Lane, *The Vital Question* (London: Profile Books, 2015).

22 Laura M. Barge, Erika Floresa, Marc M. Baumb, David G. Vander Veldec, and Michael J. Russell, "Redox and pH Gradients Drive Amino Acid Synthesis in Iron Oxyhydroxide Mineral Systems", *Proceedings of the National Academy of Sciences* (*US*) 116, no. 11 (2019): 4828~4833, doi: 10.1073/pnas.1812098116.

23 Sean F. Jordan, Hanadi Rammu, Ivan N. Zheludev, Andrew M. Hartley, Amandine Maréchal, and Nick Lane, "Promotion of Protocell Self-Assembly from Mixed Amphiphiles at the Origin of Life", *Nature Ecology and Evolution* 3 (2019): 1705~1714, doi: 10.1038/s41559-019-1015-y.

24 Sean Jordan, "Protocells in Deep Sea Hydrothermal Vents: Another Piece of the

Origin of Life Puzzle", Nature Research: Ecology and Evolution, November 4, 2019, https://natureecoevocommunity.nature.com/posts/55368-protocells-in-deep-sea-hydrothermal-vents-another-piece-of-the-origin-of-life-puzzle/.

25 Matthew S. Dodd, Dominic Papineau, Tor Grennec, John F. Slack, Martin Rittner, Franco Pirajnoe, Jonathan O'Neil, and Crispin T. S. Little, "Evidence for Early Life in Earth's Oldest Hydrothermal Vent Precipitates", *Nature* 543 (2017): 60~64, doi: 10.1038/nature21377.

26 Hiroyuki Imachi, Masaru K. Nobu, Nozomi Nakahara, Yuki Morono, Miyuki Ogawara, Yoshihiro Takaki, Yoshinori Takano, Katsuyuki Uematsu, Tetsuro Ikuta, Motoo Ito, Yohei Matsui, Masayuki Miyazaki, Kazuyoshi Murata, Yumi Saito, Sanae Sakai, Chihong Song, Eiji Tasumi, Yuko Yamanaka, Takashi Yamaguchi, Yoichi Kamagata, Hideyuki Tamaki, and Ken Takai, "Isolation of an Archaeon at the Prokaryote-Eukaryote Interface", *Nature* 577 (2020): 519~525, doi: 10.1038/s41586-019-1916-6.

7장 심해의 신약 창고

1 Danielle Skropeta and Liangqian Wei, "Recent Advances in Deep-Sea Natural Products", *Natural Products Reports* 31, no. 8 (2014): 999~1025, doi: 10.1039/x0xx00000x.

2 루이스 올콕과 저자의 대화(2019년 10월 15일).

3 Lisa I. Pilkington, "A Chemometric Analysis of Deep-Sea Natural Products", *Molecules* 24 (2019): 3942, doi: 10.3390/molecules24213942.

4 Peter. J. Schupp, Claudia Kohlert-Schupp, Susanna Whitefield, Anna Engemann, Sven Rohde, Thomas Hemscheidt, John M. Pezzuto, Tamara P. Kondratyuk, Eun-Jung Park, Laura Marler, Bahman Rostama, and Anthony D. Wight, "Cancer Chemopreventive and Anticancer Evaluation of Extracts and Fractions from Marine Macro- and Micro-Organisms Collected from Twilight Zone Waters around Guam", *Natural Products Communications* 4, no. 12 (2009): 1717~1728.

5 심해 종에서 추출된 모든 생물 활성 분자의 사례는 다음 문헌을 참고했다. Skropeta and Wei, "Recent Advances".

6 Adam M. Schaefer, Gregory D. Bossart, Tyler Harrington, Patricia A. Fair, Peter J. McCarthy, and John S. Reif, "Temporal Changes in Antibiotic Resistance among Bacteria Isolated from Common Bottlenose Dolphins (*Tursiops truncatus*) in the Indian River Lagoon, Florida, 2003~2015", *Aquatic Mammals* 45, no. 5 (2019): 533, doi: 10.1578/AM.45.5.2019.533.

7 Kate S. Baker, Alison E. Mather, Hannah McGregor, Paul Coupland, Gemma C. Langridge, Martin Day, Ana Deheer-Graham, Julian Parkhill, Julie E. Russell, and Nicholas R. Thomson, "The Extant World War I Dysentery Bacillus NCTC1: A Genomic Analysis", *Lancet* 384, no. 9955 (2014): 1691~1697, doi: 10.1016/S0140-6736(14)61789-X.

8 Tasha Santiago-Rodriguez, Gino Fornaciari, Stefania Luciani, Scot Dowd, Gary Toranzos, Isolina Marota, and Paul Cano, "Gut Microbiome of an 11th Century A.D. Pre-Columbian Andean Mummy", *PloS One* 10 (2015), doi: 10.1371/journal.pone.0138135.

9 Vanessa M. D'Costa, Christine E. King, Lindsay Kalan, Mariya Morar, Wilson W. L. Sung, Carsten Schwarz, Duane Froese, Grant Zazula, Fabrice Calmels, Regis Debruyne, G. Brian Golding, Hendrik N. Poinar, and Gerard D. Wright, "Antibiotic Resistance Is Ancient", *Nature* 477 (2011): 457~461, doi: 10.1038/nature10388.

10 Ruobing Wang, Lucy van Dorp, Liam P. Shaw, Phelim Bradley, Qi Wang, Xiaojuan Wang, Longyang Jin, Qing Zhang, Yuqing Liu, Adrien Rieux, Thamarai Dorai-Schneiders, Lucy Anne Weinert, Zamin Iqbal, Xavier Didelot, Hui Wang, and Francois Balloux, "The Global Distribution and Spread of the Mobilized Colistin Resistance Gene mcr-1", *Nature Communications* 9 (2018): 1179, doi: 10.1038/s41467-018-03205-z.

11 Alessandro Cassini, Liselotte Diaz Högberg, Diamantis Plachouras, Annalisa Quattrocchi, Ana Hoxha, Gunnar Skov Simonsen, Mélanie Colomb-Cotinat, Mirjam E. Kretzschmar, Brecht Devleesschauwer, Michele Cecchini, Driss Ait Ouakrim, Tiago Cravo Oliveira, Marc J. Struelens, Carl Suetens, Dominique L. Monnet, "Attributable Deaths and Disability-Adjusted Life-Years Caused by Infections with Antibiotic-Resistant Bacteria in the EU and the European Economic Area in 2015: A Population-Level Modelling Analysis", *Lancet* 19, no. 1 (2018): 56~66, doi: 10.1016/S1473-3099(18)30605-4.

12 켈리 하월과 저자의 대화(2019년 9월 18일).

13 매트 업튼과 저자의 대화(2019년 9월 12일).

14 Emiliana Tortorella, Pietro Tedesco, Fortunato Palma Esposito, Grant Garren January, Renato Fani, Marcel Jaspars, and Donatella de Pascale, "Antibiotics from Deep-Sea Microorganisms: Current Discoveries and Perspectives", *Marine Drugs* 16 (2018): 355, doi: 10.3390/md16100355.

15 매트 업튼과 저자의 대화(2019년 9월 12일).

16 같은 글.

3부 착취

8장 심해 어업

1 Kate Evans, "Americans Commonly Eat Orange Roughy, a Fish Scientists Say Can Live to 250 Years Old", *Discover*, September 10, 2019, https://www.discovermagazine.com/planet-earth/americans-commonly-eat-orange-roughy-a-fish-scientists-say-can-live-to-250; M. Lack, K. Short, and A. Willock, *Managing Risk and Uncertainty in Deep-Sea Fisheries: Lessons from Orange Roughy* (N.p.: TRAFFIC Oceania and WWF Endangered Seas Programme, 2003); Trevor A. Branch, "A Review of Orange Roughy *Hoplostethus atlanticus* Fisheries, Estimation Methods, Biology and Stock Structure", *South African Journal of Marine Science* 23 (2001): 181~203, doi: 0.2989/025776101784529006.

2 전 세계적으로 어로 활동이 일어나는 평균 수심은 350미터 늘어났다; Reg A. Watson and Telmo Morato, "Fishing Down the Seep: Accounting for Within-Species Changes in Depth of Fishing", *Fisheries Research* 140 (2013): 63, doi: 10.1016/j.fishres.2012.12.004.

3 Nigel Merrett, "Fishing around in the Dark", *New Scientist* 121, no. 16453 (1989): 50~54.

4 Lack et al., *Managing Risk*.

5 같은 글.

6 Branch, "Review of Orange Roughy".

7 Lissette Victorero, Les Watling, Maria L. Deng Palomares, and Claire Nouvian, "Out of Sight, but within Reach: A Global History of Bottom-Trawled Deep-Sea Fisheries from 〉400 m Depth", Frontiers in Marine Science 5 (2018): 98, doi: 10.3389/fmars.2018.00098.

8 매튜 잔니와 저자의 대화(2019년 9월 18일).

9 J. Anthony Koslow, Karen Gowlett-Holmes, Jim Lowry, Timothy O'Hara, Gary Poore, and A. Williams, "Seamount Benthic Macrofauna off Southern Tasmania: Community Structure and Impacts of Trawling", *Marine Ecology Progress Series* 213 (2001): 111~125, doi: 10.3354/meps213111.

10 Malcolm R. Clark, David A. Bowden, Ashley A. Rowden, and Rob Stewart, "Little Evidence of Benthic Community Resilience to Bottom Trawling on Seamounts after 15 Years", *Frontiers in Marine Science* 6 (2019): 63, doi: 10.3389/fmars.2019.00063.

11 Alan Williams, Thomas A. Schlacher, Ashley A. Rowden, Franziska Althaus, Mal-

colm R. Clark, David A. Bowden, Robert Stewart, Nicholas J. Bax, Mireille Consalvey, and Rudy J. Kloser, "Seamount Megabenthic Assemblages Fail to Recover from Trawling Impacts", *Marine Ecology* 31 (2010): 183~199, doi: 10.1111/j.1439-0485.2010.00385.x.

12 Amy R. Baco, E. Brendan Roark, and Nicole B. Morgan, "Amid Fields of Rubble, Scars, and Lost Gear, Signs of Recovery Observed on Seamounts on 30- to 40-Year Time Scales", *Science Advances* 5 (2019): eaaw4513, doi: 10.1126/sciadv.aaw4513.

13 말콤 클라크와 저자의 대화(2019년 10월 17일).

14 Victorero et al., "Out of Sight".

15 같은 글.

16 Ussif Rashid Sumaila, Ahmed Khan, Louise Teh, Reg Watson, Peter Tyedmers, and Daniel Pauly, "Subsidies to High Seas Bottom Trawl Fleets and the Sustainability of Deep-Sea Demersal Fish Stocks", *Marine Policy* 34 (2010): 495~497, doi: 10.1016/j.marpol.2009.10.004.

17 같은 글.

18 매튜 잔니와 저자의 대화(2019년 9월 18일).

19 프레데리크 르 마나흐와 저자의 대화(2019년 9월 27일).

20 매튜 잔니와 저자의 대화(2019년 9월 18일).

21 Rainer Froese and Alexander Proelss, "Evaluation and Legal Assessment of Certified Seafood", *Marine Policy* 36, no. 6 (2012): 1284~1289, doi: /10.1016/j.marpol.2012.03.017.

22 Claire Christian, David Ainley, Megan Bailey, Paul Dayton, John Hocevar, Michael LeVine, Jordan Nikoloyuk, Claire Nouvian, Enriqueta Velarde, Rodolfo Werner, and Jennifer Jacquet, "A Review of Formal Objections to Marine Stewardship Council Fisheries Certifications", *Biological Conservation* 161 (2013): 10~17, doi: 10.1016/j.biocon.2013.01.002.

23 Marine Stewardship Council, "Japanese Bluefin Tuna Fishery Now Certified as Sustainable", August 12, 2020, https://www.msc.org/media-centre/press-releases/japanese-bluefin-tuna-fishery-now-certified-as-sustainable; World Wildlife Fund, "MSC Certification of Bluefin Tuna Fishery before Stocks Have Recovered Sets Dangerous Precedent", July 31, 2020, https://wwf.panda.org/wwf_news/?364790/MSC-certification-of-bluefin-tuna-fishery-before-stocks-have-recovered-sets-dangerous-precedent/.

24 보고되지 않은 오렌지러피 어획 데이터에 관한 자세한 내용은 심해 보전 연합의 변호사인 덩컨 커리의 다음 문헌에서 참조했다. "Orange Roughy Furore",

World Fishing and Aquaculture, December 9, 2016, https://www.worldfishing.net/news101/industry-news/orange-roughy-furore/.

25 "Orange Roughy: The Extraordinary Turnaround", Marine Stewardship Council, December 2016, http://orange-roughy-stories.msc.org/.

26 말콤 클라크와 저자의 대화(2019년 10월 17일).

27 High Seas Fisheries Group Incorporated, "Objection by the High Seas Fisheries Group to the Proposed SPRFMO Draft—Bottom Fishing CMM (COMM6-Prop05)", January 3, 2018, https://www.sprfmo.int/assets/COMM6/COMM6-Obs01-NZHS-FG-Objection-to-Prop05.pdf/.

28 엄밀히 말해 그 조약은 해양법에 관한 유엔 협약의 이행 협정으로 불리며 국제적인 법적 구속력이 있는 수단이 될 것이다.

29 Xabier Irigoien, Thor A. Klevjer, Anders Røstad, Udane Martinez, G. Boyra, José L. Acunã, Antonio Bode, Fidel Echevarria, Juan Ignacio Gonzalez-Gordillo, Santiago Hernandez-Leon, Susana Agusti, Dag L. Aksnes, Carlos M. Duarte, and Stein Kaartvedt, "Large Mesopelagic Fishes Biomass and Trophic Efficiency in the Open Ocean", *Nature Communications* 5 (2014): 3271, doi: 10.1038/ncomms4271. 20기가톤이라는 상한치는 위도 40°N과 40°S 사이를 항해한 말라스피나 원정에서 수집된 데이터를 더 높은 위도(70°N과 70°S)까지 확장한 결과다.

30 Michael A. St. John, Angel Borja, Guillem Chust, Michael Heath, Ivo Grigorov, Patrizio Mariani, Adrian P. Martin, and Ricardo S. Santos, "A Dark Hole in Our Understanding of Marine Ecosystems and Their Services: Perspectives from the Mesopelagic Community", *Frontiers in Marine Science* 3 (2016): 31, doi: 10.3389/fmars.2016.00031.

31 Jeanna M. Hudson, Deborah K. Steinberg, Tracey T. Sutton, John E. Graves, and Robert J. Latou, "Myctophid Feeding Ecology and Carbon Transport along the Northern Mid-Atlantic Ridge", *Deep-Sea Research II* 93 (2014): 104~116, doi: 10.1016/j.dsr.2014.07.002.

32 Clive N. Trueman, Graham Johnston, Brendan O'Hea, and Kirsteen M. MacKenzie, "Trophic Interactions of Fish Communities at Midwater Depths Enhance Long-term Carbon Storage and Benthic Production on Continental Slopes", *Proceedings of the Royal Society B* 281 (2014): 20140669, doi: 10.1098/rspb.2014.0669.

33 Roland Proud, Nils Olav Handegard, Rudy J. Kloser, Martin J. Cox, and Andrew S. Brierley, "From Siphonophores to Deep Scattering Layers: Uncertainty Ranges for the Estimation of Global Mesopelagic Fish Biomass", *ICES Journal of Marine Science* 76, no. 3 (2019): 718~733, doi: 10.1093/icesjms/fsy037.

9장 상설 쓰레기장

1 Brandon Spector, "The Titanic Shipwreck Is Collapsing into Rust, First Visit in 14 Years Reveals", Live Science, August 21, 2019, https://www.livescience.com/titanic-shipwreck-disintegrating-into-the-sea.html/.

2 Andrés Cózara, Fidel Echevarría, J. Ignacio González-Gordillo, Xabier Irigoien, Bárbara Úbeda, Santiago Hernández-León, Álvaro T. Palma, Sandra Navarro, Juan García-de-Lomas, Andrea Ruiz, María L. Fernández-de-Puelles and Carlos M. Duarte, "Plastic Debris in the Open Ocean", *Proceedings of the National Academy of Sciences* (*US*) 111, no. 28 (2014): 10239~10244, doi: 10.1073/pnas.1314705111; Marcus Eriksen, Laurent C. M. Lebreton, Henry S. Carson, Martin Thiel, Charles J. Moore, Jose C. Borerro, Francois Galgani, Peter G. Ryan, Julia Reisser, "Plastic Pollution in the World's Oceans: More Than 5 Trillion Plastic Pieces Weighing over 250000 Tons Afloat at Sea", *PLoS One* 9, no. 12 (2014): e111913, doi: 10.1371/journal.pone.0111913.

3 Rebecca Morelle, "Mariana Trench: Deepest-Ever Sub Dive Finds Plastic Bag", *BBC News*, May 13, 2019, https://www.bbc.co.uk/news/science-environment-48230157/.

4 Ian A. Kane, Michael A. Clare, Elda Miramontes, Roy Wogelius, James J. Rothwell, Pierre Garreau, and Florian Pohl, "Seafloor Microplastic Hotspots Controlled by Deep-Sea Circulation", *Science* 368, no. 6495 (2020): 1140~1145, doi: 10.1126/science.aba5899.

5 Michelle L. Taylor, Claire Gwinnett, Laura F. Robinson, and Lucy C. Woodall, "Plastic Microfibre Ingestion by Deep-Sea Organisms", *Scientific Reports* 6 (2016): 33997, doi: 10.1038/srep33997.

6 Alan J. Jamieson, Lauren S. R. Brooks, William D. K. Reid, Stuart B. Piertney, Bhavani E. Narayanaswamy, and Thomas D. Linley, "Microplastics and Synthetic Particles Ingested by Deep-Sea Amphipods in Six of the Deepest Marine Ecosystems on Earth", *Royal Society Open Science* 6 (2019): 180667, doi: 10.1098/rsos.180667; Johanna, N. J. Weston, Priscilla Carillo-Barragan, Thomas D. Linley, William D. K. Reid, and Alan J. Jamieson, "New Species of *Eurythenes* from Hadal Depths of the Mariana Trench, Pacific Ocean (Crustacea: Amphipoda)", *Zootaxa* 4748, no. 1 (2020): 163~181, doi: 10.11646/zootaxa.4748.1.9.

7 Winnie Courtene-Jones, Brian Quinn, Ciaran Ewins, Stefan F. Gary, and Bhavani E. Narayanaswamy, "Consistent Microplastic Ingestion by Deep-Sea Invertebrates over the Last Four Decades (1976~2015), a Study from the North East Atlantic",

Environmental Pollution 244 (2019): 503~512, doi: 10.1016/j.envpol.2018.10.090.

8 C. Anela Choy, Bruce H. Robison, Tyler O. Gagne, Benjamin Erwin, Evan Firl, Rolf U. Halden, J. Andrew Hamilton, Kakani Katija, Susan E. Lisin, Charles Rolsky, and Kyle S. Van Houtan, "The Vertical Distribution and Biological Transport of Marine Microplastics across the Epipelagic and Mesopelagic Water Column", *Scientific Reports* 9 (2019): 7843, doi: 10.1038/s41598-019-44117-2.

9 Kakani Katija, C. Anela Choy, Rob E. Sherlock, Alana D. Sherman, and Bruce H. Robison, "From the Surface to the Seafloor: How Giant Larvaceans Transport Microplastics into the Deep Sea", *Science Advances* 3 (2017): e1700715, doi: 10.1126/sciadv.1700715.

10 Natalia Prinz and Špela Korez, "Understanding How Microplastics Affect Marine Biota on the Cellular Level Is Important for Assessing Ecosystem Function: A Review", in *YOUMARES 9—The Oceans: Our Research, Our Future*, ed. Simon Jungblut, Viola Liebich, and Maya Bode-Dalby (Berlin: Springer, 2019), doi: 10.1007/978-3-030-20389-4_6.

11 Jennifer A. Brandon, William Jones, and Mark D. Ohman, "Multidecadal Increase in Plastic Particles in Coastal Ocean Sediments", *Science Advances* 5 (2019): eaax0587, doi: 10.1126/sciadv.aax0587.

12 퇴적물 코어에서 발견된 플라스틱 입자는 플라스틱이 제조되기 전인 1945년 이전의 것으로, 나중에 쌓인 퇴적물에서 오염되었다. Brandon et al., "Multidecadal Increase"에서는 이 오염율이 일정하다고 보고 연간 퇴적물의 실질적인 변화를 확인하기 위해 1945년 이후 수치에서 각각 그만큼을 빼고 계산했다.

13 Charles R. Fisher, Paul A. Montagna, and Tracey T. Sutton, "How Did the Deepwater Horizon Oil Spill Impact Deep-Sea Ecosystems?", *Oceanography* 29, no. 3 (2016): 182~195, doi: 10.5670/oceanog.2016.82.

14 같은 글

15 Danielle M. DeLeo, Dannise V. Ruiz-Ramos, Iliana B. Baums, and Erik E. Cordes, "Response of Deep-Water Corals to Oil and Chemical Dispersant Exposure", *Deep-Sea Research Part II: Topical Studies in Oceanography* 129 (2016): 137~147, doi: 10.1016/j.dsr2.2015.02.028.

16 Craig R. McClain, Clifton Nunnally, and Mark C. Benfield, "Persistent and Substantial Impacts of the Deepwater Horizon Oil Spill on Deep-sea Megafauna", *Royal Society Open Science* 6 (2019): 191164, doi: 10.1098/rsos.191164. 2017년에 매클레인과 너날리가 딥워터 허라이즌 근처의 해저로 잠수한 것은 연구비를 받은 프로젝트의 일부가 아니라 날씨가 허락한 덕분에 우연히 가게 된 것이다. 그

이후로 매클레인은 그곳에 다시 돌아가기 위해 연구비를 신청했으나 선정되지 못했다. 연구 재단은 이 지역에 대한 후속 연구가 마무리되었다고 판단하는 것 같다. 현장으로 내려간 잠수정 중 후원을 받은 것은 2010년, 사고 직후가 유일했다.

17 Eva Ramirez-Llodra, Paul A. Tyler, Maria C. Baker, Odd Aksel Bergstad, Malcolm R. Clark, Elva Escobar, Lisa A. Levin, Lenaick Menot, Ashley A. Rowden, Craig R. Smith, and Cindy L. Van Dover, "Man and the Last Great Wilderness: Human Impact on the Deep Sea", *PLoS One* 6, no. 7 (2011): e22588, doi: 10.1371/journal.pone.0022588.

18 "*Queen Hind*: Rescuers Race to Save 14000 Sheep on Capsized Cargo Ship", *BBC News*, November 25, 2019, https://www.bbc.co.uk/news/world-europe-50538592/.

19 Saeed Kamali Dehghan, "Secret Decks Found on Ship That Capsized Killing Thousands of Sheep", *Guardian*, February 3, 2020, https://www.theguardian.com/environment/2020/feb/03/secret-decks-found-on-ship-that-capsized-killing-thousands-of-sheep/.

20 Brian Morton, "Slaughter at Sea", *Marine Pollution Bulletin* 46, no. 4 (2003): 379~380.

21 Andrew Curry, "Weapons of War Litter the Ocean Floor", *Hakai Magazine*, November 10, 2016, https://www.hakaimagazine.com/features/weapons-war-litter-ocean-floor/.

22 Ezio Amato, L. Alcaro, Ilaria Corsi, Camilla Della Torre, C. Farchi, Silvia Focardi, Giovanna Marino, A. Tursi, "An Integrated Ecotoxicological Approach to Assess the Effects of Pollutants Released by Unexploded Chemical Ordnance Dumped in the Southern Adriatic (Mediterranean Sea)", *Marine Biology* 149, no. 1 (2006): 17~23, doi: 10.1007/s00227-005-0216-x.

23 같은 글.

24 Christian Briggs, Sonia M. Shjegstad, Jeff A. K. Silva, and Margo H. Edwards, "Distribution of Chemical Warfare Agent, Energetics, and Metals in Sediments at a Deep-Water Discarded Military Munitions Site", *Deep Sea Research Part II: Topical Studies in Oceanography* 128 (2016): 63~69, doi: 10.1016/j.dsr2.2015.02.014.

25 Joo-Eun Yoon, Kyu-Cheul Yoo, Alison M. Macdonald, Ho-Il Yoon, Ki-Tae Park, Eun Jin Yang, Hyun-Cheol Kim, Jae Il Lee, Min Kyung Lee, Jinyoung Jung, Jisoo Park, Jiyoung Lee, Soyeon Kim, Seong-Su Kim, Kitae Kim, and Il-Nam Kim, "Reviews and Syntheses: Ocean Iron Fertilization Experiments—Past, Present, and Future Looking to a Future Korean Iron Fertilization Experiment in the Southern Ocean (KIFES) Project", *Biogeosciences* 15 (2018): 5847~5889, doi: 10.5194/bg-

15-5847-2018.

26 Steve Goldthorpe, "Potential for Very Deep Ocean Storage of CO2 without Ocean Acidification: A Discussion Paper", *Energy Procedia* 114 (2017): 5417~5429.

27 Hannah Ritchie and Max Roser. "CO2 Emissions", *Our World in Data*, accessed October 16, 2020, https://ourworldindata.org/co2-emissions/.

28 Ken Caldeira and Makoto Akai, "Ocean Storage", in *Carbon Dioxide Capture and Storage*, ed. Bert Metz, Ogunlade Davidson, Heleen de Coninck, Manuela Loos, and Leo Meyer (Cambridge: Cambridge University Press, 2005), 277~318, https://www.ipcc.ch/report/carbon-dioxide-capture-and-storage/.

29 Andrew K. Sweetman, Andrew R. Thurber, Craig R. Smith, Lisa A. Levin, Camilo Mora, Chih-Lin Wei, Andrew J. Gooday, Daniel O. B. Jones, Michael Rex, Moriaki Yasuhara, Jeroen Ingels, Henry A. Ruhl, Christina A. Frieder, Roberto Danovaro, Laura Würzberg, Amy Baco, Benjamin M. Grupe, Alexis Pasulka, Kirstin S. Meyer, Katherine M. Dunlop, Lea-Anne Henry, and J. Murray Roberts, "Major Impacts of Climate Change on Deep-Sea Benthic Ecosystems", *Elementa Science of the Anthropocene* 5 (2017): 4, doi: 10.1525/elementa.203.

30 Tetjana Ross, Cherisse Du Preez, and Debby Ianso, "Rapid Deep Ocean Deoxygenation and Acidification Threaten Life on Northeast Pacific Seamounts", *Global Change Biology* 00 (2020): 1~21, doi: 10.1111/gcb.15307.

10장 심해 채굴

1 Chrysoula Gubilia, Elizabeth Ross, David M. Billett, Andrew Yool, Charalampos Tsairidis, Henry A. Ruhl, Antonina Rogacheva, Doug Masson, Paul A. Tyler, and Chris Hautona, "Species Diversity in the Cryptic Abyssal Holothurian *Psychropotes longicauda* (Echinodermata)", *Deep Sea Research Part II: Topical Studies in Oceanography* 137 (2017): 288~296, doi: 10.1016/j.dsr2.2016.04.003.

2 *Future Ocean Resources: Metal-Rich Minerals and Genetics Evidence Pack* (London: Royal Society, 2017), https://royalsociety.org/-/media/policy/projects/future-oceans-resources/future-of-oceans-evidence-pack.pdf/.

3 심해 채굴의 영향을 경고하는 학술 논문 중 선별된 몇 편을 소개한다: Holly J. Niner, Jeff A. Ardron, Elva G. Escobar, Matthew Gianni, Aline Jaeckel, Daniel O. B. Jones, Lisa A. Levin, Craig R. Smith, Torsten Thiele, Phillip J. Turner, Cindy L. Van Dover, Les Watling, and Kristina M. Gjerde, "Deep-Sea Mining with No Net Loss of Biodiversity—An Impossible Aim", *Frontiers in Marine Science* 5 (2018): 53, doi: 10.3389/fmars.2018.00053; Antje Boetius and Matthias Haeckel, "Mind the

Seafloor: Research and Regulations Must Be Integrated to Protect Seafloor Biota from Future Mining Impacts", *Science* 359, no. 6371 (2018): 34~36, doi: 10.1126/science.aap7301; Bernd Christiansen, Anneke Denda, and Sabine Christiansen, "Potential Effects of Deep Seabed Mining on Pelagic and Benthopelagic Biota", *Marine Policy* 114 (2019): 103442, doi: 10.1016/j.marpol.2019.02.014.

4 Arvid Pardo, Official Records of the United Nations General Assembly, 22nd Session, 1515th meeting, November 1, 1967, New York, agenda item 92: "Examination of the question of the reservation exclusively for peaceful purposes of the sea-bed and the ocean floor, and the subsoil thereof, underlying the high seas beyond the limits of present national jurisdiction, and the use of their resources in the interest of mankind".

5 Luc Cuyvers, Whitney Berry, Kristina Gjerde, Torsten Thiele, and Caroline Wilhem, *Deep Seabed Mining: A Rising Environmental Challenge* (Gland, Switzerland: IUCN and Gallifrey Foundation, 2018), doi: 10.2305/IUCN.CH.2018.16.en.

6 Elaine Woo, Arvid Pardo; Former U.N. Diplomat from Malta", *Los Angeles Times*, July 18, 1999, https://www.latimes.com/archives/la-xpm-1999-jul-18-me-57228-story.html/.

7 Cuyvers et al., *Deep Seabed Mining.*

8 Ole Sparenberg, "A Historical Perspective on Deep-Sea Mining for Manganese Nodules, 1965~2019", *Extractive Industries and Society* 6 (2019): 842~854, doi: 10.1016/j.exis.2019.04.001.

9 Cuyvers et al., *Deep Seabed Mining.*

10 David Shukman, "The Secret on the Sea Floor", *BBC News*, February 19, 2018, https://www.bbc.co.uk/news/resources/idt-sh/deep_sea_mining/.

11 Sparenberg, "Historical Perspective".

12 B. S. Boltenkov, "Mechanisms of Formation of Deep-Sea Ferromanganese Nodules: Mathematical Modelling and Experimental Results", *Geochemistry International* 50, no. 2 (2012): 125~132, doi: 10.1134/S0016702911120044.

13 국제 해저 기구는 여러 유엔 관계자와 해양법에 관한 유엔 협약에 서명한 총 168개 회원국(유럽 연합 포함) 대표들로 이루어졌다. 주목할 만한 불참국은 미국으로 협약에 비준하지 않았다. Lisa A. Levin, Diva J. Amon, and Hannah Lily, "Challenges to the Sustainability of Deep-Seabed Mining", *Nature Sustainability*, July 6, 2020, doi: 10.1038/s41893-020-0558-x.

14 Sparenberg, "Historical Perspective".

15 "The Mining Code", *DSM Observer*, accessed August 16, 2020, http://dsmobserver.org/the-mining-code/.

16 Amber Cobley, "Deep-Sea Mining: Regulating the Unknown", *Ecologist*, March 15, 2019, https://theecologist.org/2019/mar/15/deep-sea-mining-regulating-unknown/.

17 Todd Woody, "China Extends Domain with Fifth Deep Sea Mining Contract", China Dialogue Ocean, August 15, 2019, https://chinadialogueocean.net/9771-china-deep-sea-mining-contract/.

18 Michael W. Lodge and Philomène A. Verlaan, "Deep-Sea Mining: International Regulatory Challenges and Responses", *Elements* 14, no. 5 (2018): 331~336, doi: 10.2138/gselements.14.5.331.

19 "Editorial: Write Rules for Deep-Sea Mining before It's Too Late", *Nature* 571 (2019): 447, doi: 10.1038/d41586-019-02276-2.

20 Andrew J. Gooday, Maria Holzmann, Clémence Caulle, Aurélie Goineau, Olga Kamenskaya, Alexandra A. T. Weber, and Jan Pawlowski, "Giant Protists (Xenophyophores, Foraminifera) Are Exceptionally Diverse in Parts of the Abyssal Eastern Pacific Licensed for Polymetallic Nodule Exploration", *Biological Conservation* 207 (2017): 106~116, doi: 10.1016/j.biocon.2017.01.006.

21 영국 국립 해양학 센터에서 에리크 시몬 예도와 저자의 대화(2020년 1월 17일).

22 Autun Purser, Yann Marcon, Henk-Jan T. Hoving, Michael Vecchione, Uwe Piatkowski, Deborah Eason, Hartmut Bluhm, and Antje Boetius, "Association of Deep-Sea Incirrate Octopods with Manganese Crusts and Nodule Fields in the Pacific Ocean", *Current Biology* 26 (2016): R1247~1271, doi: 10.1016/j.cub.2016.10.052.

23 Erik Simon-Lledó, Brian J. Betta, Veerle A. I. Huvenne, Timm Schoening, Noelie M. A. Benoista, Rachel M. Jeffreys, Jennifer M. Durden, and Daniel O. B. Jones, "Megafaunal Variation in the Abyssal Landscape of the Clarion Clipperton Zone", *Progress in Oceanography* 170 (2019): 119~133, doi: 10.1016/j.pocean.2018.11.003.

24 Stefanie Kaiser, Craig R. Smith, and Pedro Martinez Arbizu, "Biodiversity of the Clarion Clipperton Fracture Zone", *Marine Biodiversity* 47 (2017): 259~264, doi: 10.1007/s12526-017-0733-0.

25 Craig R. Smith, Verena Tunnicliffe, Ana Colaço, Jeffrey C. Drazen, Sabine Gollner, Lisa A. Levin, Nelia C. Mestre, Anna Metaxas, Tina N. Molodtsova, Telmo Morato, Andrew K. Sweetman, Travis Washburn, and Diva J. Amon, "Deep-Sea Misconceptions Cause Underestimation of Seabed-Mining Impacts", *Trends in Ecology and Evolution* 35, no. 10 (2020): 853~857, doi: 10.1016/j.tree.2020.07.002.

26 Andrew Thaler and Diva Amon, "262 Voyages beneath the Sea A Global Assessment of Macro- and Megafaunal Biodiversity and Research Effort at Deep-Sea Hydrothermal Vents", *PeerJ* 7 (2019): e7397, doi: 10.7717/peerj.7397.

27 같은 글.

28 Cherisse Du Preez and Charles R. Fisher, "Long-Term Stability of Back-Arc Basin Hydrothermal Vents", *Frontiers in Marine Science* 5 (2018): 54, doi: 10.3389/fmars.2018.00054.

29 Levin et al., "Challenges to the Sustainability".

30 Julia D. Sigwart, Chong Chen, Elin A. Thomas, A. Louise Allcock, Monika Böhm, and Mary Seddon, "Red Listing Can Protect Deep-Sea Biodiversity", *Nature Ecology and Evolution* 3 (2019): 1134, doi: 10.1038/s41559-019-0930-2.

31 줄리아 시그와트와 저자의 대화(2019년 11월 19일).

32 같은 글.

33 Elisabetta Meninia and Cindy Lee Van Dover, "An Atlas of Protected Hydrothermal Vents", *Marine Policy* 105 (2019): 103654, doi: 10.1016/j.marpol.2019.103654.

34 David E. Johnson, "Protecting the Lost City Hydrothermal Vent System: All Is Not Lost, or Is It?", *Marine Policy* 107 (2019): 103593, doi: 10.1016/j.marpol.2019.103593.

35 해저 채굴이 중수에 미치는 영향에 대한 세부 자료는 다음을 참조했다. Jeffrey C. Drazen, Craig R. Smith, Kristina M. Gjerde, Steven H. D. Haddock, Glenn S. Carter, Anela Choy, Malcolm R. Clark, Pierre Dutrieux, Erica Goetzea, Chris Hauton, Mariko Hatta, J. Anthony Koslow, Astrid B. Leitner, Aude Pacini, Jessica N. Perelman, Thomas Peacock, Tracey T. Sutton, Les Watling, and Hiroyuki Yamamoto, "Midwater Ecosystems Must Be Considered When Evaluating Environmental Risks of Deep-Sea Mining", *Proceedings of the National Academy of Sciences (US)* 117, no. 30 (2020): 17455~17460, doi: 10.1073/pnas.2011914117.

36 Hector M. Guzman, Catalina G. Gomez, Alex Hearn, and Scott A. Eckert, "Longest Recorded Trans-Pacific Migration of a Whale Shark (*Rhincodon typus*)", *Marine Biology Records* 11, no. 1 (2018): 8, doi: 10.1186/s41200-018-0143-4.

37 Scott R. Benson, Tomoharu Eguchi, David G. Foley, Karin A. Forney, Helen Bailey, Creusa Hitipeuw, Betuel P. Samber, Ricardo F. Tapilatu, Vagi Rei, Peter Ramohia, John Pita, and Peter H. Dutton, "Large Scale Movements and High Use Areas of Western Pacific Leatherback Turtles, *Dermochelys coriacea*", *Ecosphere* 2, no. 7 (2011): 1~27, doi: 10.1890/ES11-00053.1.

38 Cindy Lee Van Dover, Jeff A. Ardron, Elva Escobar, Matthew Gianni, Kristina M. Gjerde, Aline Jaeckel, Daniel O. B. Jones, Lisa A. Levin, H. J. Niner, L. Pendleton,

Craig R. Smith, Torsten Thiele, Philip J. Turner, Les Watling, and P. P. E. Weave, "Biodiversity Loss from Deep-Sea Mining", *Nature Geoscience* 10 (2017): 464~465.

39 Kathryn J. Mengerink, Cindy L. Van Dover, Jeff Ardron, Maria Baker, Elva Escobar-Briones, Kristina Gjerde, J. Anthony Koslow, Eva Ramirez-Llodra, Ana Lara-Lopez, Dale Squires, Tracey Sutton, Andrew K. Sweetman, and Lisa A. Levin, "A Call for Deep-Ocean Stewardship", *Science* 344 (2014): 696~698, doi: 10.1126/science.1251458.

40 Zaira Da Ros, Antonio Dell'Anno, Telmo Morato, Andrew K. Sweetman, Marina Carreiro-Silva, Chris J. Smith, Nadia Papadopoulou, Cinzia Corinaldesi, Silvia Bianchelli, Cristina Gambi, Roberto Cimino, Paul Snelgrove, Cindy Lee Van Dover, and Roberto Danovaro, "The Deep Sea: The New Frontier for Ecological Restoration", *Marine Policy* 108 (2019): 103642, doi: 10.1016/j.marpol.2019.103642.

41 같은 글.

42 Shana Goffredi et al., "Hydrothermal Vent Fields Discovered".

43 Van Dover et al., "Biodiversity Loss".

44 앤드루 세일러와 저자의 대화(2019년 11월 20일).

45 Nathanial Gronewold, "Seabed-Mining Foes Press U.N. to Weigh Climate Impacts", *Scientific American*, July 16, 2019, https://www.scientificamerican.com/article/seabed-mining-foes-press-u-n-to-weigh-climate-impacts/.

46 B. Nagender Nath, N. H. Khadge, Sapana Nabar, C. Raghu Kumar, B. S. Ingole, A. B. Valsangkar, R. Sharma, and K. Srinivas, "Monitoring the Sedimentary Carbon in an Artificially Disturbed Deep-Sea Sedimentary Environment", *Environmental Monitoring and Assessment* 184 (2012): 2829~2844; Tanja Stratmann, Lidia Lins, Autun Purser, Yann Marcon, Clara F. Rodrigues, Ascenssão Ravara, Marina R. Cunha, Erik Simon-Lleddó, Daniel O. B. Jones, Andrew K. Sweetman, Kevin Köser, and Dick van Oevelen, "Abyssal Plain Faunal Carbon Flows Remain Depressed 26 Years after a Simulated Deep-Sea Mining Disturbance", *Biogeosciences* 15 (2018): 4131~4145, doi: 10.5194/bg-15-4131-2018.

47 Erik Simon-Lledó, Brian J. Bett, Veerle A. I. Huvenne, Kevin Köser, Timm Schoening, Jens Greinert, and Daniel O. B. Jones, "Biological Effects 26 Years after Simulated Deep-Sea Mining", *Scientific Reports* 9 (2019): 8040, doi: 10.1038/s41598-019-44492-w.

48 Tobias R. Vonnahme, Massimiliano Molari, Felix Janssen, Frank Wenzhöfer, Mattias Haeckel, Jürgen Titschack, and Antje Boetius, "Effects of a Deep-Sea Mining Experiment on Seafloor Microbial Communities and Functions after 26 Years",

Scientific Advances 6 (2020): eaaz5922, doi: 10.1126/sciadv.aaz5922.

49 Daniel O. B. Jones, Stefanie Kaiser, Andrew K. Sweetman, Craig R. Smith, Lenaick Menot, Annemiek Vink, Dwight Trueblood, Jens Greinert, David S. M. Billett, Pedro Martinez Arbizu, Teresa Radziejewska, Ravail Singh, Baban Ingole, Tanja Stratmann, Erik Simon-Lledó, Jennifer M. Durden, and Malcolm R. Clark, "Biological Responses to Disturbance from Simulated Deep-Sea Polymetallic Nodule Mining", *PLoS One* 12, no. 2 (2017): e0171750, doi: 10.1371/journal.pone.0171750.

50 영국 국립 해양학 센터에서 에리크 시몬 예도와 저자의 대화(2020년 1월 17일).

51 영국 국립 해양학 센터에서 대니얼 존스와 저자의 대화(2020년 1월 17일).

4부 보존

11장 푸른 바다 대 초록 숲

1 마이클 로지(@mwlodge)가 2018년 4월 13일, 트위터에 올린 그림. https://twitter.com/mwlodge/status/984626856384221185/.

2 Anne Davies and Ben Doherty, "Corruption, Incompetence and a Musical: Nauru's Cursed History", *Guardian*, September 3, 2018, https://www.theguardian.com/world/2018/sep/04/corruption-incompetence-and-a-musical-naurus-riches-to-rags-tale/.

3 2018년 3월 6일 자메이카 킹스턴에서 열린 국제 해저 기구에서 다음과 같은 리처드 로스의 발표를 참조했다. Richard Roth, "Understanding the Economics of Seabed Mining for Polymetallic Nodules".; 매튜 잔니와 저자의 대화(2019년 11월 4일).

4 매튜 잔니와 저자의 대화(2019년 11월 4일).

5 딥그린 메탈스의 대표인 제라드 배런은 10년 이상 파푸아뉴기니 해역에서 열수구 채굴을 준비한 광산 회사 노틸러스 미네랄스의 초기 투자자로서 실제로 광산이 열리기도 전에 이런 방식으로 큰돈을 만졌다. 채굴의 가능성으로 주가가 높았을 때 배런은 지분을 팔아서 수백만 달러를 벌었다. *Why the Rush? Seabed Mining in the Pacific Ocean* (Ottawa: Deep Sea Mining Campaign, London Mining Network, Mining Watch Canada, 2019), http://www.deepseaminingoutofourdepth.org/wp-content/uploads/Why-the-Rush.pdf/.

6 제라드 배런이 2019년 2월 27일 국제 해저 기구에서 연설한 내용. https://www.isa.org.jm/files/files/documents/nauru-gb.pdf/.

7 *DeepGreen: Metals for Our Future*, Vimeo video, 3:49, posted by DeepGreen, 2018, https://vimeo.com/286936275/.

8 Daniele La Porta Arrobas, Kirsten L. Hund, Michael S. Mccormick, Jagabanta

Ningthoujam, and John R. Drexhage, *The Growing Role of Minerals and Metals for a Low Carbon Future* (Washington, DC: World Bank Group, 2017), http://documents.worldbank.org/curated/en/207371500386458722/The-Growing-Role-of-Minerals-and-Metals-for-a-Low-Carbon-Future/.

9 Indra Overland, "The Geopolitics of Renewable Energy: Debunking Four Emerging Myths", *Energy Research and Social Science* 49 (2019): 36~40.

10 2017년, 미국에서 사용된 희토류의 55퍼센트가 화학적 촉매로, 15퍼센트가 세라믹 및 유리 제조에 쓰였다. M. 호바트 킹이 인용한 미국 지질 조사국 자료이며 출처는 다음과 같다. "REE - Rare Earth Elements and Their Uses", Geology.com, accessed August 16, 2020, https://geology.com/articles/rare-earth-elements/.

11 Tania Branigan, "Chinese Moves to Limit Mineral Supplies Sparks Struggle over Rare Earths", *Guardian*, October 25, 2010, https://www.theguardian.com/business/2010/oct/25/china-cuts-rare-earths-exports/.

12 Kalyeena Makortoff, "US-China Trade: What Are Rare-Earth Metals and What's the Dispute?", *Guardian*, May 29, 2019, https://www.theguardian.com/business/2019/may/29/us-china-trade-what-are-rare-earth-metals-and-whats-the-dispute/.

13 Anne Bergen, Rasmus Andersen, Markus Bauer, Hermann Boy, Marcel ter Brake, Patrick Brutsaert, Carsten Bührer, Marc Dhalleé, Jesper Hansen, Herman ten Kate, Jürgen Kellers, Jens Krause, Erik Krooshoop, Christian Kruse, Hans Kylling, Martin Pilas, Hendrik Pütz, Anders Rebsdorf, Michael Reckhard, Eric Seitz, Helmut Springer, Xiaowei Song, Nir Tzabar, Sander Wessel, Jan Wiezoreck, Tiemo Winkler, and Konstantin Yagotyntsev, "Design and In-Field Testing of the World's First ReBCO Rotor for a 3.6 MW Wind Generator", *Superconductor Science and Technology* 32 (2019): 125006, doi: 10.1088/1361-6668/ab48d6.

14 Iraklis Apergis and Nicholas Apergis, "Silver Prices and Solar Energy Production", *Environmental Science and Pollution Research* 26 (2019): 8525~8532, doi: 10.1007/s11356-019-04357-1.

15 Martin A. Green, Anita Ho-Baillie, and Henry J. Snaith, "The Emergence of Perovskite Solar Cells", *Nature Photonics* 8 (2014): 506~514, doi: 10.1038/NPHOTON.2014.134.

16 Ceélestinn Banza Lubaba Nkulu, Lidia Casas, Vincent Haufroid, Thierry De Putter, Nelly D. Saenen, Tony Kayembe-Kitenge, Paul Musa Obadia, Daniel Kyanika Wa Mukoma, Jean-Marie Lunda Ilunga, Tim S. Nawrot, Oscar Luboya Numbi, Erik Smolders, and Benoit Nemery, "Sustainability of Artisanal Mining of Cobalt in DR Congo", *Nature Sustainability* 1 (2018): 495~504, doi: 10.1038/s41893-018-0139-4.

17 "*This Is What We Die For*": *Human Rights Abuses in the Democratic Republic of Congo Power the Global Trade in Cobalt* (London: Amnesty International, 2016), https://www.amnesty.org/en/documents/afr62/3183/2016/en/.

18 "Cobalt on the Rise", *DSM Observer*, November 27, 2017, http://dsmobserver.org/2017/11/cobalt-rising/.

19 Vincent Moreau, Piero Carlo Dos Reis, and François Vuille, "Enough Metals? Resource Constraints to Supply a Fully Renewable Energy System", *Resources* 8 (2019): 29, doi: 10.3390/resources8010029; Sven Teske, Nick Florin, Elsa Dominish, and Damien Giurco, *Renewable Energy and Deep-Sea Mining: Supply, Demand and Scenarios* (Sydney: Institute for Sustainable Futures, 2016), report prepared for J. M. Kaplan Fund, Oceans 5, and Synchronicity Earth, http://www.savethehighseas.org/publicdocs/DSM-RE-Resource-Report_UTS_July2016.pdf; Alicia Valeroa, Antonio Valerob, Guiomar Calvob, and Abel Ortego, "Material Bottlenecks in the Future Development of Green Technologies", *Renewable and Sustainable Energy Reviews* 93 (2018): 178~200, doi: 10.1016/j.rser.2018.05.041; Takuma Watari, Benjamin C. McLellan, Damien Giurco, Elsa Dominish, Eiji Yamasue, and Keisuke Nansai, "Total Material Requirement for the Global Energy Transition to 2050: A Focus on Transport and Electricity", *Resources, Conservation and Recycling* 148 (2019): 91~103, doi: 10.1016/j.resconrec.2019.05.015; Andreé Månbergera and Björn Stenqvist, "Global Metal Flows in the Renewable Energy Transition: Exploring the Effects of Substitutes, Technological Mix and Development", *Energy Policy* 119 (2018): 226~241, doi: 10.1016/j.enpol.2018.04.056.

20 Gavin Harper, Roberto Sommerville, Emma Kendrick, Laura Driscoll, Peter Slater, Rustam Stolkin, Allan Walton, Paul Christensen, Oliver Heidrich, Simon Lambert, Andrew Abbott, Karl Ryder, Linda Gaines, and Paul Anderson, "Recycling Lithium-Ion Batteries from Electric Vehicles", *Nature* 575 (2019): 75~86, doi: 10.1038/s41586-019-1682-5.

21 바론의 국제 해저 기구 연설 내용.

22 *Why the Rush*? (Deep Sea Mining Campaign).

23 "Japan Just Mined the Ocean Floor and People Want Answers", CBC Radio, October 13, 2017, https://www.cbc.ca/radio/quirks/october-14-2017-1.4353185/japan-just-mined-the-ocean-floor-and-people-want-answers-1.4353198; Japan Oil, Gas, Metals National Corporation, "JOGMEC Conducts World's First Successful

Excavation of Cobalt-Rich Seabed in the Deep Ocean", August 21, 2020, http://www.jogmec.go.jp/english/news/release/news_01_000033.html/.

24 줄리아 시그와트와 저자의 대화(2019년 11월 19일).

12장 심해의 성역

1 Leslie Hook and Benedict Mander, "The Fight to Own Antarctica", *Financial Times*, May 23, 2018, https://www.ft.com/content/2fab8e58-59b4-11e8-b8b2-d6ceb45fa9d0/.

2 George M. Watters, Jefferson T. Hinke, and Christian S. Reiss, "Long-Term Observations from Antarctica Demonstrate That Mismatched Scales of Fisheries Management and Predator-Prey Interaction Lead to Erroneous Conclusions about Precaution", *Scientific Reports* 10 (2020): 2314, doi: 10.1038/s41598-020-59223-9.

나가는 말

1 국제 심해 생물학 심포지엄(International Deep-Sea Biology Symposium). https://dsbsoc.org/conferences/.

2 Klaas Gerdes, Pedro Martínez Arbizu, Ulrich Schwarz-Schampera, Martin Schwentner, and Terue C. Kihara, "Detailed Mapping of Hydrothermal Vent Fauna: A 3D Reconstruction Approach Based on Video Imagery", *Frontiers in Marine Science* 6 (2019): 96, doi: 10.3389/fmars.2019.00096/.

3 Benjamin P. Burford and Bruce H. Robison, "Bioluminescent Backlighting Illuminates the Complex Visual Signals of a Social Squid in the Deep Sea", *Proceedings of the National Academy of Sciences* (*US*) 117, no. 15 (2020): 8524~8531, doi: 10.1073/pnas.1920875117.

4 Chong Chen, Katrin Linse, Katsuyuki Uematsu, and Julia D. Sigwart, "Cryptic Niche Switching in a Chemosymbiotic Gastropod", *Proceedings of the Royal Society B* 285 (2018): 20181099, doi: 10.1098/rspb.2018.1099.

5 Amy Maxmen, "The Hidden Lives of Deep-Sea Creatures Caught on Camera", *Nature* 561 (2018): 296~297, doi: 10.1038/d41586-018-06660-2.

6 Jaimee-Ian Rodriguez, "Many Eyes, Many Perspectives: The Astonishing Visual Systems of Hyperiids", Smithsonian Ocean, January 2020, https://ocean.si.edu/ocean-life/invertebrates/many-eyes-many-perspectives-astonishing-visual-systems-hyperiids/.

찾아보기

ㄴ

ㄹ

ㅁ

ㅅ

ㅇ

ㅊ

ㅋ

ㅎ

참고자료

심해 보호 운동 단체

- 블루 플래닛 협회(Blue Planet Society): https://blueplanetsociety.org/2020/08/stop-deep-sea-mining/.
- 블룸 협회(Bloom Association): https://www.bloomassociation.org/en/.
- 산소 프로젝트(The Oxygen Project): https://www.theoxygenproject.com/.
- 심해 관리 사업(Deep-Ocean Stewardship Initiative): https://www.dosi-project.org/.
- 심해 보전 연합(Deep-Sea Conservation Coalition): http://www.savethehighseas.org/.
- 지속 가능한 해양 연합(Sustainable Ocean Alliance): https://www.soalliance.org/soa-campaign-against-seabed-mining/.
- 해양 재단(The Ocean Foundation): http://www.deepseaminingoutofourdepth.org/.

심해 채굴에 관한 보고서

- Andrew Chin, Katelyn Hari, and Hugh Govan, *Predicting the Impacts of Mining of Deep Sea Polymetallic Nodules in the Pacific Ocean: A Review of Scientific Literature* (np: Deep Sea Mining Campaign and Mining Watch Canada, 2020), https://miningwatch.ca/sites/default/files/nodule_mining_in_the_pacific_ocean.pdf/.
- Fauna & Flora International, *An Assessment of the Risks and Impacts of Seabed Mining on Marine Ecosystems* (Cambridge: Flora and Fauna International, 2020), https://cms.fauna-flora.org/wp-content/uploads/2020/03/FFI_2020_The-risks-impacts-deep-seabed-mining_Report.pdf/.
- Luc Cuyvers, Whitney Berry, Kristina Gjerde, Torsten Thiele, and Caroline Wil-

hem, *Deep Seabed Mining: A Rising Environmental Challenge* (Gland: IUCN and Gallifrey Foundation, 2018), doi.org/10.2305/IUCN.CH.2018.16.en.

- Royal Society Future Ocean Resources: Metal-Rich Minerals and Genetics - Evidence Pack. (London: Royal Society, 2017), https://royalsociety.org/future-ocean-resources/.

심해 어업 보고서

- Callum M. Roberts, Julie P. Hawkins, Katie Hindle, Rod. W. Wilson, and Bethan C. O'Leary, Entering the Twilight Zone: The Ecological Role and Importance of Mesopelagic Fishes. (np: Blue Marine Foundation, 2020), https://www.bluemarinefoundation.com/wp-content/uploads/2020/12/Entering-the-Twilight-Zone-Final.pdf/.
- Glen Wright, Kristina Gjerde, Aria Finkelstein, and Duncan Currie, Fishing in the Twilight Zone: Illuminating Governance Challenges at the Next Fisheries Frontier (np: IDDRI Study No. 6, 2020), https://www.iddri.org/sites/default/files/PDF/Publications/Catalogue%20Iddri/Etude/202011-ST0620EN-mesopelagic_0.pdf/.

심해 탐사

- 미국 해양 대기청 오케아노스 익스플로러호: https://oceanexplorer.noaa.gov/livestreams/welcome.html/.
- 슈미트 해양 연구소, 폴커호: https://schmidtocean.org/technology/live-from-rv-falkor/.
- 해양 연구 기관은 인터넷 라이브 영상을 통해 연구 선박과 잠수정의 탐사 과정을 방송하고 해저 탐사의 실시간 경험을 제공한다.
- 해양 탐사 재단, 노틸러스호: https://nautiluslive.org/.

영화 및 텔레비전 프로그램

- 〈블루 플래닛 2〉, BBC, 2017.
- 〈우리의 지구: 공해〉, 넷플릭스, 2019.
- 〈Deep Ocean: Giants of the Antarctic Deep〉, BBC, 2020.
- 〈Deep Planet〉, Discovery, 2020.
- 〈Octonauts and the Yeti Crab〉, Silvergate Media and BBC, 2013.

음악

- 〈Abyss Kiss〉 by Adrianne Lenker, 2018.
- 〈Beyond the Abyss〉 by Drexciya, 1992.

- 〈How deep is the Ocean〉 by Aretha Franklin, 1962.
- 〈Weird Fishes/Arpeggi〉 by Radiohead, 2007.

책

- 에른스트 헤켈, 《자연의 예술적 형상》(Verlag des Bibliographischen Instituts: Leipzig and Vienna, 1899~1904), 생물 다양성 유산 도서관(Biodiversity Heritage Library)에서 무료로 읽을 수 있다. doi: 10.5962/bhl.title.102214.
- Helena M. Rozwadowski, *Fathoming the Ocean: The Discovery and Exploration of the Deep Sea* (Harvard: Harvard University Press, 2008).
- Imants G. Priede, *Deep-Sea Fishes: Biology, Diversity, Ecology and Fisheries* (Cambridge: Cambridge University Press, 2017), doi: 10.1017/9781316018330.
- John D. Gage and Paul A. Tyler, *Deep-Sea Biology: A Natural History of Organisms of the Deep-Sea Floor* (Cambridge: Cambridge University Press, 2012), doi: 10.1017/CBO9781139163637.
- Maria Baker, Ana Hilário, Hannah Lily, Anna Metaxas, Eva Ramirez-Llodra, and Abigail Pattenden, *Treasures of the Deep* (np: The Commonwealth, 2019), 무료 다운로드 사이트: https://www.dosi-project.org/wp-content/uploads/TreasuresOfTheDeep_PDF-ebook-small.pdf/.
- Roger Hanlon, Louise Allcock, and Michael Vecchione, *Octopuses, Squid, and Cuttlefish: A Visual Scientific Guide* (Brighton: Ivy Press, 2018).
- William Beebe, *Half a Mile Down* (Harcourt, Brace and Company: New York, 1934), 생물 다양성 유산 도서관에서 무료로 읽을 수 있다. doi: 10.5962/bhl.title.10166.

웹사이트와 블로그

- 심해 뉴스: http://www.deepseanews.com/.
- 심해 생물학회: https://dsbsoc.org/.
- 심해 종 등록소: http://www.marinespecies.org/deepsea/.

유튜브 채널

- 넥톤 미션: https://www.youtube.com/c/NektonMissionOrgDeepOcean/.
- 몬터레이만 해양 연구소: https://www.youtube.com/channel/UCFXww6CrLAHhyZQCDnJ2g2A/.

교육용 자료

- 노틸러스 라이브: https://nautiluslive.org/education/.

- 넥톤 에듀케이션: https://nektonmission.org/education/.
- 몬터레이만 해양 연구소: https://www.mbari.org/products/educational-resources/.
- 오케아노스 익스플로러: https://oceanexplorer.noaa.gov/okeanos/edu/welcome.html/.
- 우즈홀 해양 연구소 교육용 자료: https://www.whoi.edu/what-we-do/educate/k-12-students-and-teachers/.

옮긴이의 말

검은 태양과 눈부신 심연.

마침 이 책을 교정하는 즈음에 정주행 할 드라마로 〈검은 태양〉을 고른 건 순도 100퍼센트의 우연이었으나 저자 헬렌 스케일스의 의도를 곱씹기에 이렇게 좋은 계기도 없었다. 역자는 대체로 본문을 옮기기에도 바쁘고 한국어판의 제목은 보통 출판사에서 정하니까 말이다.

이 우주에 검은 태양 같은 것은 있을 수 없듯이 저 바다 깊은 곳에도 눈부신 심연 같은 것은 있을 수 없다. 그곳은 빛의 99.9퍼센트를 흡수하는 검디검은 생물이 마음 편히 살아가는 칠흑 같은 밤의 세계가 아니던가. 저자도 바다 밑까지 포함하면 이 세상은 사실 "낮보다 많은 영원한 밤"이 지배하는 곳이라 했다.

하지만 이런 암흑천지의 심연에 들어갔다가 눈이 부시

게 된 사람들이 있었으니 바로 바다를 연구하는 학자들이었다. 이들은 우주보다 가기 어렵다는 심해에 내려가 생명체가 결코 존재할 수 없다고 알려졌던 그 깊은 어둠 속에서 눈부신 동물의 숲을 발견했다. 그 "기묘한 자들의 숲" 위쪽으로 광활한 공간에는 평생 바닥에 발 디딜 일 없이 물속을 떠다니며 암흑 속에서 빛을 내는 동물까지 있었다. 그중에는 위에서 아래로 내려온 것들도 있었으나 태초에 생명이 기원한 열수구에서 진화하여 먹이 사슬을 이루며 살아가는 진기한 생명체가 많았다. 그들이 찾아낸 심해의 경이로운 세상이 바로 이 책 《눈부신 심연》의 전반부를 장식한다. 책 뒷부분에 부록으로 실린 컬러 사진들과 함께 보면 저자의 문장이 좀 더 생생하게 와닿을 것이다.

하지만 "눈부신 심연"의 진정한 반전은 따로 있다. 집요한 호기심으로 기어이 내려간 그곳에서 아름다운 세상을 발견한 이들이 해양 생물학자만은 아니었다. 어떤 이들은 같은 곳에서 전혀 다른 것을 보았다. 육지의 자원이 바닥난 상황에서 심해는 접근이 어려워 가지 못할 뿐 해저 광산이 되었든, 어장이 되었든, 유정이 되었든 또 달리 눈이 부시게 황홀한 노다지였다. 그래서 힘닿는 대로 그물을 내리고 시추관을 내리고 채굴을 위한 탐사 장비를 내려보냈다. 책의 후반부는 눈부셔야 할 심해가 옛사람들의 생각처럼 진짜 텅 빈 암흑지대가 되어가는 현실을 고발한다. 우리 같은 지상인의 눈에 바다는 그저 단조롭게 펼쳐진 수면일 뿐 그 아래에서 어떤 일이 일어나는지 보기가 쉽지 않다. 하다못해 땅에서 숲을 베면 흉물스러운 민둥산으로 사람들의 눈에 띄지만 해저에서는 모든 것이 검은 물에 덮여 있으니 하지 못할 일이 없는 것이다. 저자는 "눈부신 심연"이라는 역설적인 제목 아래 지구의 다른 곳에서는 볼 수 없는 생태계로서의 심해와 그곳이 어떻게 인간에 의해 빛을 잃었고 어떻게 더 망가질 예정인지를 알려준다.

"그러면 눈앞에 널린 공짜 자원을 두고 보고만 있으라는 말이냐?"라고 반론하는 사람을 위한 답변도 이 책에 나와 있다. 정말 심해에 있는 것들이 공짜일까? 이른바 가성비 잘 따지는 현대인의 계산법으로 보아 심해의 개발 가치는 얼마나 될까? 심해 보호가 순진한 환경론자의 이상적인 발상이 아니라고 저자는 말한다. 이용하고 개발할 수 있는데도 손대지 않는 것을 죄악시하는 현대의 근시안적 가치관이 특히 심해에 적용되었을 때 어떤 재앙이 벌어질지 저자는 경고한다. 심해는 느림의 미학이 지배한다. 심해는 거대하다. 그런 심해가 우리는 상상도 할 수 없는 힘으로 저 밑바닥에서 지상의 기후를 조절한다. 기후 위기를 더 이상 학자들의 입에서 듣는 것이 아니라 하루하루 몸으로 체감하는 세상에서 얄팍한 인간의 지식으로 심해를 건드렸다가 무슨 사달이 날지 알 수 없다는 말이다. 차원이 다른 이런 초월적 기능 앞에서는 심해가 신약과 신물질의 보고라는 말조차 가벼이 들린다.

흔히 환경과 관련하여 보전conservation과 보존preservation이라는 말이 뒤섞여 사용된다. 각각을 정의하는 말은 여러 가지가 있겠지만 둘 다 대상을 온전히 지키고자 하되 보전은 조금 더 인간의 적극적인 개입이 강조되고 보존은 인간의 개입을 배제한다는 의미가 있으므로 환경 정책과 관련해서는 보전이라는 용어가 더 흔히 쓰인다. 하지만 이 책의 맥락에서 보면 심해에 필요한 것은 보존이다. 인간의 힘으로 무언가를 할 생각을 말고 그냥 그대로 내버려두라는 뜻이다. 근본적인 문제는 건드리지 않는 눈 가리고 아웅 하는 식의 대책은 역효과만 불러올 수 있다. 어쩌면 심해는 과거처럼 무서운 바다 괴물이 살고 신화 속 주인공이 헤쳐나가야 하는 두려움과 역경의 대상으로 존재하는 것이 더 좋을 것 같다.

로버트 맥팔레인의 《언더랜드》는 고대 매장지, 소금 광산의 암흑 물질 연구소, 숲속의 우드 와이드 웹, 파리의 카타콤과 극지의 빙하까지 우리 발밑의 세상을 탐험한 여행기다. 이곳에서 유일하게 다루지 못한 지하 세계가 심해다. 하지만 "소중한 것을 지키고 유용한 것을 생산하고 해로운 것을 처분하는 세 가지 과제"가 반복되는 언더랜드의 정의가 심해에도 그대로 적용된다. 특히 저자 헬렌 스케일스가 "바다에 갖다 버린다는 것은 영원히 잊고 싶다는 표현"이라고 말한 것처럼 인간은 심해라는 드넓은 공간을 두렵고 보고 싶지 않은 것들을 눈에서 치워버리는 쓰레기장으로 적극 활용하고 있다. 이 책에서는 생활 쓰레기 외에 우리가 흔히 생각하지 못하는 해양 폐기물들이 소개된다. 저자는 책을 시작하며 이 땅에서 "바닷물의 망토를 벗겨낸다면 심해 밑바닥에 펼쳐진 복잡한 지형이 아름답게 드러난 지구는 아주 생소하게 느껴질 것"이라고 했으나 실은 오만가지 쓰레기가 덮고 있는 처참한 모습일 가능성이 더 커 보인다.

바다에 버리는 오염물에 핵폐기물도 예외는 아니다. 이 책에서 소개된 핵폐기물은 아폴로 13호가 임무에 실패하고 귀환할 때 함께 돌아온 방사성 동위 원소 열전기 발전기였다. 이 발전기는 플루토늄 반감기의 열 배인 800년을 버티게 설계된 용기에 실려 남태평양의 한 해구에 떨어졌다. 미국에서 방사성 폐기물 영구 격리 시설을 계획하며 관리자들은 수만 년 뒤 지구에 살고 있을 인류의 후손에게 핵폐기물로 오염된 구역에 접근하지 못하게 알리는 방법을 고심한다. 그때에도 현재의 언어 체계가 통하리라는 보장이 없기 때문이다. 인류 이후의 진화된 생물 또는 문명과 소통하기 위해 심지어 외계 지적 생명체 탐사SETI 전문가까지 프로젝트에 합류한다. 하지만 최근 원전 오염수를 바다에 방류하는 사태를 보면서 수만 년 뒤의 후손을 보호하기 위한 노력은 무색해질 따름이다. 바다가 무엇을 언제까지나 더 받아줄 수 있을지 알 수 없다. 생각보다 그 한계치에 빨리 도달할지도 모르겠다.

《눈부신 심연》은 단순히 심해를 예찬하는 책이 아니다. 이 책을 의뢰받았을 때, 해양 생물학자였던 레이첼 카슨이 쓴 《침묵의 봄》의 바다판이라는 소개를 들었고 나 역시 작업하면서 그런 느낌을 받았다. 그저 그 아름다움을 논하고 감탄하기에 심해가 처한 위험이 심상치 않다. 이 책은 심해의 처음과 끝을 한 권에 성실하게 담은 일종의 심해 입문서로서 중고등학교 과학 시간에 교과서 대신 이 책을 한 학기 동안 배운다면 즐겁게 공부할 수 있겠다는 생각이 들 정도로 짜임새나 내용, 전달하는 메시지가 모두 훌륭했다. 이 책을 읽는 독자는 책 맨 앞의 해저 지형도를 자주 활용하면 책을 이해하는 데 도움이 될 것이다.

지금 우리들은 너무 많은 것을 신경 써야 하는 세상에 살고 있다. 분명 삶은 더 편하고 편리해졌으나 마음은 가볍지 않다. 하지만 눈에 보이지 않는다고 하여, 더구나 삼면이 바다인 반도 국가에 사는 우리가 이대로 있을 수는 없다. 지상의 인간 세계와는 다른 박자로 흘러가는 심해가 지금까지처럼 알아서 지구를 관리하도록 적극적으로 심해를 방치해야 한다. 그 동기와 방법을 이 책에서 찾기 바란다.

2023년 10월

조은영

눈부신 심연

초판 1쇄 인쇄일 2023년 10월 20일
초판 1쇄 발행일 2023년 11월 11일

지은이 헬렌 스케일스
옮긴이 조은영

발행인 윤호권
사업총괄 정유한

편집 임채혁 **디자인** 이혜진 **마케팅** 윤아림
발행처 ㈜시공사 **주소** 서울시 성동구 상원1길 22, 7-8층(우편번호 04779)
대표전화 02-3486-6877 **팩스(주문)** 02-585-1755
홈페이지 www.sigongsa.com / www.sigongjunior.com

ISBN 979-11-7125-188-9 03400

*시공사는 시공간을 넘는 무한한 콘텐츠 세상을 만듭니다.
*시공사는 더 나은 내일을 함께 만들 여러분의 소중한 의견을 기다립니다.
*잘못 만들어진 책은 구입하신 곳에서 바꾸어 드립니다.

위: 멕시코만에서 연구선 펠리컨호가 수심 2180미터 아래로 내려보낸 악어의 사체를 거대한 등각류(길이 약 30센티미터)가 달려들어 먹고 있다.

위: 유형류의 일종인 바토코르다이우스 므크누티*Bathochordaeus mcnutti*. 푸른색 가장자리가 몸체이고(약 10센티미터) 주변의 주름진 흰색 날개 모양의 구조물이 점액질로 만든 집이다.

오른쪽: 고래 사체 위의 뼈벌레 오세닥스(© 2003 MBARI).

아래: 캘리포니아주 연안 몬터레이만 협곡(수심 3000미터)의 고래 루비. 뼈벌레들이 먹어 치우고 있다. 주위에는 바다돼지라고도 알려진 분홍색 심해 해삼이 돌아다닌다(© 2002 MBARI).

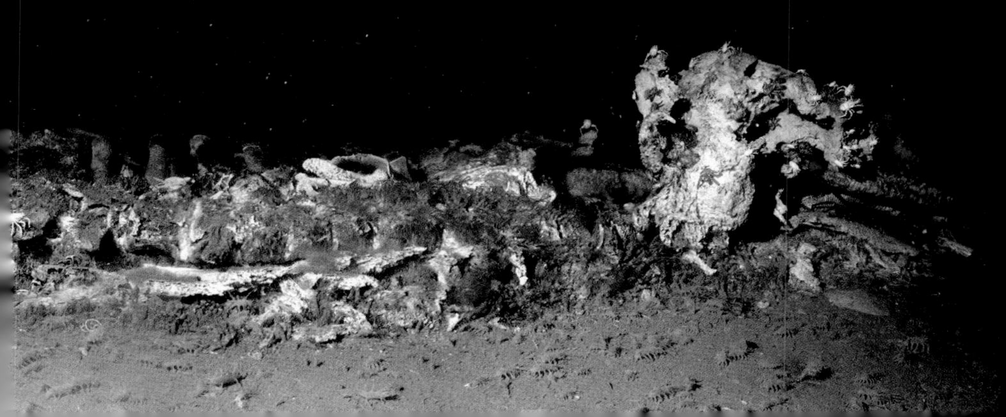

왼쪽 위에서 시계 방향으로: 돼지엉덩이벌레, 거미줄벌레, 굵주린비늘갯지렁이, 거미줄벌레,
빛을 발산 중인 폭탄투척벌레. 생물 간의 크기는 비례하지 않음.

왼쪽 위에서 시계 방향으로: 관해파리 마루스 오르토칸나*Marrus orthocanna*, 유형류 바토코르다이우스 스티기우스*Bathochordaeus stygius*(© 2002 MBARI), 경해파리목의 리리오페속*Liriope*, 유형류 쿠니피에스속*Chuniphyes*, 해파리강의 생물 발광 종인 페리필라 페리필라*Periphylla periphylla*(© Steve Heddock, MBARI), 해파리강의 크로소타 노르베기카*Crossota norvegica*, 나르코해파리목의 아이기나 키트레아*Aegina citrea*. 생물 간의 크기는 비례하지 않음.

위: 마리아나 해구에서 발견된 단각류
에우리테네스 플라스티쿠스*Eurythenes plasticus*. 길이 약 5센티미터.

아래: 마리아나 해구 수심 7000미터 지점에
고등어를 미끼로 설치한 덫에서 단각류를 먹고 있는 스네일피시.

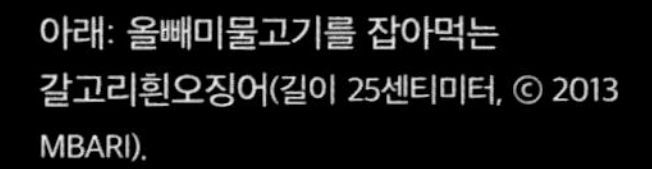

아래: 올빼미물고기를 잡아먹는
갈고리흰오징어(길이 25센티미터, © 2013 MBARI).

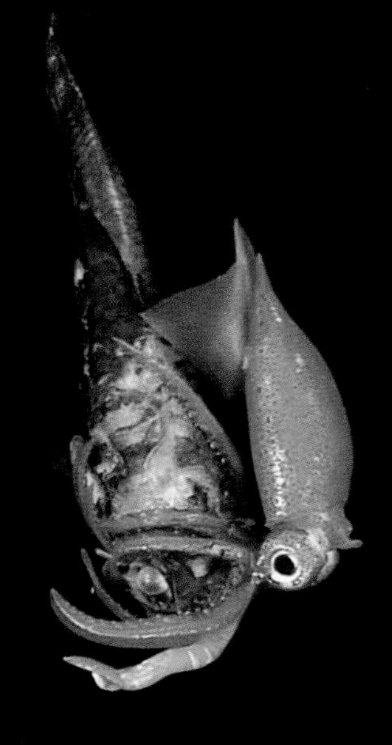

아래: 몬터레이만 수심 756미터 지점에서 바다 눈에 둘러싸인 흡혈오징어(길이 30센티미터, © 2004 MBARI).

위: 멕시코만 수심 1460미터 지점에서 먹이 촉수를 완전히 펼친 빗해파리(유즐동물).

아래: 남극해 동스코시아 해령 수심 2400미터 지점의 열수구 위에서 호프게(5~7.5센티미터) 무리.

왼쪽 위: 북태평양 시벨리우스 해산 수심 2479미터 지점에서 볼로소마속*Bolosoma* 해면.
왼쪽 아래: 멕시코만에서 팔방산호의 일종인 아칸토고르기아속*Acanthogorgia* 산호 위에 서식하는 스쿼트랍스터squat lobster(무니돕시스속*Munidopsis*).
오른쪽: 멕시코만의 이리도고르기아속 팔방산호와 분홍색 스쿼트랍스터.

아래: 북태평양 존스턴 환초 부근 해산 위의 '기묘한 자들의 숲'에 자라는 산호와 유리해면(수심 2360미터).

위: 멕시코만 수심 496미터 지점에서 달고기목의 그람미콜레피스 브라키우스쿨루스*Grammicolepis brachiusculus*와 돌산호목의 로펠리아*Lophelia*.

아래: 북태평양 드뷔시 해산 2195미터 지점의 해산 산호들. 앞쪽의 붉은 산호 위에 거미불가사리가 매달려 있다.

인도양 카이레이 열수구 지대의 비늘발고둥(약 2.5센티미터).